新版

いちばんやさしい リスティング広告 の教本

人気講師が教える
自動化で利益を生むネット広告

インプレス

著者プロフィール

杦谷 匠（しゃくや・たくみ）

アタラ合同会社 チーフコンサルタント
2008年にグーグル株式会社に入社して以来、広告主・
代理店・メディアそれぞれの立場からリスティング広
告に10年以上従事。2016年8月よりアタラに参画し、
運用型広告のインハウス支援やAPIを活用した運用の
自動化のコンサルティングを行う。セミナーの主催・
登壇多数。「MarkeZine」にてインターネット広告の歴史
に関する記事を連載している。

田中広樹（たなか・ひろき）

アナグラム株式会社 シニア テクニカルアカウントマ
ネージャー
2010年に広告代理店に入社後、リスティング広告の運
用や広告運用に関わる社内支援、ソリューションセー
ルスチームのマネジメントなどを歴任。2012年より現
職にて、運用型広告の運用やコンサルティング、社内
外における周辺領域の技術支援を行う。セミナーの主
催や外部セミナーに多数登壇のほか、「Google 広告主コ
ミュニティ」でトップコントリビューターとしても活動。

宮里茉莉奈（みやざと・まりな）

アユダンテ株式会社 SEMコンサルタント
Googleアナリティクスやサーチコンソールを利用した
マーケティング戦略の策定を担当。データ分析をもと
にしたマーケティング戦略策定や、デザインのスキル
を生かしたランディングページやバナーの最適化を得
意とする。コンテンツを広告視点で活用するセミナー
にも登壇。

本書は2014年8月刊の『いちばんやさしいリスティング広告の教本 人気講師が教える利益を生む
ネット広告の作り方』（阿部圭司、岡田吉弘、寳 洋平著）をもとに加筆修正し、よりわかりやすく
再編集したものです。一部に重複する表現があることを、ご了承ください。

本書は、2018年9月時点の情報を掲載しています。
本文内の製品名およびサービス名は、一般に各開発メーカーおよびサービス提供元の登録商標
または商標です。
なお、本文中にはTMおよび®マークは明記していません。

はじめに

30年も前の話ですが、筆者が小学生だったときに、学内の辞書の早引き大会で1位を取ったという思い出があります。当時は本を読んだり辞書を引いたりして情報を探すのが当たり前の時代でした（だから辞書の早引き大会が成立していたのです）。現在では、インターネットやモバイル端末の普及により、「知りたい」と思ったときにその場で検索し、瞬時に膨大な量の回答を得ることができるようになりました。検索は「〜したい」という需要の表れと言えます。その検索結果に広告を表示できれば、その需要に直接訴えられますね。そうした「一等地」に広告を表示できるのが、本書で解説するリスティング広告です。2014年に発売された旧版『いちばんやさしいリスティング広告の教本 人気講師が教える利益を生むネット広告の作り方』は、キーワード選びや予算や入札の考え方など、リスティング広告を出すための「土台」からしっかり解説する内容で好評を得ることができました。それから4年、リスティング広告は大きな進化を遂げ、機械まかせで「自動化」ができる機能がどんどん生まれてきています。自動車の運転に例えれば、従来はネット広告の担当者が自らギアチェンジしながら運用して成果を出す「マニュアル」型の運用が主流でしたが、現在ではギアチェンジを意識することのない「オートマ」型の運用ができるようになり、誰でも平均点以上を取れるようになってきているのです。

本書はWeb担当者としてリスティング広告にこれから携わろうとしている方や携わって間もない方、業務を円滑に進めるために基礎知識をしっかり理解しておきたいという方に役立てていただくための書籍です。複雑化するリスティング広告とそのノウハウを、どうやって「いちばんやさしい」形でお伝えできるか、新たな著者陣で繰り返し議論を行ってきました。旧版から変わらない重要な部分は踏襲しつつ、「動的検索広告」や「ショッピング広告」のような、今後も急速に広まっていく「オートマ」化の流れにも対応できるように、いまの時点で知っておくべき知識についても解説しています。本書がリスティング広告に携わる方々にとっての羅針盤としてお役に立てれば幸いです。

2018年10月

著者陣を代表して 田中 広樹

新版
いちばんやさしい
**リスティング広告
の教本**
人気講師が教える
自動化で利益を生むネット広告

Contents
目次

Chapter 1 リスティング広告の
目的と考え方を知ろう

page **13**

Chapter

2 リスティング広告を始めよう

page
39

Chapter 4 キャンペーンを作成し広告を出稿しよう

page 87

Chapter 5 キーワードを意識して広告文を作ろう

Chapter 6 配信結果を分析して改善しよう

page 147

Chapter 7 自動化してさらに成果を上げよう

page 169

Chapter 8 ECサイトならショッピング広告に挑戦しよう

page 185

Chapter 9 一歩先のリスティング施策に取り組もう

page 215

リスティング広告の
目的と考え方を知ろう

リスティング広告とはどんな広告でどんなメリットがあるのでしょうか。この最初の章では、リスティング広告の正しい知識を身につけます。

Lesson 01 ［リスティング広告とは］

ますます重要度を増す リスティング広告

このレッスンの ポイント

リスティング広告は、インターネットを利用する人々のさまざまな場面でアピールできる非常に有効な広告手段です。2002年に登場して以来、その進化のスピードは衰えることを知りません。そして、ますます需要も増すばかりです。

◯ いつでもどこでも検索できる時代に向く広告

インターネット検索は子どもからお年寄りまで幅広い層にすっかり浸透しました。近年はこれに加えスマートフォンが普及したことで、気になる商品があれば商品名で検索、店舗の場所を調べるにも検索、夕食の献立を考えるにも検索といったように、いつでもどこでも気軽に検索という動作が繰り返されています。社会全体で検索回数が増えるのに従い、

インターネット検索の結果画面の一部にリスト表示されるリスティング広告の利用も大幅に伸びています。

検索する人の心には、その時にわき起こった「○○したい」という欲求があります。リスティング広告は、その欲求を検索語句から見極めて的確なメッセージを届けられ、かつ広告効果を測定しながら改善できる優れたマーケティング手法です。

▶ 「○○したい」欲求が言葉となって検索される　図表01-1

神保町で
おいしいランチ
の店は？

あの商品は
どんな機能が？

検索

神保町 ランチ

ユーザー

知りたいことを、パソコンやスマートフォンを使っていつでも検索できる

いつでもどこでも使えるモバイルデバイスの普及が、検索行動の増加を助長しました。

● リスティング広告で多くのユーザーと接点が持てる

リスティング広告とは、Webページ画面上にリスト表示されるテキストや画像を含む広告の総称で、「キーワード連動型広告」とも呼ばれます。GoogleやYahoo!の検索結果ページに表示される広告がその代表例ですが、これは「検索連動型広告」と言います（Lesson 02参照）。他にもWebサイトの中に表示する「ディスプレイ広告」や「動画広告」もあります。SEOのようなサイト内部施策と異なり、短期間で多くの消費者と接点を持てるのは、リスティング広告の一番の特徴です。

▶ **見慣れた検索結果画面にリスティング広告は存在する** 図表01-2

検索した言葉と関連した広告が表示されるのが検索連動型広告

● ニーズを持ったユーザーに訴求できる広告

検索行動には消費者の「○○したい」といった欲求が込められていますから、その気持ちに応える広告を検索結果に表示できれば、広告の効果は高まるはずです。例えば、あなたがECサイトでゴルフ用品を扱っているとします。その場合、「ゴルフ用品 通販」と検索したユーザーの検索結果に広告が表示され、そこからサイトに訪問してくれれば、購入につながる可能性が高くなると想像できます。すでに購入意向のある人と接点を持ち、直接広告を届けられるのが検索連動型広告の最大の特長で、非常に効果が出やすい広告と言えます。まずはこの検索連動型広告のノウハウを、以降のLessonで自分のものにしていきましょう。

▶ **リスティング広告での訴求の流れ** 図表01-3

ゴルフクラブ 通販

ゴルフ用品、ゴルフクラブ通販
最新モデルから中古の名器まで
www.xxxxx.co.jp
すべてが揃う専門通販サイト。平日15時までのご注文で即日発送。代引き、後払いもOK！

どんな言葉で検索されたとき（どんなページを見ているとき）に

どんな広告を表示して

どんなページにアクセスしてほしいのか

Lesson 02 ［リスティング広告のトレンド］
リスティング広告サービスでできることは広がっている

**このレッスンの
ポイント**

本書では、「検索連動型広告」を主に解説していきますが、検索連動型広告にも自動化の波があります。また、他のコンテンツサイトへ出稿する「ディスプレイ広告」のように、リスティング広告サービスでできることは広がってきています。

○ 検索連動型広告は「オートマ化」がトレンド

本書では、リスティング広告の中でも主流の「検索連動型広告」を初歩から運用するための詳しい解説をしていきます。この分野の現在のトレンドは、機械学習を活用した運用の自動化、つまり「オートマ型運用」です。これまで人間が考えたり手間を掛けて操作していた部分を自動化し、ビジネスを加速化せることができるようになってきています。これは筆者の体感値ですが、オートマ型運用でもきちんと取り組めば100点中80点の成果は出せます。ただ残りの20点を獲得するには従来のマニュアル型（手動）運用や、そこで培ったノウハウも必要です。本書も6章まではマニュアル型をメインに解説していきます。オートマ化の概要はLesson 08〜09、そして詳細は7章で解説していきます。

▶ **検索連動型広告も自動化が可能になっている** 図表02-1

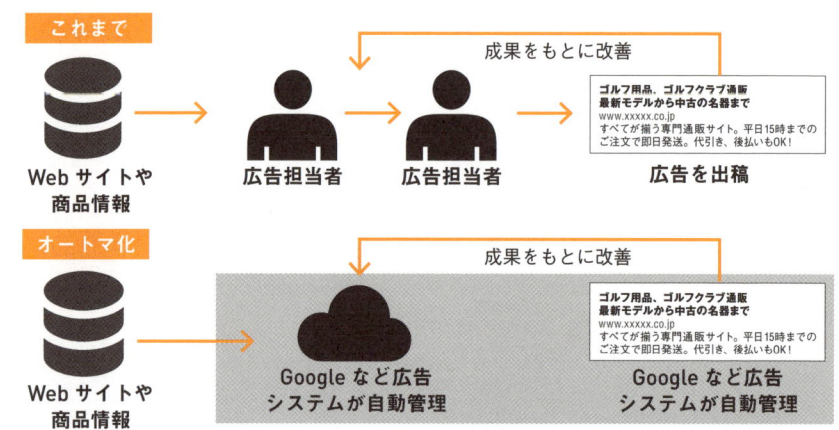

○ ECでは検索と連動する「ショッピング広告」が定着

販売している商品の情報をもとに、画像付きで商品の広告を掲載することができるのが「ショッピング広告」です。検索した語句に最も関連した商品の広告が、非常に目に留まりやすい場所にわかりやすく表示されます。2018年現在の日本国内ではGoogleのみが提供している広告の配信方式です。ECサイトであれば、ぜひ挑戦してほしい広告です。8章にて導入方法を詳しく解説します。

▶ ショッピング広告の表示例 図表02-2

ショッピング広告は、検索結果ページ内で最も目に留まりやすい場所に写真つきで表示されます。

○ Webサイトに広告表示するディスプレイ広告

リスティング広告は、狭義では検索結果に表示される「検索連動型広告」「ショッピング広告」ですが、そのサービスを提供するGoogleやYahoo! JAPANは、より幅広い広告サービスも提供しています。まず、パートナーサイトのWebコンテンツに広告を表示する「ディスプレイ広告」、「バナー広告」とも言われるものです。また、静止画やテキストだけでなく動画形式の広告配信も行っています。これらのディスプレイ広告は見ている「人」や、掲載する媒体やコンテンツ「面」の特性に合わせて広告を表示します。さまざまなユーザーターゲティングが可能なので、運用の趣向も方法も検索連動型広告とは異なりますが、一歩先の施策として取り組むことをおすすめします。9章で概要に触れます。

▶ 「ゴルフ」が話題のページにゴルフスクールの広告が表示される 図表02-3

話題が「ゴルフ」のQ&Aページにゴルフスクールの広告を表示できるのが面に合わせたディスプレイ広告

出典：「教えて！goo」

[リスティング広告の提供サービス]

03 サービスを提供するのは Googleと Yahoo! JAPAN

**このレッスンの
ポイント**

普段使っている検索エンジンといえば、多くの人がGoogle
とYahoo! JAPANを挙げると思います。この2大サービスが
提供するリスティング広告を利用すれば、多くのユーザー
にあなたの広告を届けることができます。

○ リスティング広告の主要なプラットフォームは2つ

日本のリスティング広告の主なプラットフォームは、Googleが提供する「Google広告」(旧Googleアドワーズ)と、Yahoo! Japanが提供する「Yahoo!広告」(旧Yahoo!プロモーション広告)の2つです。

Google広告は2018年7月以前はGoogleアドワーズと呼ばれていました。スマートフォンが普及したことでユーザーは商品検索、Web閲覧、動画視聴、ゲームを切り替えながら使うようになり、広告を表示するきっかけは必ずしも「言葉」(AdWordsのWords)ではなくなったため、Google広告としてリブランドが図られました。

管理画面や操作性、一部の機能が多少異なるものの、本書執筆時では、Yahoo!広告の検索連動型広告はGoogle広告の検索連動型広告の仕組みを利用しているので、基本的に同じ理解や思考で取り組めます。そのため本書では、Yahoo!広告も可能な限りフォローしつつ、Google広告を中心に解説していきます。

▶ リスティング広告の2つのプラットフォーム 図表03-1

▶ **Google 広告**
https://ads.google.com/intl/ja_jp/home/

▶ **Yahoo!広告**
https://promotionalads.yahoo.co.jp/

● GoogleとYahoo! JAPANが提供するサービスの違い

同様のサービスを提供していても、Googleと Yahoo! JAPANではサービス名称が異なります。検索連動型広告はGoogle広告では「Google 検索広告」、Yahoo!広告では「検索広告」（旧スポンサードサーチ）です 図表03-2 。

また、Google検索広告を利用すると検索結果画面に加え「Google マップ」や「Google ショッピング」など同社が提供するサービスなどにも広告を掲載することができます。一方、Yahoo!の検索広告を利用すると「Yahoo!知恵袋」など同社の適用するサービスにも広告が掲載されます。他にもそれぞれのパートナーサイトに広告が表示されます 図表03-3 。

▶ 2社が提供するサービス名称 図表03-2

	─ Google広告 ─	─ Yahoo!広告 ─
検索連動型広告	Google 検索広告 (Google 検索ネットワークで表示される)	検索広告
ディスプレイ広告	Google ディスプレイ広告 (Google ディスプレイネットワーク (GDN) で表示される)	ディスプレイ広告 (YDN)

▶ 2社の検索連動型広告のパートナーサイト 図表03-3

Google広告 Google検索ネットワークの主なパートナーサイト

サイト名	URL
livedoor	http://www.livedoor.com/
au Webポータル	https://auone.jp/
BIGLOBE	https://www.biglobe.ne.jp/
goo	https://www.goo.ne.jp/
Infoseek	https://www.infoseek.co.jp/
OCN	https://www.ocn.ne.jp/

Yahoo!広告 検索広告の主なパートナーサイト

サイト名	URL
@nifty	https://www.nifty.com/
Ameba	https://www.ameba.jp/
bing	https://www.bing.com/
excite	https://www.excite.co.jp/
Fresh eye	http://www.fresheye.com/
My Cloud	http://azby.fmworld.net/
MY J:COM	https://www.myjcom.jp/
So-net	https://www.so-net.ne.jp/
朝日新聞デジタル	https://www.asahi.com/

Google や Yahoo! だけではなく、多くの検索エンジンでも広告を表示することができます。

04 検索連動型広告は「言葉」に ひもづいてユーザーに届く

このレッスンの ポイント

検索連動型広告で、検索したユーザーをあなたの広告、そしてサイトへ導いてくれるのは「言葉（キーワード）」です。この言葉の選び方、集め方がリスティング広告で集客したり、売り上げを伸ばしたりするための大切な要素になります。

○ ユーザーの検索する言葉と広告主の言葉で広告が出る

検索連動型広告では、検索エンジンを利用するユーザーが検索する言葉を「検索語句」（検索キーワード、検索クエリとも呼びます）、広告主であるあなたが登録する言葉を「キーワード」と呼びます。

検索エンジンのシステムは、ユーザーの検索語句と広告主のキーワードの関連性を見極め、検索結果画面に広告（テキスト広告の文）を表示します。広告主は、自社の商品と関連性の高い検索語句で検索しているユーザーを「将来のお客さん」とみなし自社の広告を出すことで、見込の高い集客効果が期待できます。広告主どんなキーワードを準備すればいいのかは4章で、どんな広告文を書けばいいのかは5章で詳しく解説します。

▶ **広告は検索語句とキーワードの関連性が高いときに表示される** 図表04-1

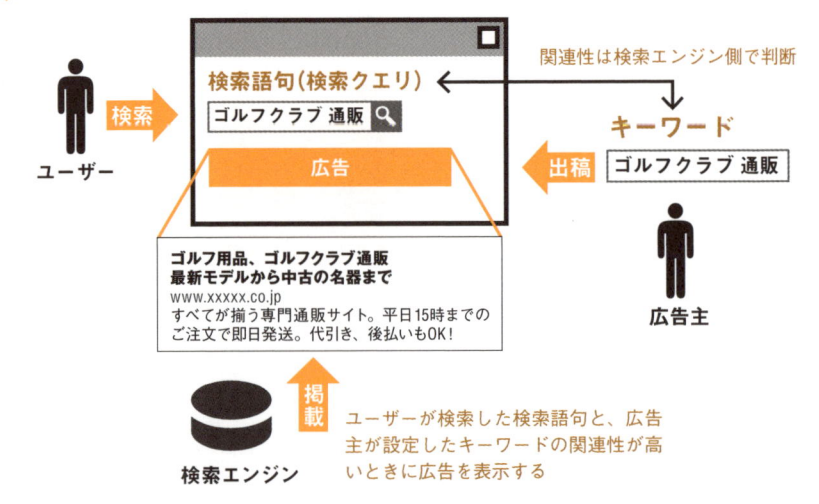

ユーザーが検索した検索語句と、広告主が設定したキーワードの関連性が高いときに広告を表示する

検索回数の異なるビッグワードとスモールワード

検索エンジン広告の世界では、「ビッグワード」「スモールワード」という分類があります。例えば「ゴルフクラブ」と入力して検索される回数は、かなり多そうなことは想像できますよね? これはビッグワードです。一方「ゴルフクラブ 通販 激安」と検索する人は、前者に比べて減ります。「スモールワード」です。ただし、

スモールワードは、ビッグワードにいくつか言葉を足した「複合語」であることが多いです。ビッグワードで広告を表示されることを狙うのは、大企業の広告主が上位にひしめき合っているため難しくなります。ではどうキーワードを選ぶか。後の章で紹介しますが、これもリスティング広告を行う上では重要な要素です。

▶ ビッグワードとスモールワードとは 図表04-2

検索語句に込められたユーザーの意図を考えよう

ユーザーが検索するとき、入力する語句には意図が込められています。ビッグワードの「ゴルフクラブ」一つとっても、いくつも意図が想像できます。一方で、「ゴルフクラブ 通販 激安」で検索しているユーザーの目的はどうでしょうか。こちらは明確で、購入意欲が高そうです。

リスティング広告を始める際は、ユーザーの意図がつかみやすいスモールワードから始めるのもひとつの手です。もちろん、リスティング広告に慣れてさらなる成果を求めるのなら、ビッグワードへの取り組みも必要になっていくでしょう。

▶ 検索語句からユーザーの意図を読み取る 図表04-3

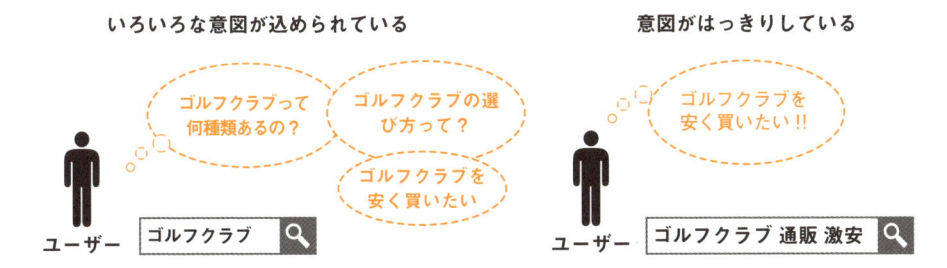

Lesson

05

[入札、上限クリック単価]

リスティング広告を出すには
キーワードに対して入札する

このレッスンの
ポイント

リスティング広告の広告費の仕組みは独特で、それを理解するためにはまず、リスティング広告が「クリック課金型」であることを理解する必要があります。まず、どのようにしてキーワードが出稿され、課金できるのか解説します。

○ リスティング広告はクリック課金制

リスティング広告は、掲載されるだけでは広告費は発生しません。原則的に広告がユーザーによってクリックされるごとに課金されます。このため、従来の印刷媒体や放送広告のように「30万円を使って広告枠に出稿したのに、サイトにほとんどアクセスがなかった」といったことは起こりません。「アクセスを集めた分だけ広告費が発生する」ということは、交通広告や新聞・雑誌広告との大きな違いです。

そして「1回のクリックごとに課金される額」を、「クリック単価」(CPC：Cost Per Click) と呼びます。これからリスティング広告に取り組んでいくにあたり、重要な言葉のひとつになるので覚えておきましょう。

▶ **クリックされるごとに課金される** 図表05-1

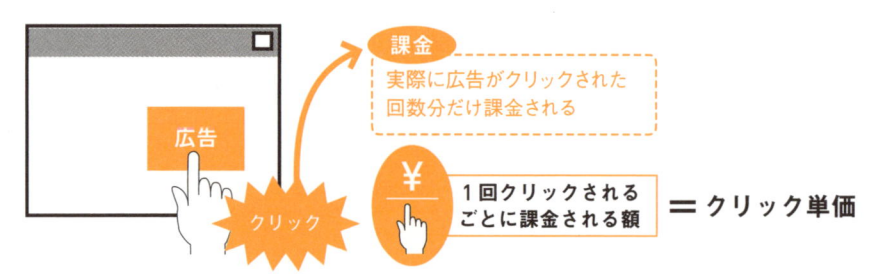

広告がクリックされて初めて広告費として課金される仕組みになっています。そのため、クリックごとに課金される広告のことを、PPC（Pay Per Click）広告とも言います。

● キーワードへの入札金額だけで広告掲載は決まらない

リスティング広告を出稿するには、「この キーワードで広告を出すために、クリック単価は最高いくらまで払えます」という形で「入札」します。この金額を、「上限クリック単価」（上限 CPC）と呼びます。広告の掲載順位はこの上限クリック単価と、「広告の品質」「広告表示オプション」などから算出される「広告ランク」という値の大きさで決定されます（Lesson 17 参照）。広告ランクは、より検索クエリ

に関連度の高い、検索ユーザーの役に立つと考えられるものが上になります。

単純に上限クリック単価が高いほど上位に掲載されやすくなるのであれば、広告費が潤沢な企業にあらゆるキーワードが独占されてしまいます。「広告の品質」という指標のおかげで、検索語句に適した広告が掲載される公平性や検索サービスの信頼性が確保されているのです。

▶ リスティング広告は枠を買うのではなくキーワードに入札する 図表05-2

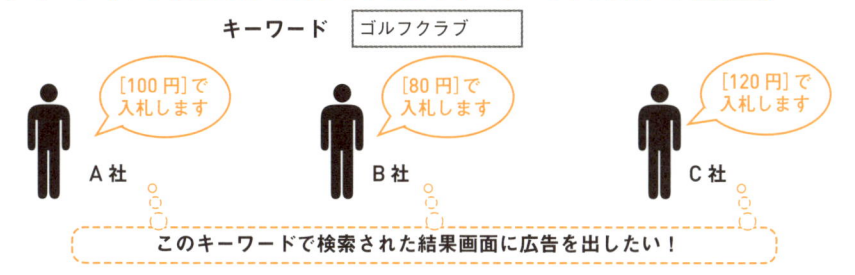

▶ 単純な「上限クリック単価が高い順」ではない 図表05-3

検索結果画面

※ここではわかりやすく説明するため、広告表示オプションは計算式に含めていない

「広告ランク」や「広告の品質」の数値は広告主には確認できませんが、尺度になる「品質スコア」は管理画面で確認できます。詳しくは Lesson 17 で解説します。

06

[クリック単価]

リスティング広告の費用は
クリック単価で計算する

このレッスンの
ポイント

Lesson 05では、上限クリック単価と広告の品質（≒品質スコア）によって広告の掲載順位が決まることを学びました。しかし、この上限クリック単価がそのまま広告費になるわけではありません。

⭕ クリックされた分だけが支払う広告費となる

リスティング広告における広告費をおおまかに説明すると、クリックされるごとに課金された単価の累積となります。注意してほしいのですが、入札した上限クリック単価がそのままクリック時に課金されるわけではありません。実際のクリック単価は、上限クリック単価よりも少し低い額になるのが通常です。

▶ **クリック単価を合計したものが広告費だが……** 図表06-1

| 上限クリック単価 |
| 上限クリック単価 |
| 上限クリック単価 |

> **広告費**
実際のクリック単価
の合計

入札した価格がそのまま掲載順位に直結しないよう、実際のクリック単価と掲載順位は広告の品質に応じて決定されます。

● 実際のクリック単価の決まり方

実際のクリック単価がどのようにして決まるのか、図表06-2 にまとめました。リスティング広告のクリック単価は、自社広告のすぐ下に表示される他社の広告ランクの影響を受けます。例えば下の図なら、A社のすぐ下に表示されているB社の広告ランク「240」が、A社のクリック単価に影響しています。このように広告が

クリックされるたびにクリック単価は計算し直されるので、毎回決まったクリック単価が累積されているわけではありません。リスティング広告の管理画面では、累積した総費用をクリック回数で割った「平均クリック単価」（平均CPC）が表示され、実際にかかるクリック単価の目安が把握できます。

▶ クリック単価を算出する考え方　図表06-2

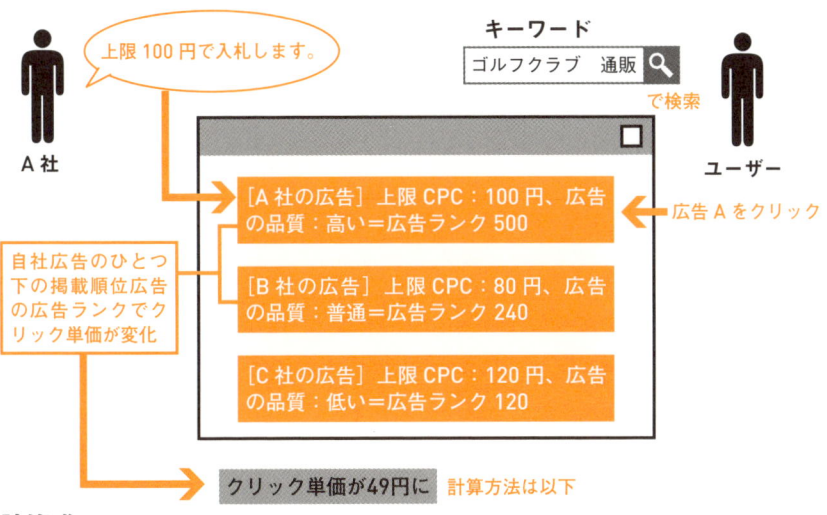

計算式

$$\frac{[自社広告のひとつ下の広告の広告ランク]}{[自社広告の品質（≒品質スコア）]} +1円= [クリック単価]$$

上記の例で [自社の広告の品質（≒品質スコア）] は…

$$A社の広告の品質（≒品質スコア）= \frac{広告ランク}{上限CPC} = \frac{500}{100} = 5$$

…なので

$$\frac{240（B社の広告ランク）}{5（A社の広告の品質（≒品質スコア））} +1円= 49円（A社のクリック単価）$$

［コンバージョン］

広告がどれだけユーザーを ゴールに導いたかを測定する

このレッスンの
ポイント

あなたがリスティング広告でユーザーを集客して、訪問者を最終的に導きたいゴールは何でしょうか？ リスティング広告では、どれだけゴールに導けたのかの成果の測定が容易に行えるので、その仕組みについて解説します。

○ 広告を使って導きたい「ゴール」を考える

リスティング広告によってアクセスが増えることは大切ですが、広告費を使う以上、アクセスしたユーザーをゴールまでしっかりと導きたいものです。あなたがリスティング広告を利用する理由、導きたいゴールを具体的に考えてみましょう。

商品を購入してもらいたいなら、「訪問者」が「購入者」に変わることがゴールです。その"変わること"を「転換」という意味の英語で「コンバージョン」（CV: Conversion）と呼んでいます。

▶ 自社のゴール（コンバージョン）は何か？ 図表07-1

気になる広告が出ているので見てみようかな

よし、ここのサイトで購入しよう！

顧客へと「転換」

コンバージョンが発生

ユーザー

購入者

ゴールは購入だけでなく、問い合わせの送信や、PVの増加など、サイトの目的によって異なる

ビジネスのゴール（コンバージョンのポイント）を正しく設定し、広告の費用対効果が分かるようにしましょう。

● ゴールに至るまでの指標を計測する

広告による集客からゴールの間で確認できる主だった指標は、単純化すると「自社の広告が表示された回数」「広告がクリックされた回数」「コンバージョンまで至った回数」の3つです 図表07-2 。これらの数値を確認して効果を測定し、改善していくことがリスティング広告では必要なのです。

▶ リスティング広告の目的達成を示す指標(通販サイトの場合) 図表07-2

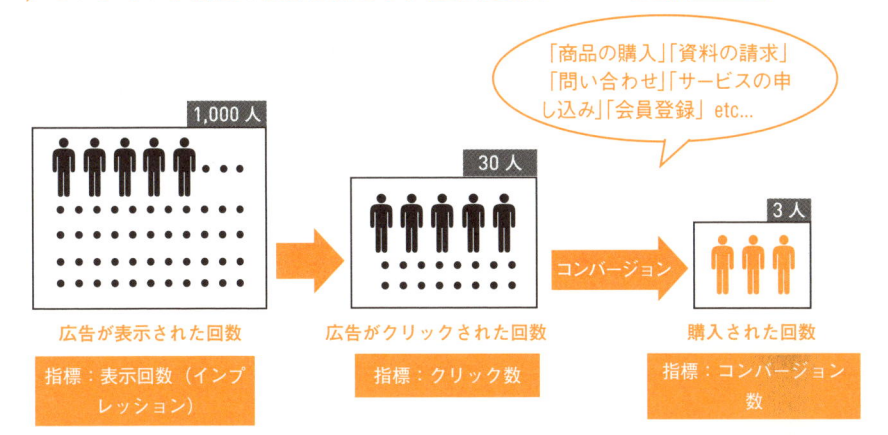

「商品の購入」「資料の請求」「問い合わせ」「サービスの申し込み」「会員登録」etc...

1,000人

30人

3人

コンバージョン

広告が表示された回数 → 広告がクリックされた回数 → 購入された回数

指標:表示回数(インプレッション)　指標:クリック数　指標:コンバージョン数

● 訪問した人を追跡できるコンバージョントラッキング

図表07-2 に示した指標のうち、「広告が表示された回数」や「広告がクリックされた回数」は、リスティング広告を開始すれば管理画面に表示されるようになります。しかし、「コンバージョン数」は、コンバージョンとするページにタグを挿入しておく必要があります(具体的な操作はLesson 29参照)。これによってコンバージョンに至るまでを測定できるようになるのです。この仕組みを「コンバージョントラッキング」と呼びます 図表07-3 。コンバージョンとするページは設定したいゴールにより異なりますが、通販サイトであれば、購入後に表示される「サンキューページ」に設定することが多いでしょう。

▶ コンバージョンを計測する仕組み 図表07-3

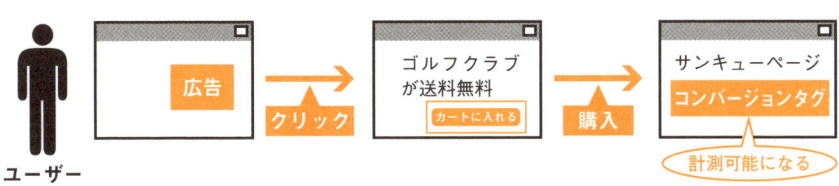

ユーザー　広告　クリック　ゴルフクラブが送料無料　カートに入れる　購入　サンキューページ　コンバージョンタグ　計測可能になる

08

[オートマ型のリスティング広告]

オートマ型の広告運用で
人手をかけずに成果を出す

**このレッスンの
ポイント**

リスティング広告の運用にはノウハウや人的リソースが必要です。新しくトレンドになっているオートマ型運用の場合は、機械学習で自動的な運営ができるため、もっと楽に利益を出す方法を模索できます。

⭕ テクノロジーの進化で広告運用の自動化が実現し始めた

ひと昔前の自動車の主流は、左足でクラッチを踏みながら、手でギアチェンジをする必要があったマニュアル車でした。現在の主流は、アクセルを踏むだけで必要なギアチェンジを機械が行ってくれるオートマ（オートマチック）車ですね。リスティング広告も、すべて人間の手で行う運用（マニュアル型）から、発達し

た機械学習の力を借りて一部の作業を自動化した運用（オートマ型）に移り変わってきています。オートマ型のリスティング広告運用は、これからリスティング広告をはじめる人、日々の広告運用に時間がなかなか割けない人、人手を掛けずに大きな成果を得たい人の力になってくれます。

▶ **マニュアル型とオートマ型の違い** 図表08-1

たいへん……
キーワードの選定
入札
広告文の登録
調整
マニュアル型リスティング広告

楽…！
**システムが自動
コントロール**
オートマ型のリスティング広告

飛行機がオートパイロットで操縦されていても、必ず人間が介入するように、リスティング広告のオートマ型運用もある程度人が目を光らせることが大切です。

⬤ 担当者の意図を反映しながら運用できるマニュアル型

マニュアル型のリスティング広告運用では、広告を運用する担当者が、キーワード選定、広告作成、入札、レポートの作成をすべて自身でこなします。担当者の"こうしたい！"という意図が全て反映できるのがメリットですが、その反面や

りたい事の数だけ作業が発生します。また、広告システムの進化や新機能に敏感でないと成果に伸び悩むことになるため、情報収集も欠かせません。マニュアル型のリスティング広告運用については、4〜6章で解説します。

▶ **マニュアル型のリスティング広告運用** 図表08-2

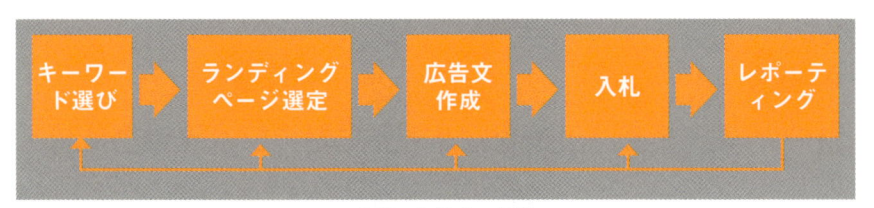

人間が作業する領域

⬤ 自動的に最適な場所へ広告を出稿するオートマ型

オートマ型のリスティング広告運用では、入札や広告の作成、レポーティングといった日々の作業は、機械が自動的に処理をしてくれます。広告の掲載に最低限必要なアセット（広告文や商品情報、Webサイトなど自社プロダクトにかかわる資産）の用意やレポート雛形の設計などは人間の意図が必要になる領域なので、人

が作業する領域は少なからず残りますが、機械が自動で処理できる作業にかかっていた時間の分だけ、その他のマーケティング活動に費やすことができるようになるのがオートマ型のリスティング広告運用の特徴です。オートマ型のリスティング広告運用については、7〜8章で詳しく解説します。

▶ **オートマ型のリスティング広告運用** 図表08-3

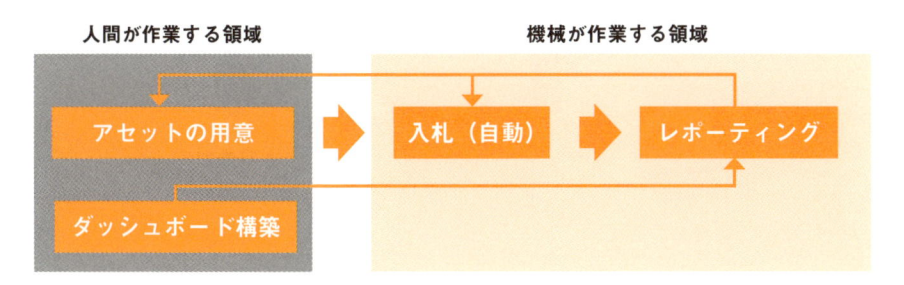

［動的検索広告、ショッピング広告］

キーワードを使わない
オートマ型の検索連動型広告

**このレッスンの
ポイント**

オートマ型の検索連動型広告では、担当者が自らキーワードを選ぶことなく広告を掲載できます。「動的検索広告」や「ショッピング広告」はその一例です。広告の内容も、Webサイトの情報や商品情報から自動的に生成されます。

⭕ キーワード選びが不要なオートマ型の検索連動型広告

オートマ型のリスティング広告の中でも代表的な利用例は、「動的検索広告」と「ショッピング広告」です。マニュアル型の検索連動型広告では、広告主が選んだキーワードとユーザーの検索語句が一致したときに広告が表示されます（Lesson 04参照）。一方でオートマ型の検索連動型広告では、アセット（Webサイトや商品の情報のこと）をもとに、それらと関連性が高い語句で検索されたときに広告が表示されます。キーワードではなく、アセットの内容が広告表示のきっかけとなります。そのため、自社の取り扱う商品・サービスに直接的に関連した検索語句を中心に広告を表示することができます。

▶ **オートマ型の検索連動型広告の表示** 図表09-1

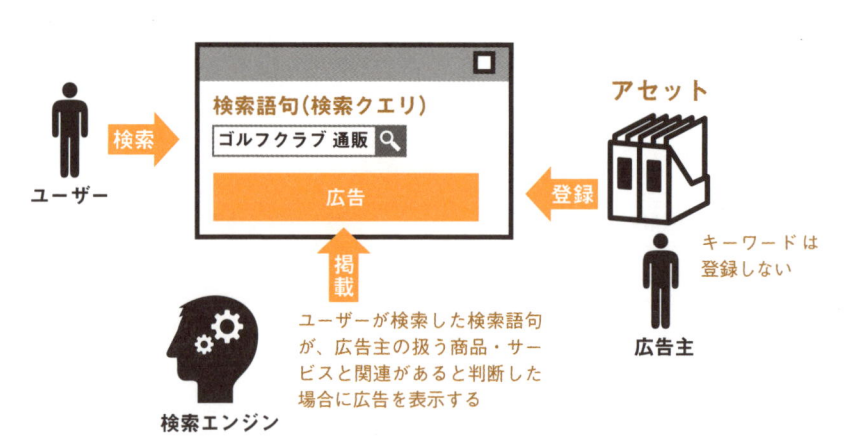

● 人が思いつかない所まで広告を出稿できる動的検索広告

ユーザーが検索した検索語句とそれに最も関連のあるWebサイト内のページを広告のランディングページとして自動表示できるのが、動的検索広告（DSA：Dynamic Search Ads）です。

2018年9月現在、Googleが公表しているデータによると、Googleが毎日処理する検索語句のうち15%はそれまで検索に使われていなかったものだそうです。つまり、広告主がどれだけ細かくキーワードを選定したとしても、想像がつかないその

15%の検索語句によって広告表示機会は失われてしまう可能性があります。特に近年では、Webサイトの文章をコピーして文章がまるごと検索に利用されるケースや、音声入力の利用によって検索語句が口語化するケースなど、検索に使われる語句は多種多様になってきました。人間には想像がつかない15%の検索語句を埋めるために活躍するのが、この動的検索広告の役割です。

▶ 動的検索広告（DSA）の仕組み　図表09-2

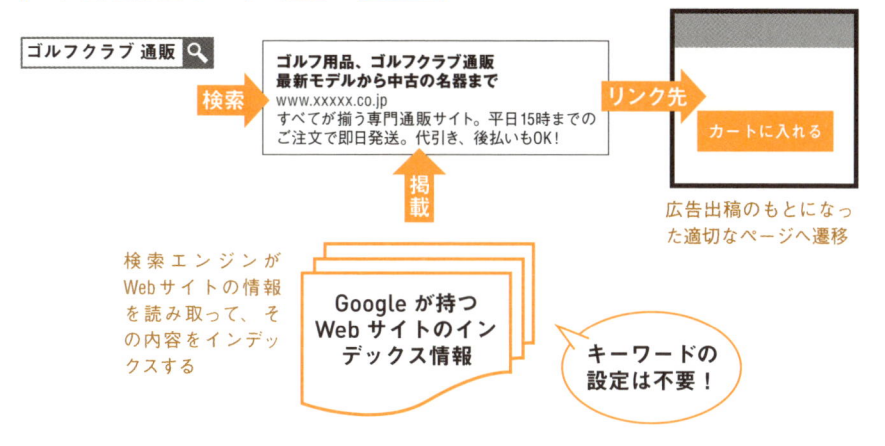

検索エンジンがWebサイトの情報を読み取って、その内容をインデックスする

Google が持つWeb サイトのインデックス情報

キーワードの設定は不要！

広告出稿のもとになった適切なページへ遷移

> キーワード選びが不要になり、人手ではできない出稿ができるようになります。動的検索広告については7章で詳しく解説します。

● 検索トップに商品を掲載できるショッピング広告

ユーザーが検索した検索語句と、それに最も関連のある商品を広告として表示するのがショッピング広告です。キーワードを指定してテキスト広告を表示する検索連動型広告と同時に商品の広告が出稿できることが特徴です。キーワードを管理する代わりに商品情報を管理するため、

新商品の追加や販売終了商品の削除など商品情報の変更が発生すると、広告もそれに連動して、新商品が広告として表示されたり、販売終了商品が表示されなくなったりが自動的に行われます。ショッピング広告については8章で詳しく解説します。

▶ ショッピング広告の表示のされ方 図表09-3

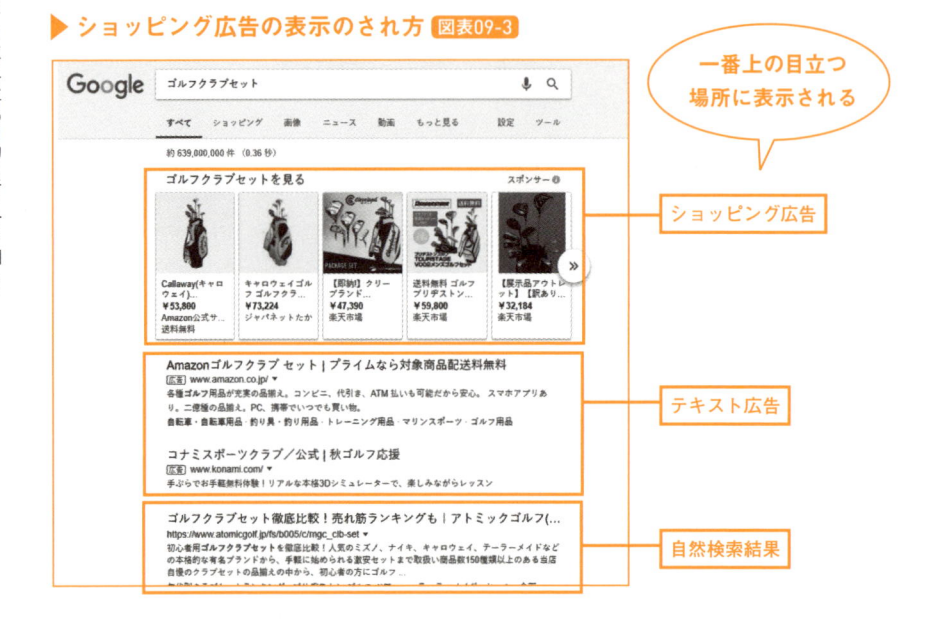

▶ ショッピング広告の仕組み 図表09-4

広告を出稿

掲載

商品情報

商品画像付き広告をクリックするとその商品ページが表示される

10

［リスティング広告の特長］

リスティング広告は即効性とメンテナンス性の高さが魅力

リスティング広告はすぐに取り組めることもメリットですし、その後の成果を確認できることも特長です。継続的にメンテナンスすることでさらに成果を上げ続けられることから、「運用型広告」とも呼ばれています。

○ すぐに出稿できて確認しながらメンテナンスできる

リスティング広告は、Google広告やYahoo!広告の審査さえ通過すれば、すぐに検索結果画面などに広告を掲載できます。

自社Webサイトを最適化して自然検索結果からのサイト流入を改善する手法に「SEO」（Search Engine Optimization）がありますが、SEOは長期的な視点で成果を見ていくものです。一方リスティング広告は、即効性が高く、サイト開設時からすぐに出稿し、収益を上げることも可能です（ただし、薬機法などを筆頭とする法律に接触する可能性がある広告は、審査が長引く場合があります）。そして広告の効果を測定し、それをすぐに次の施策に生かし、またその効果を測定して……と、短期間のうちに次々に改善の手を打つことができます。

▶ **リスティング広告を出した後も改善できる** 図表10-1

 **広告出稿** → **効果測定**  → **メンテナンス**

定期的にメンテナンスを行えば成果が上がり続ける

掲載開始直後であれば午前と午後などこまめにレポート確認をし、ある程度成果が安定してきたら最低1日1回程度、レポートを確認し、メンテナンスを行います。

NEXT PAGE →

● 担当者が自ら広告の出稿内容や量を管理できる

雑誌や新聞といった印刷媒体、Yahoo! JAPANのトップページに表示されるようなインプレッション保証型のバナー広告などの場合は、広告の内容を変えるには媒体社への依頼など多くの手順を踏む必要があり容易ではありません。

ところが、リスティング広告ならば、いつでも広告の変更が可能です。広告主が実際にWebの管理画面から広告の実績レポートを読み取り、対応するための施策を決め、メンテナンスをしていきます。

広告の編集や掲載の一時停止、掲載される曜日や時間帯の指定、広告が表示されるキーワードの設定など、細かい変更を広告主自身がリアルタイムで行うことが可能です。これにより、例えば在庫が切れてしまった商品や予約で埋まってしまったサービスの広告をすぐに停止できます。この柔軟な対応力が、リスティング広告ならではの魅力であり、醍醐味なのです。本書では4章以降でこの画面の見方や操作方法を解説します。

👍 ワンポイント　検索結果画面での広告比率が増している

即効性の高いリスティング広告と、じわりと効いてくるSEOは、それぞれが異なる価値・特長を持つWeb集客手段です。同じ検索結果画面に表示される検索連動型広告と自然検索には、有料／無料、掲載箇所などの違いがありますが、掲載箇所については年々、自然検索結果に対して検索連動型広告が画面を占める割合が増えています。この流れを考えると、「自然検索で上位だから検索連動型広告は出稿しない」などとは言えない状況になっています。

▶ 検索結果画面に占める検索連動型広告の割合が増している

PCの検索結果画面

PCは表示画面が広いが、検索連動型広告が占める割合は高め

スマートフォンの検索結果画面

スマートフォンでは、検索連動型広告が画面内に占める割合が大きい場面が非常に多い

⚠ COLUMN

リスティング広告がビジネスを加速させる理由

テレビや新聞、雑誌などで気になる商品を見かけたとき、あなただったらどのような行動に移りますか。メーカーのWebサイトを見たり、店舗に出向くといった行動が考えられるでしょう。ではそのWebサイトや店舗にたどり着くためにはどうしますか。そう、検索です。そしてその欲求に応えるのが検索エンジンです。

リスティング広告を使えば、検索結果の上部という一等地に広告を出すことができます。検索したユーザーの求めるもの（＝検索語句）に対して、マッチした回答（＝広告文や商品サービス）を線で結ぶことができれば、商品が売れる可能性は高くなるでしょう。

博報堂が2018年に公表した「買い物フォーキャスト2018」によれば、2010年以降、爆発的な情報量増加によって、大量の情報から目的の情報にたどり着きづらくなり、買い物に対するストレスが増加したと報告されています。情報の選択がストレスになり、欲求をいち早く解消できる訴求力のある商品やサービスが購買につながりやすくなっているのです。

リスティング広告は、検索してすぐ目につくところに広告を表示できるので、インターネットでビジネスを行っている企業からすれば、利用しない理由はひとつもありません。

ただし、リスティング広告だけでビジネスを加速できるわけではありません。あえて広告はクリックしないユーザーも一定層いると考えられるからです。そうしたユーザーを集客するには、SEOに取り組んで、さまざまなキーワードの自然検索結果に自社サイトが表示されるようにすることも有効です。

しかしSEOでは検索結果を完全にコントロールできる保証はありません。例えばセールのような短期的なイベントの集客には、即効性とメンテナンス性が高いリスティング広告のほうが向いています。つまり、リスティング広告とSEOの両方に取り組むことで、集客数の最大化、はたまたビジネスの加速をさせることが可能になっていきます。

リスティング広告とSEOの両輪をしっかりと回して、ビジネスを加速させるために、本書ではその片輪であるリスティング広告について最低限の知識を提供します。さあ、一緒に学んでいきましょう！

Lesson 11

[リスティング広告の運用体制]

仕事の範囲を理解して協力者と運用していく

このレッスンの
ポイント

Webサイトは多くの人に支えられて運営されます。1人の力でできることには限界があります。リスティング広告に取り組んでいくにあたって、社内外に味方になってくれる人がいないか、ちょっと周囲を見渡してみましょう。

⭕ 一緒に取り組んでくれる協力者を探す

1章を読んできて「リスティング広告って大変そうだな」と思われましたか？　大丈夫です。本書を通じて一緒に一歩ずつ実践的な知識を身につけていきましょう。とはいえ、リスティング広告を成功させるには、広告から誘導するWebページ（ランディングページ）を制作したり、Webページへ必要なコンバージョンタグを追加するなど、Webの専門家の力が必要に

なることも事実です。また、広告予算の折衝、在庫状況の把握、営業活動との連携などがあってこそ、リスティング広告の効果を上げることができます。個人商店から大規模な企業までいろいろなケースがあると思いますが、自分でできることを把握し、それ以外を相談・依頼できる社内外の協力者を見つけておくようにしましょう。

▶ 社内外の協力者を見つける 図表11-1

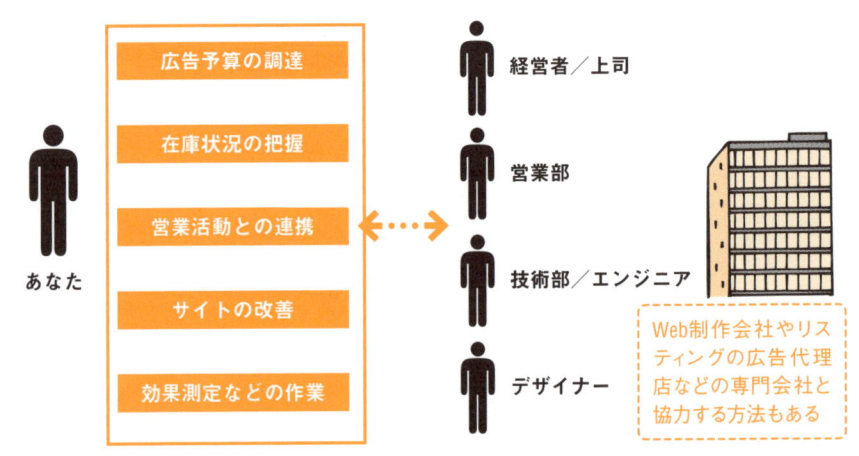

○ 見つけた協力者とのコミュニケーションを大事にする

社内外で見つけた各分野のプロフェッショナルに、あなたはリスティング広告（マーケティング）の担当者として明確な指示や、見つけた課題の相談をしていく必要があります。

伝える際のコツは、「Why視点」です。「なぜ、それが必要なのか?」「なぜ、それを行うのか?」など、目的を明確に伝えることで、デザイナーやエンジニアからさらに良い解決策が得られることがあります。また、その意図を理解して作業してもらえれば、「仕上がりが思い描いていたものと違う」という事態を避けやすく、作業の効率化にもなりますね。

▶ 協力者には意図を説明して依頼・相談する 図表11-2

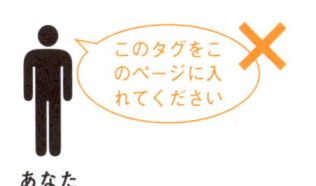

カスタマーサービス担当者から顧客の生の声を聞いたり、商品開発担当者に商品に関する話を聞いたりすると、思いもよらない広告訴求を思いつくこともあります。リスティング広告を運用する上で、ぜひ味方を見つけてください。

🎤 質疑応答

Q オートマ型の広告運用によって人間の仕事は奪われていくのですか？

A いいえ。当面のあいだ、仕事は奪われていきません。オートマ型のリスティング広告運用では、入札単価の自動調整やレポーティングといった作業は機械に置き換わっていきますが、広告文の訴求やバナーのデザインはどのようにするか、どういった消費者に何を売るのか、広告として届けるのかといった、"人間が考えるべきこと、意思決定すべきこと" は多く残ります。入札単価の自動調整やレポートティングという、機械でも高い精度で行える作業が誰でも行える事になったということは、その反面で広告の成果を高めるための広告文であったり、ターゲティングであったりといった戦術の面で差がついてくるともいえます。これは極論のように聞こえるかもしれませんが、広告を出稿したことで得られる情報から、ビジネスを見直したり、ビジネスを新しく展開したりするということも何度も目にしてきました。オートマ型のリスティング広告運用によって人間の仕事は奪われていくどころか、より重要になってくるのです。

Chapter 2

リスティング広告を始めよう

リスティング広告を始めるためには仕組みとルールの理解が不可欠です。本章ではリスティング広告を構成する要素や仕組みについて解説します。

Lesson

Lesson ［アカウントの仕組み］

12 リスティング広告に必要なアカウントとその構造を知る

このレッスンの
ポイント

このLessonでは、「アカウント」「キャンペーン」「広告グループ」などの新しい用語がたくさん並びますが、最低限、アカウントの三層構造を理解すれば、成果が上がりやすい広告出稿ができるようになり、運用もスムーズになります。

○ 「広告」を出すために必要な3点セット

リスティング広告には設定する項目がたくさんあるため、初めてだとどうしてもととまどってしまいがちですが、基本となる3点セットを覚えておけば大丈夫です。その3点セットとは、どんな言葉で検索をされたときに広告を表示したいかを指定するための「キーワード」、検索したユーザーに「これだ！」と思ってもらうための「広告」、ランディングページとも呼ばれる、広告をクリックしたときに誘導する「リンク先」のURLの3つです。この「キーワード」「広告」「リンク先」の3点セットが、リスティング広告を出すためのもっとも小さい単位です。

▶ リスティング広告の3点セット 図表12-1

3点セットはどれかひとつが欠けると広告を出すことができません。基本をしっかりと押さえましょう。

ワンポイント　出稿にまず必要な「アカウント」の作成

アカウントとは、コンピュータ用語で特定のサービスやシステムを利用するための権利を意味する言葉で、利用者登録情報にあたります。リスティング

広告を出稿するためには、まずGoogle広告やYahoo!広告のサイトで申し込みを行い、アカウントを作成しましょう（Lesson 19、20参照）。

● 3点セットをまとめる「広告グループ」

実作業をしてみると、広告の3点セットをキーワードの数だけ作るのは大変だと気づくでしょう。例えば、キーワードが100個の場合に3点セットも100個作るとなると、気が遠くなりますね。そういう面倒を避けるために、似たもの同士のキーワードやリンク先をまとめる機能が「広告グループ」です。

例えば、女性用のアイアンセットを掲載しているページにリンクする広告を作る場合は、広告グループを「女性用アイア

ン」という名前にし、似た意味のキーワードとして「アイアン レディース」「アイアン 女性用」「アイアンセット レディース」「アイアンセット 女性用」などをグループに加えればよいのです。ニーズが似ているキーワードをまとめて広告グループをうまく作っていくことで、効率よく3点セットを作れるようになります。

ひとつの広告グループに、「広告」や「キーワード」は複数登録することができます。

▶ 広告グループのイメージ 図表12-2

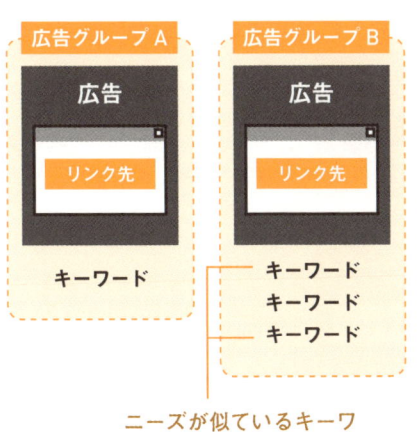

広告グループ A

広告グループ B

ニーズが似ているキーワードは広告グループにまとめる

広告グループ C

広告グループで複数の広告文を出し分けることもできる

広告グループ D

○ 複数の「広告グループ」をまとめる「キャンペーン」

広告グループは、さらにその上のレベルである「キャンペーン」にまとめることができます。

例えばゴルフ用品のショップが「男性用ゴルフウェア」と「女性用ゴルフウェア」の2つの商品ラインでそれぞれ予算設定したいとき、広告グループのひとつひとつ予算を設定していくのは手間がかかり

ます。また、ECサイトで国内と海外では別の広告を出したい場合、広告グループごとに言語や配信地域を毎回設定しなければいけないとしたら、とても大変な作業になってしまいます。そうならないように共通の言語や地域、広告予算にしたい広告グループは「キャンペーン」という単位でまとめて設定します。

▶ **キャンペーンに属する広告グループの設定を一括で変更できる** 図表12-3

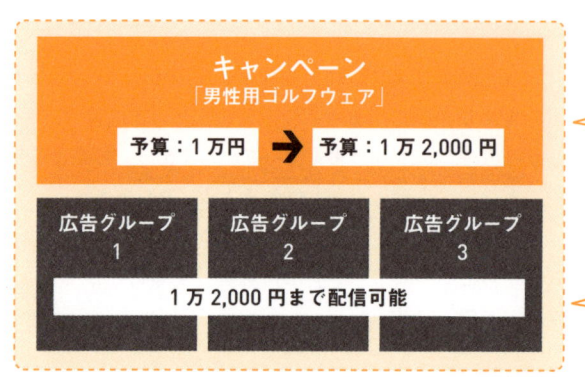

1日あたりの予算を1万円から1万2,000円に変更すると……

キャンペーン配下の広告グループの予算がすべて1万2,000円に変更

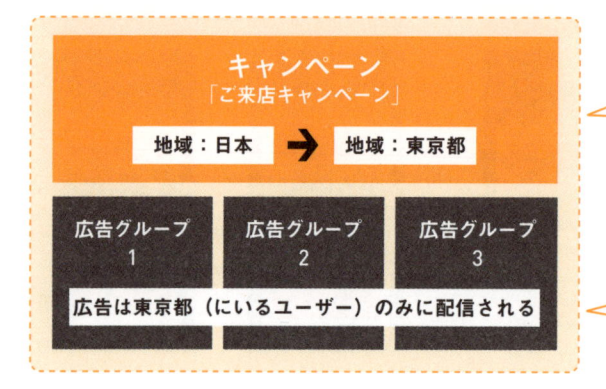

広告配信地域を東京都に変更すると……

キャンペーン配下の広告グループの広告は、東京都にのみ配信に変更

キャンペーンをまとめて統括する最上位の「アカウント」

リスティング広告のアカウントは3層構造になっています。「キーワード」「広告」「リンク先」の3点セットは「広告グループ」でまとめられ、「広告グループ」の上に「キャンペーン」があり、「キャンペーン」の集まりが「アカウント」です。

下の図のような階層になっていると捉えるとわかりやすいでしょう。2章の最後で、広告出稿に必要なアカウントをまずは作成します。広告グループ、キャンペーンの作成手順については4章で触れます。

▶ **アカウントの3層構造** 図表12-4

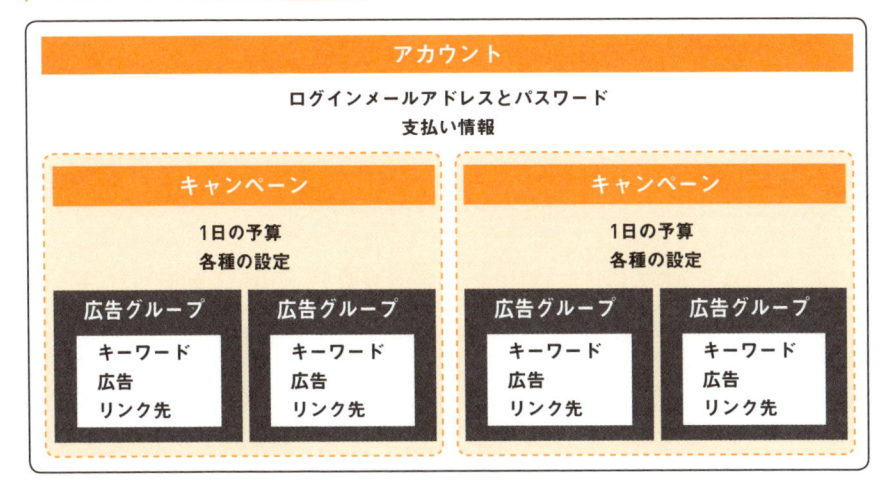

▶ **Google広告の場合にそれぞれの階層で一括設定すること** 図表12-5

階層	設定する内容
アカウント	・ログイン情報などの管理権限 ・支払い情報
キャンペーン	・1日の予算 ・地域や言語 ・配信ネットワーク（検索ネットワーク、ディスプレイネットワークなど） ・広告の掲載期間 ・広告表示オプション（広告への住所や電話番号の表示など） ・オーディエンス（ユーザーの関心やユーザーの訪問履歴など） ・デバイス
広告グループ	・ターゲット（キーワードや広告を表示する相手） ・広告内容（テキスト、イメージ、動画） ・上限単価（CPC、CPM、CPV） ・リンク先のURL

Yahoo!広告もほぼ同様。広告表示オプションやオーディエンスの項目数の仕様に多少違いがある

[キーワード]

広告を表示するのに必要なキーワードを理解する

このレッスンの
ポイント

3点セットのうち「キーワード」はアカウントに登録されている広告の候補を決定するための要素です。キーワードの働きをしっかり覚えることで、検索語句に対して適切な広告を届けることができるようになります。

◯ 「キーワード」は表示するべき広告を絞り込む役割を持つ

キーワードはどのような検索語句で検索されたときに広告を表示したいか、といったきっかけを作るために必要な単語やフレーズのことを指します。アカウントにキーワードを登録することで、それに類する検索語句で検索が行われたときに、アカウントの中からどの広告を表示するか絞り込まれます。

例えば、ゴルフ用品のECサイトであれば、男性用ゴルフウェアを探している人は「ゴルフウェア メンズ」という検索を行いそうです。そういった場合にはキーワードとして「ゴルフウェア メンズ」「ゴルフウェア 通販」といったフレーズを登録しておけば、「ゴルフウェア メンズ」「ゴルフウェア 通販」といったフレーズで検索がされたときに広告を表示することができますね。

▶ 検索語句とキーワードのマッチと広告表示 図表13-1

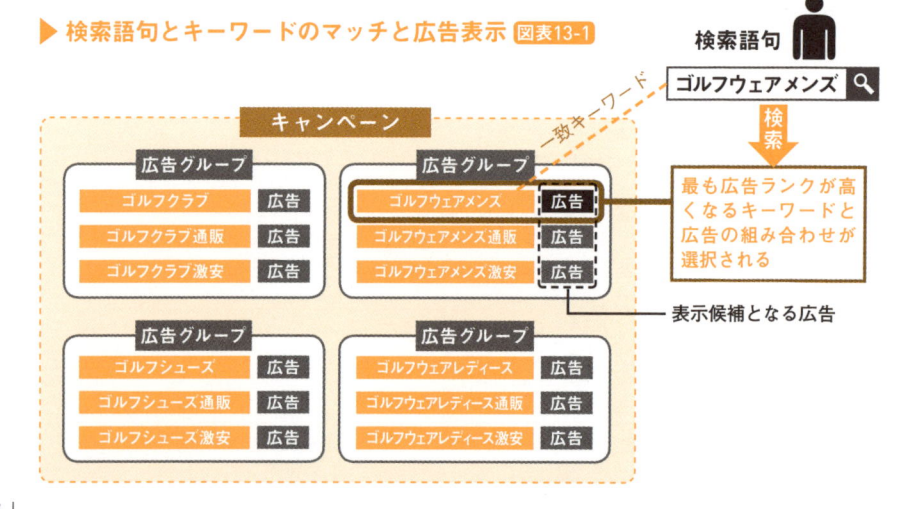

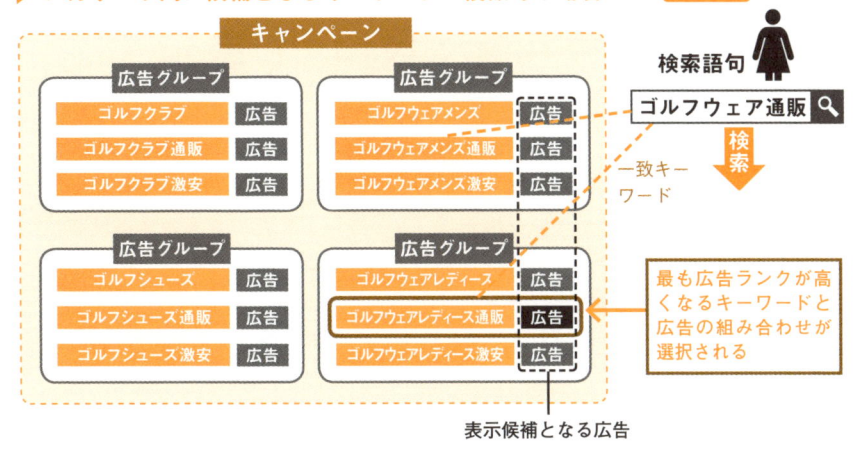

▶ アカウント内に候補となるキーワードが複数ある場合は… 図表13-2

キャンペーン

検索語句

広告グループ
ゴルフクラブ	広告
ゴルフクラブ通販	広告
ゴルフクラブ激安	広告

広告グループ
ゴルフウェアメンズ	広告
ゴルフウェアメンズ通販	広告
ゴルフウェアメンズ激安	広告

広告グループ
ゴルフシューズ	広告
ゴルフシューズ通販	広告
ゴルフシューズ激安	広告

広告グループ
ゴルフウェアレディース	広告
ゴルフウェアレディース通販	広告
ゴルフウェアレディース激安	広告

ゴルフウェア通販

検索

一致キーワード

最も広告ランクが高くなるキーワードと広告の組み合わせが選択される

表示候補となる広告

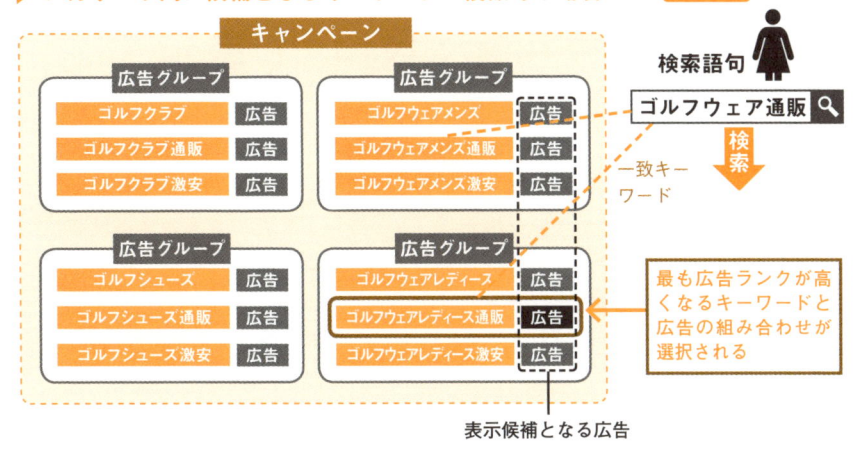

○ キーワードと検索語句を「マッチタイプ」で調整する

ユーザーが使う検索語句は、同じ目的でも人によって異なります。例えば、ゴルフをプレイするときに着るポロシャツを探している人はどのような検索をするでしょうか。

「ゴルフ ポロシャツ」「ゴルフウェア」「ゴルフシャツ」などフレーズは違えども、検索をするユーザーの考えとしては、ゴルフに着る服を探しているというのは共通していそうです。しかし、広告主がこれらすべての検索語句に対応できるようあらゆるキーワードを追加するというのは現実的ではありません。そのために、キーワードの「マッチタイプ」を指定し、ひとつのキーワードで幅広い検索語句にマッチできるようにします。詳しいキーワードの選び方やマッチタイプについては4章で詳しく解説します。

▶ マッチタイプの概要 図表13-3

マッチタイプ	対象となる検索語句	キーワードの例	広告が表示される検索語句の例
部分一致	キーワードと一致する検索語句、類似パターン※	女性用 帽子	帽子 レディース 通販 レディース ゴルフキャップ ニット キャップ 女性
絞り込み部分一致	+が付いたキーワードやその類似パターンが順序問わずに含まれる	+女性用 +帽子	女性用 帽子、帽子 女性用、帽子 通販 女性用
フレーズ一致	同じ語順のフレーズやその類似パターン	"女性用 帽子"	女性用の帽子の通販
完全一致	意味が完全に同じ語句	女性用 帽子	女性用 帽子、帽子 女性用

※類義語、誤字、表記ゆれ（引っ越し、引越しなど）、略語など

キーワードに対して表示する広告を理解する

このレッスンの
ポイント

リスティング広告は「キーワードをたくさん考える仕事」というイメージがありますが、ユーザーが実際に目にするのはキーワードではなく広告の文章です。検索したユーザーの気持ちに応える広告文の作成も重要な仕事です。

● 広告の文章は「見出し」と「説明文」の組み合わせ

リスティング広告の広告文は、「広告見出し（タイトル）」、「表示URL」、「説明文」、の3つからできています。検索結果ではタイトルの部分が大きな文字で表示され、クリックできるようになっています。ユーザーの検索目的に合わせて、広告で伝えるべき内容をしっかりタイトルで表現してください。「表示URL」は、クリックした先のページを指定する「リンク先」のドメインが自動的に反映されます。詳細は5章で解説します。

▶ 広告の要素 図表14-1

ゴルフ用品、ゴルフクラブ通販｜最新モデルから中古の名器まで	→ 広告見出し
www.xxxxx.co.jp/ ゴルフクラブ / ドライバー	→ 表示 URL/ パス 1/ パス 2
すべてが揃う専門通販サイト。平日15時までのご注文で即日発送。代引き、後払いもOK！	→ 説明文

広告に使える文字数は限られています。その中でで、商品・サービスの優位性やユーザーが得られる体験をしっかりと訴求する工夫をしましょう。

◯ 文字数や表現はガイドラインに従う

「広告見出し」は、Google広告、Yahoo!広告ともに半角30文字まで、説明文は半角80文字まで使えます。記号や強調表現の使用には制限があり、例えば、「!!」のように記号を連続して使ったり、「セール　実　施　中　！」のように無意味な空白を入れることなどはNGです。過度な強調表現は使わず、「そのキーワードで検索するユーザーは何を求めているのか?」を考えながら広告を書いていきましょう。広告を書く際に注意したいことを下記にまとめてみたので参考にしてください。

▶ **Google広告とYahoo!プローモーション広告共通の注意すべきポイント** 図表14-2

1. 「最高の」「最大の」など、最大級表現はなるべく避ける。使用する場合は第三者 による客観的な根拠を記載する
2. 句読点を過度に使用しない（感嘆符や疑問符など）。見出し1、見出し2では感嘆符（!）を使用することを禁止している
3. 「ここをクリック」「今すぐクリック」など、リンク先の内容にかかわらずクリックを誘導するためだけの表現を使用しない
4. アルファベットの大文字は適切に使用する
5. 文やフレーズの繰り返しを避け、さまざまな言葉を使用する

▶ **広告原稿に含めたい要素** 図表14-3

見出し（タイトル）	広告の最初のコピーで、もっとも目立つ一文です。見出し行は半角30文字までで（Yahoo!広告も30字ですが、全角・半角カナを2文字、半角英数記号を1文字としてカウント）、誇張表現や感嘆符（！）、過度の句読点（???や!!なども）は使用できません。ユーザーが知りたいこと、求めていることを想像して、この一文で心をつかんでください。
メリット	ユーザーにメリットを伝えてください。製品やサービスの「品質」「価格」「特典」「安心」などを、短い文章でシンプルにまとめましょう。何にメリットを感じるかは、ユーザーの検索したキーワードによって違うので、それに合わせていくつかパターンを用意してください。
行動を促す内容	「購入」「注文」「ダウンロード」「登録」など、広告をクリックした先のページでユーザーに期待する行動を簡潔な言葉でアピールし、リンク先のページでもそれを実行できるようにしておきます。

▶ **Google広告ポリシー**
https://support.google.com/adwordspolicy/answer/6008942
▶ **Yahoo!広告 入稿規定**
https://ads-help.yahoo.co.jp/yahooads/guideline/articledetail?lan=ja&aid=1663

[ランディングページ]

広告からユーザーを誘導する
ランディングページを用意する

このレッスンの
ポイント

広告をクリックしたら、あなたのサイトの玄関でもあるランディングページが表示されます。広告文で訴求している内容と、ランディングページの内容が違う！といったことがないようにしましょう。

○ ユーザーをどのWebページに誘導したいか考えよう

ゴルフ用品を販売するECサイトがリスティング広告を出稿し、ユーザーが「ゴルフクラブ 通販」と検索されたときに表示される広告のクリック先は、どのWebページに誘導するのが適切でしょうか。ユーザーの検索語句からは「ゴルフクラブが欲しい」と予想できるので、当然ゴル

フクラブの販売ページに誘導してあげるのが良さそうです。他にもトップページや他の商品ページに誘導することも可能ですが、検索語句や広告文の訴求との関連性が、それに比べて下がってしまうので、コンバージョンに至る可能性も低くなってしまいそうです。

▶ ユーザーの誘導先は関連性を考慮する 図表15-1

```
ゴルフクラブ 通販  🔍  検索語句
```

ゴルフ用品、ゴルフクラブ通販｜最新モデルから中古
の名器まで
www.xxxxx.co.jp/ ゴルフクラブ / ドライバー
すべてが揃う専門通販サイト。平日15時までのご注文で即日発送。代引き、後払いもOK！

リンク

| Webサイトのトップページ | ゴルフクラブのページ | ゴルフウェアのページ | ゴルフシューズのページ |

広告との
関連性 △ ○ × ×

● 広告経由でのみ誘導する専用ページを検討してみる

「特定の商品だけ力を入れて販売していきたい！」「お得な定期購入キャンペーンを展開して新規の顧客を獲得していきたい！」という場合には、キャンペーン専用のランディングページを作成し、そちらへ誘導する方法があります。

専用のランディングページのメリットは、通常サイトのレイアウトやコンテンツの制限を受けずに、自由な訴求が行えることです。ECサイトの商品ページでは、金額と商品の概要程度しか説明できないフォーマットになっていた場合、専用のランディングページを作ればセールスマンのように雄弁に商品特徴を説明することができます。

特に商品を購入すると考えられる人物像（ターゲット）が明確であればあるほど効果を発揮しやすいです。その反面、近所のスーパーやドラッグストアでも購入できる商材は、通信販売で詳しく説明を読んだり検討する必要性が低くなるでしょう。何を誰に売るのかに合わせてランディングページは検討しましょう。

▶ **クリックした広告からのリンク先を使い分ける** 図表15-2

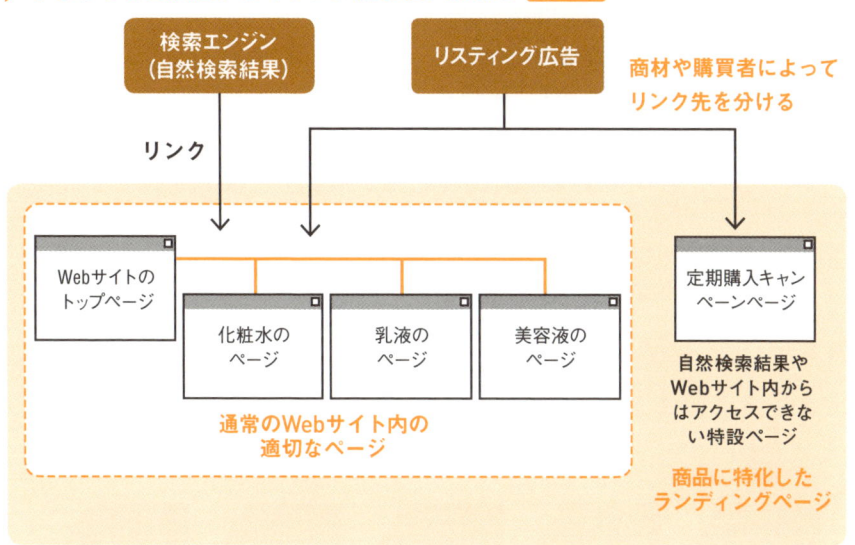

検索語句、広告、ランディングページが線でつながって初めてコンバージョンに繋がります。検索の意図と広告に沿った魅力的なランディングページを用意しましょう。

16

［オークションの仕組み］
オークションでクリック単価が決まる仕組みを理解する

**このレッスンの
ポイント**

Lesson 05と06で、基本的なオークションの仕組みと実際に支払うべきクリック単価の決まり方について解説しましたが、ここでは、検索が行われてから実際の広告表示がされるまでの流れをもう少し詳しく解説していきます。

⭕ すべての広告主に平等にオークション機会がある

リスティング広告は、ユーザーが検索エンジンで検索したと同時に、検索語句とマッチする広告を表示するために、検索が行われる度にオークションを行っています。オークションというと一番高額な値付けをした広告主から順番に広告が表示されると思いがちですが、それでは多くの広告費を持つ広告主によって独占されてしまい、決して平等なシステムとは

言えません。Lesson 05で解説したように、リスティング広告のオークションでは、上限クリック単価の入札額だけではなく、本当にその広告が検索したユーザーにとって有用なものとなるのかという「品質」も考慮した上で、広告の掲載順位や実際に支払うべきクリック単価を決定しているのです。

▶ オークションの流れ 図表16-1

`ゴルフクラブ　通販` 🔍

検索

| 検索語句とマッチする広告の選定 | ▶ | オークション参加資格の確認 | ▶ | 広告ランクの算出 | ▶ | 掲載順位の決定 | ▶ | クリック単価の決定 |

広告品質と入札単価は密接に関わります。「広告の品質を高めればクリック単価が安くなりやすい」と覚えてください。

⬤ 広告の品質が低いとオークションに参加ができない

リスティング広告では、検索結果画面に表示できる数個の広告枠に対し、何百・何万の広告主と競合することもめずらしくありません。自動で処理されるオークションのスピードを上げるため、オークション前に参加資格の審査があり、広告の品質が最低基準を満たさない場合、広告オークションに参加できません。この参加資格条件により、検索語句が「ゴルフクラブ」に対しキーワードが「ハワイ旅行」というように、検索語句とキーワードの関連性が低い広告の品質は「非常に低い」と判断されます。その場合は上限クリック単価が高くても広告は表示されません。検索意図と関連性が低い広告はユーザーにとっても無益ですからね。

▶ オークションの参加資格が決定される仕組み 図表16-2

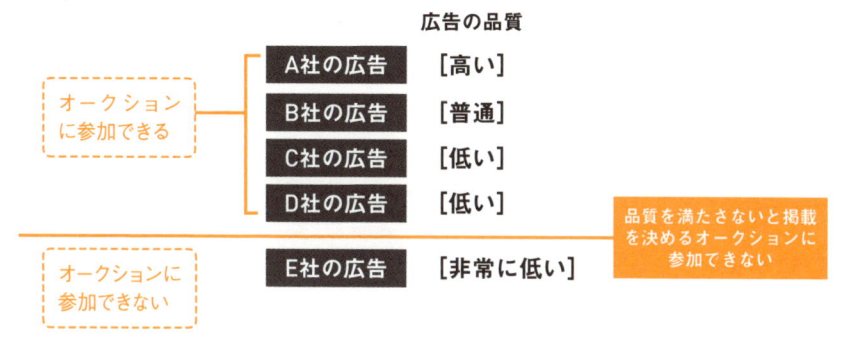

⬤ 広告ランクの算出と掲載順位の決定

次に、広告ランクが自動的に算出され、高い順に掲載順位が決定されます。広告の掲載に必要な広告ランクの最低基準はオークションごとに変わるので掲載される広告数はあるときは2位まで、あるときは4位までといったように、検索するたびに変わります。

▶ 広告ランクで掲載順位が決定される仕組み 図表16-3

	広告の品質		上限クリック単価		広告ランク
A社の広告	[高い]	×	[100円]	=	[500]：1位
B社の広告	[普通]	×	[80円]	=	[240]：2位
C社の広告	[低い]	×	[120円]	=	[120]：3位
D社の広告	[低い]	×	[100円]	=	[100]： 掲載されない

※わかりやすく説明するため、広告表示オプションは計算式に含めていません。

⭕ クリック単価はセカンドプライスオークションで決まる

掲載順位が決まると次に、広告ランクに応じて実際に支払うクリック単価が決定されます。リスティング広告では「セカンドプライスオークション」と呼ばれる方式を採用しており、入札時に指定した上限クリック単価よりも、実際のクリック単価が安くなる仕組みになっています。

セカンドプライスオークションでは、広告掲載順位が自社よりひとつ低い広告主（上図ではB社）の広告ランクを上回るために必要なクリック単価を計算し、求められた金額が実際にクリック単価として請求されます。

▶ クリック単価の計算式 図表16-4

$$\frac{[自社広告のひとつ下の広告の広告ランク]}{[自社広告の品質(≒品質スコア)]} +1円 = [クリック単価]$$

▶ クリック単価を算出する考え方 図表16-5

このLessonの例での広告の品質は…

$$A社の広告の品質(≒品質スコア) = \frac{広告ランク}{上限CPC} = \frac{500}{100} = 5$$

…なので

$$\frac{240（B社の広告ランク）}{5（A社の品質(≒品質スコア)）} +1円 = 49円（A社のクリック単価）$$

同様に、B社、C社のクリック単価は…

$$B社の広告の品質(≒品質スコア) = \frac{広告ランク}{上限CPC} = \frac{240}{80} = 3$$

…なので

$$\frac{120（C社の広告ランク）}{3（B社の品質(≒品質スコア)）} +1円 = 41円（B社のクリック単価）$$

$$C社の広告の品質(≒品質スコア) = \frac{広告ランク}{上限CPC} = \frac{120}{120} = 1$$

…なので

$$\frac{100（D社の広告ランク）}{1（C社の品質(≒品質スコア)）} +1円 = 101円（C社のクリック単価）$$

掲載順位を決める
広告ランクを理解する

広告ランクや品質スコアは、クリック単価や掲載順位を決定する重要な指標ですが、広告は誰にどのような訴求を届け、コンバージョンしてもらいたいかが大事です。広告の品質の改善ばかりにとらわれないように気をつけましょう。

○ 「広告ランク」は広告の品質と上限クリック単価で決まる

リスティング広告では、オークションのたび広告ランクを算出しています。この広告ランクの算出で考慮される主な要素を 図表17-1 にまとめました。

広告ランクを高めようとするとき、複数の要素があるのでどこから手を付けてよいか分かりにくく見えるのですが、「検索に至った背景」は広告主側でコントロールできません。そこで、「上限クリック単価」「広告の品質」「広告表示オプションやその他の広告フォーマットの効果」が取り組むべき要素です。また、Lesson 16で解説したように広告オークションに参加するには、一定以上の広告の品質が必要な点を含めて考えてみると、広告ランクは「広告の品質」と「上限クリック単価」に大きく影響されるということが言えそうです。

▶ **広告ランクを構成する主な要素** 図表17-1

要素		意味
上限クリック単価		1クリックに支払える金額の上限
広告の品質	キーワードの推定クリック率	キーワードが広告のクリックにつながった頻度
	キーワードと広告の関連性	キーワードとユーザーの検索語句との関連性
	リンク先ページの利便性	ページの関連性、情報の透明性、操作性
検索に至った背景	検索時のユーザーの所在地	実際に検索された場所
	使用端末	パソコン、モバイル端末、タブレットなどの端末の種類
	時刻	実際に検索された時刻
広告表示オプションやその他の広告フォーマットの効果		追加した広告表示オプションやフォーマットの見込み効果

NEXT PAGE ➡

○「広告の品質」改善の目安になる「品質スコア」

広告ランクに関わる「広告の品質」自体の数値は広告主も知ることはできませんが、その一部を成す「品質スコア」は、Google広告の管理画面で、1〜10段階の数値で確認できます。品質スコアは、広告の品質を構成する要素のうち「キーワードの推定クリック率」「キーワードと広告の関連性」「リンク先ページの利便性」で判定されます。これらの指標が高いほど品質スコアの数値も高まり、広告ランクのアップにも貢献します。なお、Yahoo!広告でも、広告の品質の目安としてキーワードごとに「品質インデックス」だけは確認できます。

▶ 品質スコアは管理画面で確認できる　図表17-2

ランディングページ		キーワード	上限クリック単価	リック単価	コンバージョン	表示回数	クリック数	クリック率	品質スコア	推定クリック率	広告の関連性	ランディングページの利便性
		合計: すべてのキーワード (削除済み… ⑦		¥39	694.00	91,903	5,636	6.13%				
キーワード	□ ●		¥36 (拡張)	¥27	180.00	13,139	1,286	9.79%	8/10	平均値	平均より上	平均より上
オーディエンス												
ユーザー属性	□ ●		¥32 (拡張)	¥80	68.00	8,560	679	7.93%	8/10	平均値	平均より上	平均より上
設定	□ ●		¥49 (拡張)	¥36	56.00	1,857	307	16.53%	10/10	平均より上	平均より上	平均より上
地域	□ ●		¥29 (拡張)	¥27	43.00	7,348	409	5.57%	8/10	平均値	平均より上	平均より上
広告のスケジュール	□ ●		¥47 (拡張)	¥34	38.00	3,171	194	6.12%	7/10	平均より下	平均より上	平均より上
デバイス	□ ●		¥41 (拡張)	¥49	33.00	7,787	234	3.01%	8/10	平均値	平均より上	平均より上
高度な入札単価調整												

Google広告の管理画面。キーワードの［表示項目］オプション（165ページ参照）から、［品質スコア］の表示項目をオンにすることで、判定基準の数値が閲覧できる

「品質スコア」の細かい要素を吟味するよりも、広告とWebサイトの改善を続けることが大事です。

👍 ワンポイント　「広告の品質」を上げるためには

これからの章で行う、ユーザーのニーズを考え、関連するキーワードをまとめ、まとめたキーワードグループごとに広告やリンク先を設定していく作業は、コンバージョン率を高めて利益を上げるためだけでなく、結果的に広告の品質を高めるための作業でもあります。広告の品質は、非常に多くの要素を加味してリアルタイムに計算されています。そのひとつひとつを吟味するのは難しいことですが、究極的には自社の「お客さん像」を想像し、リスティング広告とWebサイトでしっかりおもてなしを続けていくつもりで取り組めば、おのずと広告の品質は向上していきます。

[広告予算の見積もり]

18 リスティング広告の予算を とりあえず決めてしまう

リスティング広告は一定期間続けないと意味がありません が、そのためにはまず社内での予算確保が必要でしょう。 そもそも自分たちのやろうとしている施策にどの程度の予 算が必要なのか、調べてみましょう。

⭕ とりあえず使える予算の上限を決めてしまおう

まずは、「リスティング広告で1カ月にい くらまでなら使ってもOK」という予算の 上限を決めてしまいましょう。この予算 の大小によって、今後の運用が変わって きます。例えば、1カ月1万円の予算では 1日何万回も検索されるビッグワードでは おそらく広告は出せませんし、逆に1カ月 100万円の予算があっても、検索数の非 常に少ないスモールワードばかりでは、

用意した予算に見合った効果は得られま せん。予算を水に例えれば、金魚鉢で鯉 を飼うことはできませんし、プールで数 匹のメダカだけを飼うのは過剰な投資で す。自社のビジネスに必要なキーワードと、 用意できる予算のバランスを考えて、無 理のない金額を設定する。まずはこれが 大切です。

▶ **無理のない金額で始めることが大事** 図表18-1

> 大きなプール（予算）でわ ずか数匹のメダカ（スモー ルワード）を飼うのは投資 が過剰な状態

> 小さな金魚鉢（予算） では大きな鯉（ビッグ ワード）は飼えない（広 告は出ない）

⭕ キーワードプランナーで見積もってみる

キーワードごとにだいたいの入札金額があります。Lesson 33 で解説するGoogle広告のキーワードプランナーを使い、想定しているキーワードでどれくらいの予算が必要になるかを算出してみましょう。試算された予算が現実的な額かどうか、もし予算を超えるようであれば、設定するキーワードの見直しも行いましょう。

▶ **キーワードプランナーで見積もる** 図表18-2

初期設定では１ヶ月あたりの見積もりが表示されている

予測データ	過去の指標				2018年4月1日〜3日

お客様のプランでは、費用 **¥97万**、上限クリック単価 **¥210**で、クリックを **1.5万** 回獲得できると見込まれます

クリック数	表示回数	費用	クリック率	平均クリック単価
1.5万	48万	¥97万	3.2%	¥66

	キーワード ↑	広告グループ	クリック数	表示回数	費用	クリック率	平均クリック単価
	ゴルフクラブ	広告グループ1	14,200.75	465,145.34	¥932,082	3.1%	¥68
	ドライバー キャロウェイ	広告グループ1	504.33	7,724.21	¥20,176	6.5%	¥41
	ドライバー ダンロップ	広告グループ1	4.44	70.70	¥96	6.3%	¥22

⭕ Web施策で上げるべき成果から逆算する

キーワードの入札相場を調べたら、最終的に出したい利益や目標コンバージョン（購入、申し込みなど）件数から必要な予算を逆算することができます。そのためには、1つのコンバージョンにかかるコストと、1注文あたりの平均売上（顧客平均単価）を知っておく必要があります。そして、「1カ月にこれぐらい獲得したい」という目標コンバージョン数を決めて、その2つをかけることで、1カ月の予算とすることができます。この試算方法の詳細は、Lesson 26で解説します。

▶ **コンバージョンからの予算の計算方法** 図表18-3

月額予算 =コンバージョン1回あたりにかかる広告費 ×1カ月の目標コンバージョン数

リスティング広告は成果に合わせて、予算の増減をいつでも柔軟に行えるのが特徴です。

Lesson [Google広告のアカウント取得]

19 Google広告のアカウントを作成する

これまでリスティング広告の概要について説明を進めてきましたが、ここからは実際にアカウントを開設していきます。4章からは広告を出稿しますが、まずはアカウントを作成してGoogle広告の管理画面に慣れておきましょう。

◯ 大きな単位から作業を始める

リスティング広告を始めるには、Google広告ではGoogleアカウントを、Yahoo!広告ではYahoo! JAPANビジネスIDを最初に取得する必要があります。 ここではGoogle広告を例にしていますが、Yahoo!広告も概要は変わりません。

設定を始めるときは、Google広告の構造はいちばん大きい単位である「アカウン

ト」を作成し、「キャンペーン」→「広告グループ」というように順々と小さな階層へ設定作業が移っていきます。いちばん大きな単位であるアカウントの作成から始めてみましょう。具体的な広告グループの作成から出稿までの手順は4章で解説します。

▶ 大きな単位から設定を始める 図表19-1

まずは大きな単位から設定を始めます！

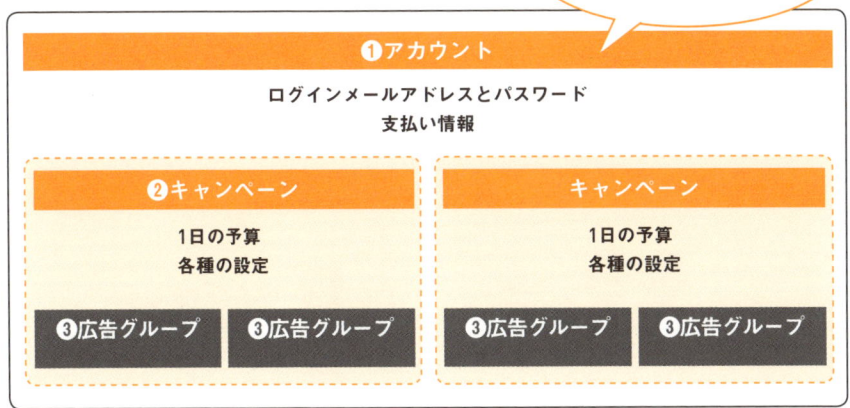

○ Google広告に登録する

1 Google広告の申し込み画面を表示する

1 Google広告のページ（https://ads.google.com/）を表示します。

2 [利用する]をクリックします。

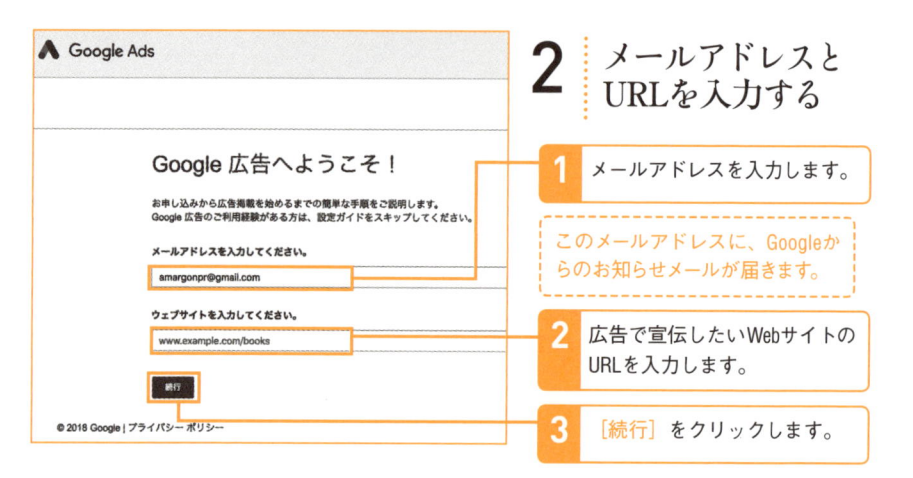

2 メールアドレスとURLを入力する

1 メールアドレスを入力します。

このメールアドレスに、Googleからのお知らせメールが届きます。

2 広告で宣伝したいWebサイトのURLを入力します。

3 [続行]をクリックします。

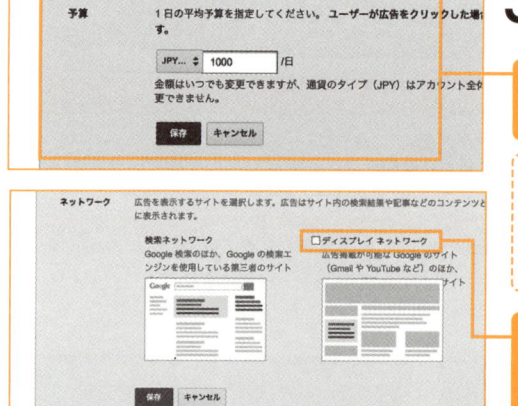

3 キャンペーンを仮に作る

1 キャンペーンの1日の予算を入力し [保存]をクリックします。

この段階では詳細な設定ができないので、必要な項目を埋めて次に進みます。ここで設定する項目は後から編集することができます。

2 [ネットワーク]にある[ディスプレイネットワーク]のチェックマークを外し、[保存]をクリックします。

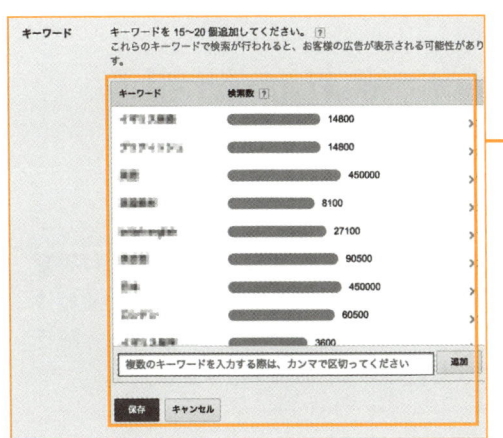

4 キーワードを仮に追加する

1 キーワードを選択し［保存］をクリックします。

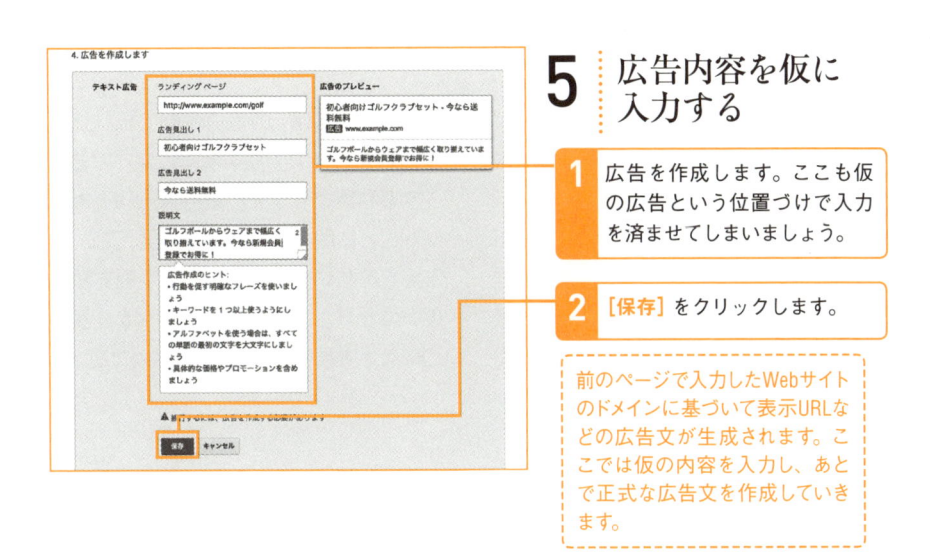

5 広告内容を仮に入力する

1 広告を作成します。ここも仮の広告という位置づけで入力を済ませてしまいましょう。

2 ［保存］をクリックします。

前のページで入力したWebサイトのドメインに基づいて表示URLなどの広告文が生成されます。ここでは仮の内容を入力し、あとで正式な広告文を作成していきます。

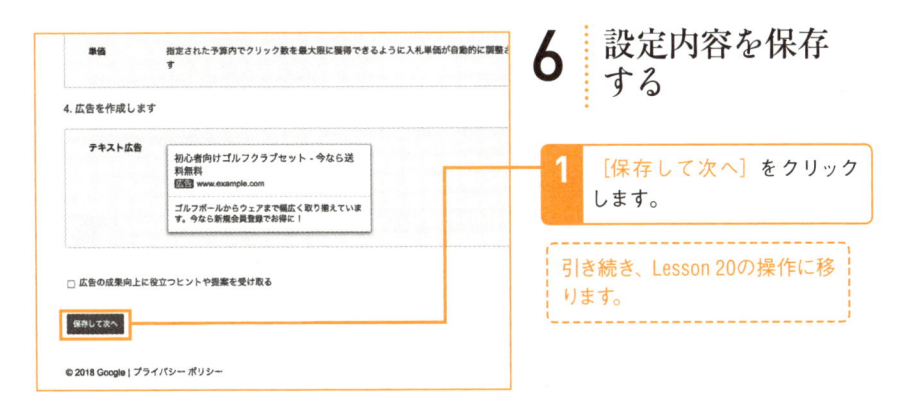

6 設定内容を保存する

1 ［保存して次へ］をクリックします。

引き続き、Lesson 20の操作に移ります。

[支払い情報の登録]

アカウントに支払い情報を設定する

このレッスンの
ポイント

リスティング広告の支払いは、クリックされた分だけ課金される仕組みなので、**毎月定額で支出が決まっているわけではありません**。支払い方法にはクレジットカードと銀行振込があるので、自社に合った方法を選びましょう。

支払い情報の種類

実際にかかった広告費の支払い方法は「クレジットカード」と「銀行振込」の2種類があります。どちらか都合のいいほうを選んでください。クレジットカードの場合、一部のデビットカードでも広告費を支払えます。支払いのタイプは2種類あり、「自動支払い」（広告が掲載された後に自動的に請求）と「手動支払い」（広告掲載の前にアカウントに入金）のどちらでも利用できます。銀行振込はアカウントごとに固有の口座番号を発行し、広告費を支払います。支払いは手動支払い扱いになり、広告費が口座からなくなった時点で広告の掲載が止まります。

▶ **広告費の支払い方法** 図表20-1

方法	メリット	デメリット
クレジットカード	・自動と手動が選択できる ・バックアップのカードを登録できる ・広告の掲載が途切れる心配が少ない	・限度額が少ないと広告の掲載に支障が出る場合がある ・予算設定を間違うと広告費がどんどん膨らんでしまう
銀行振込	・決められた予算内で掲載できる	・広告の掲載が途切れる心配が大きい ・前払いのみ ・入金確認まで時間がかかる

Google 広告にはコンビニ払いや Pay-easy（ペイジー）もあります。クレジットカードや銀行の利用が難しい場合に利用できますが、取引額の上限が決まっているので、継続的に利用する場合はクレジットカードをお勧めします。

先払いでなく請求書払いにしたい場合

企業用クレジットカードがなかったり、銀行振込にかかるタイムロスや手間、また資金繰りといった面からも請求書払いが求められるケースがあるでしょう。
残念ながらGoogle広告、Yahoo!広告ともにスタート直後は請求書払いは受け付けていません。どうしても請求書払いにし

たい場合、ある程度広告費の支払いの実績ができてから申請するか、広告代理店にアカウントの開設を依頼するかになります。広告代理店がアカウント開設する場合は、IDやパスワードを共有してもらえるかどうかもあらかじめ確認しましょう。

▶ **広告費の支払いの流れ** 図表20-2

支払い情報の入力

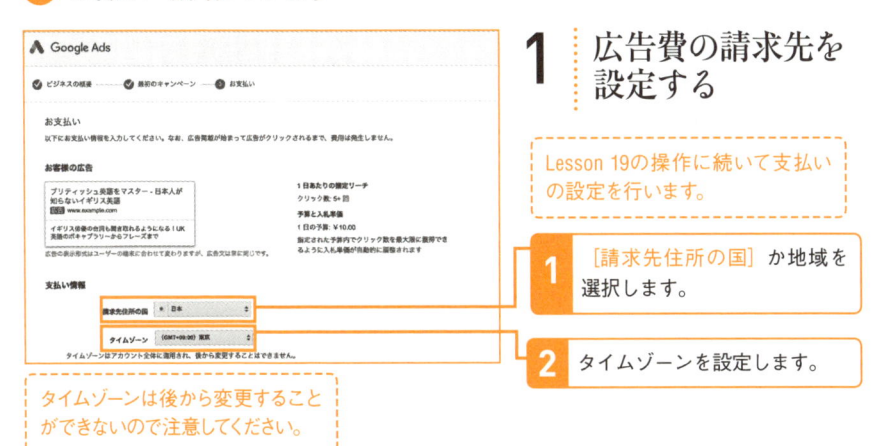

1 広告費の請求先を設定する

Lesson 19の操作に続いて支払いの設定を行います。

1 [請求先住所の国]か地域を選択します。

2 タイムゾーンを設定します。

タイムゾーンは後から変更することができないので注意してください。

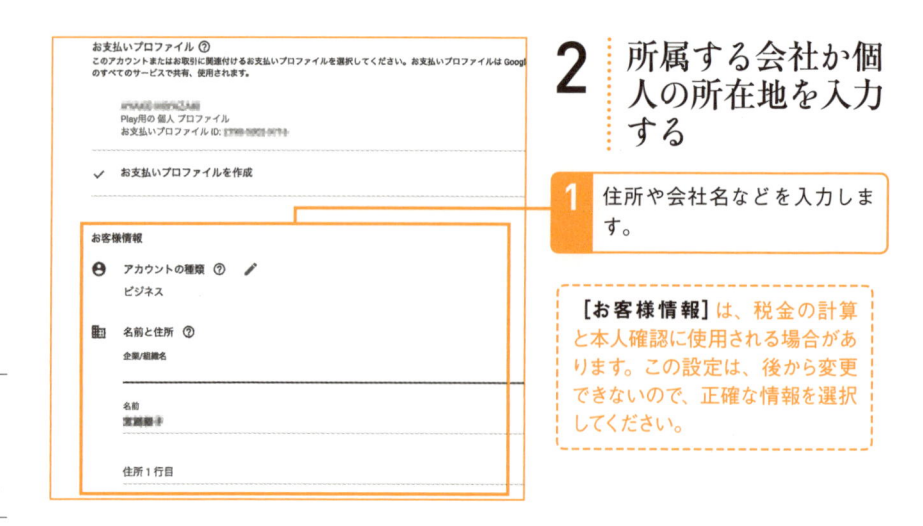

2 所属する会社か個人の所在地を入力する

1 住所や会社名などを入力します。

[**お客様情報**] は、税金の計算と本人確認に使用される場合があります。この設定は、後から変更できないので、正確な情報を選択してください。

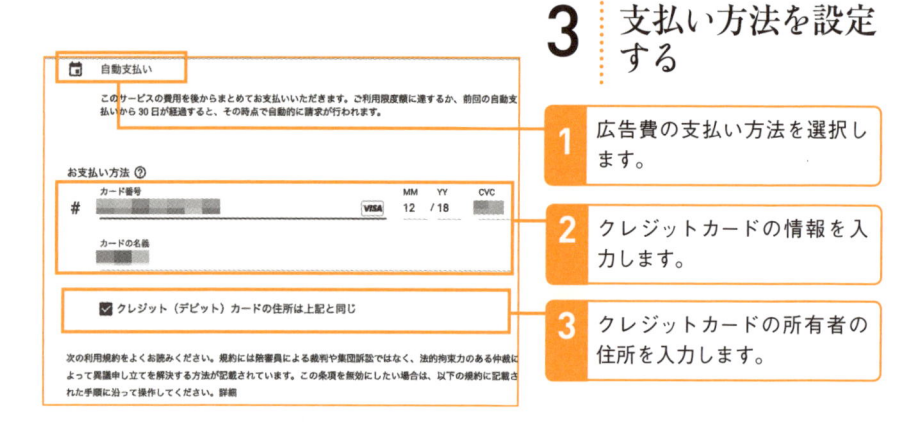

3 支払い方法を設定する

1 広告費の支払い方法を選択します。

2 クレジットカードの情報を入力します。

3 クレジットカードの所有者の住所を入力します。

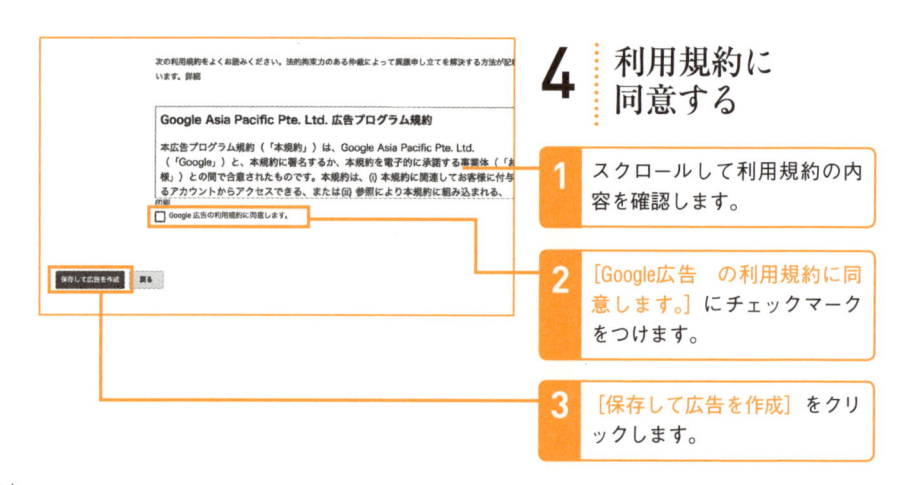

4 利用規約に同意する

1 スクロールして利用規約の内容を確認します。

2 [Google広告　の利用規約に同意します。] にチェックマークをつけます。

3 [保存して広告を作成] をクリックします。

5 アカウントの開設を完了する

これで Google 広告アカウントの開設作業は完了です。

1 ［管理画面を見る］をクリックします。

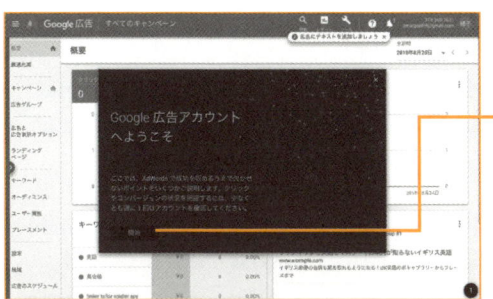

6 管理画面を確認する

1 ［開始］をクリックして管理画面を表示する

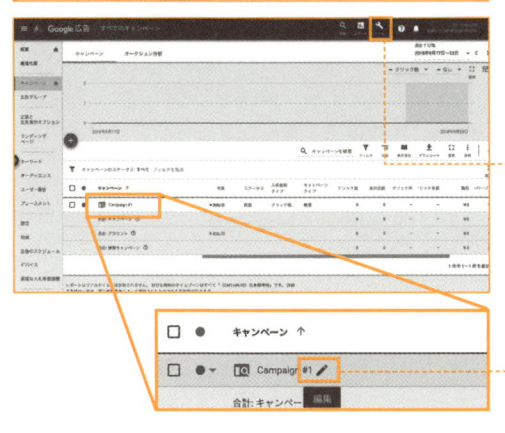

このような画面が見えていたら、アカウントの開設は完了です。

支払い情報を変更するときは、管理画面右上に並んだメニューから［ツール（🔧）］をクリックし、［請求とお支払い］から、変更が行えます。

キャンペーン名の右側にカーソルを移動すると鉛筆アイコンが表示され、クリックして名前を編集できます。

いよいよアカウントができました。3 章からは、実際の広告を出す準備をしていきましょう！

Yahoo!広告について

本書ではGoogle広告の機能や操作手順をベースに解説をしていますが、Yahoo!広告（旧Yahoo!プロモーション広告）も使ってみたい場合に知っておくといい相違点や注意点をまとめました。

Yahoo!広告とGoogle広告の両方に出稿するべき？

広告の出稿は、Yahoo!広告とGoogle広告の両方をおすすめします。お悩み解決系の商品やサービスなどはモバイル対策が重要となるビジネスの場合、モバイルのWebブラウザで設定されているデフォルトの検索エンジンであるGoogleのほうが有力なので、Googleだけに出稿する選択肢もあります。

しかし、Yahoo!広告も利用するメリットは、検索連動型広告だけではなく、Yahoo!ニュースやYahoo!天気といったサービスへディスプレイ広告にも手軽に出稿できる点です。これにより、Google広告だけでは届かない多くのユーザーへ広告を届けることができるようになります。

Yahoo!広告では「サーチターゲティング」が使える

2018年9月時点では、Yahoo!広告では使えてGoogle広告では使えないリスティング広告の機能として、ディスプレイ広告（運用型）の「サーチターゲティング」という機能があります。これはYahoo! JAPANで検索するときに使った検索語句をターゲティングするというものです。例えば、Yahoo!検索で「ゴルフクラブ」と検索したユーザーに対してだけ、ディスプレイ広告でゴルフクラブの広告を配信することができます。

管理や運用操作面での注意

Yahoo!広告は基本的にGoogle広告と同じ仕組みで動いていますが、その仕組みは必ずしもイコールではありません。広告品質の構成要素やキーワードと広告のマッチングなどでは、Yahoo!広告独自の仕組みも盛り込まれています。そのためにYahoo!広告ではうまくいった施策がGoogle広告ではうまくいかない、またはその逆が起こることがあります。成果を伸ばすためにそれぞれで試行錯誤を繰り返すということが大切です。

キーワードと広告は両者共通でOK？

初めて広告を設定する場合は、どちらも同じ広告でも問題ありません。ただし、Yahoo!とGoogleでは同じキーワードや広告でも成果に差が出ることがよくあります。リスティング広告の成果を見ながら、Yahoo!広告とGoogle広告それぞれで定期的に見直すということが大切です。

Chapter
3
自社とお客さんの
ことを知ろう

自社の商品・サービスの強み
を見い出し、将来のお客さん
にどのようにアピールするか
を戦略を練るには、まず現在
のお客さんと自社のことを冷
静に捉え直す必要があります。

21 ［自社の商品・サービスの確認］
広告を作る前に自社の商品やサービスを捉え直してみる

**このレッスンの
ポイント**

この章ではリスティング広告を実際に作る前にいったん立ち止まり、自社の商品・サービスについて捉え直します。お客さんのニーズや自社の強みを振り返る中で、リスティング広告の目標がスムーズに設定できるようになります。

○ 自社が何を扱っているのかを書き出してみる

もしお客さんが商品・サービスを探していたらどのように声をかけるでしょうか。または初めてお店に来たお客さんには、どのようにお店のことを紹介をしますか。実際のお客さんを想像しながら下記の項目をもとに書き出してみましょう。Excelのシートなどで表にまとめていきます。

書き出しづらいようであれば、例のように実際に接客する際のことを想像して書いてみるといいでしょう 図表21-1 。

▶ **商品・サービスの紹介文に含まれる要素を洗い出す** 図表21-1

- 扱っている商品・サービスのカテゴリ：何のお店なのか
- 扱っている具体的な商品・サービス：何を扱っているのか
- 強み：何が売りなのか
- お客さん：どんな人に向けているのか

いらっしゃいませ。ここは…
- ［ゴルフ商品］を扱っているお店です。
- ［ゴルフクラブやウェア・シューズ］の他、［ゴルフモチーフのグッズ］なども取り揃えています。
- ［初心者向けのセット商品販売］や［ゴルフクラブのカスタム・修理］も行っており
- ［ゴルフ初心者の方］から［愛用のゴルフクラブをメンテナンスしたい方］にもぴったりです！

いきなり書き出すのが難しい場合は接客をイメージして書き出してみましょう。

○ カテゴリと商品サービスをブレイクダウンする

前ページで書き出した「具体的な商品・サービス」をもう少し細かく分類し、商品・サービスのバリエーションをどれだけ揃えているかを書き出します。例えば、ゴルフ商品を扱う店であれば、ゴルフウェアの対象者、使用目的、素材などによって分類できるので、それぞれにどんなバリエーションを揃えているのかを、書き出していきます。ここで細かく書き出した分類やバリエーションは、後にキーワードを作成する際の素材となるので、面倒でもぜひ一度は行ってみてください。

▶ **カテゴリごとに商品・サービスの分類を書き出す** 図表21-2

```
❶ カテゴリ
❷ 商品・サービス
❸ 分類
❹ バリエーション
❺ 備考
```

カテゴリ以下の商品を
細かく分類

❶カテゴリ	❷商品・サービス	❸分類	❹バリエーション	❺備考
ゴルフウェア	トップス	人	男性用／女性用	
		目的	通気性／速乾性	
		素材	ポリエステル	
	ボトムス	人	男性用	

○「扱っていないもの」も分類しておく

「お店の紹介」「扱い商品の分類」を書き出すと自社がどんな会社なのか、整理ができてくると思います。これと並行して行いたいのが、「扱っていない商品・サービス」を書き出すことです。これを書き出すと、広告のキーワードやターゲット設定で除外するものが分かります。商品・サービスを書き出した表に想定される項目を書き加えてみましょう。

▶ **扱いのない商品もまとめ、状況を確認** 図表21-3

「そもそも取り扱いを検討していないもの」「今後扱いたいもの」「既存顧客から要望がある」商品などをまとめる

❶カテゴリ	❷商品・サービス	❸分類	❹バリエーション	❺備考
ゴルフウェア	トップス	人	男性用／女性用	
			子ども用	なし。今後取り扱う予定
		目的	通気性／速乾性	
			カジュアル/普段着/ビジネス	なし。扱わない
		素材	ポリエステル	

[お客さん像の確認]

自社サイトのお客さんは どんな人かを明確にする

このレッスンの
ポイント

自社の商品・サービスを利用しているお客さん、リスティング広告で今後集めたいお客さん像を明確にします。既存のお客さんの年齢や傾向、要望など具体的に書き出すうち、サービスの向上やビジネス発掘につながる発見もあります。

○ 来てほしいお客さんが見つかる5つのポイント

自社の商品・サービスを買ったり、使ってくれたお客さんには喜んでもらいたいですよね。「どんな人にお客さんに来てほしいか」は、「お客さんにどんな状態になってなってほしいか」を具体的に考えるうちに見えてきます。まず、以下の5つのポイントについて、現在の自社のお客さん像を深堀りしてみましょう。

▶ お客さんを明確にする5つのポイント 図表22-1

もし実店舗がある場合には、スタッフに実際のお客さんがどのような人なのか、どんな印象だったかをヒアリングしてみるのもいいでしょう。

①お客さんの気持ちや悩み

自社の商品・サービスを使ってもらえる可能性がある人は、どんなことを考えていて、どんな悩みをもっているでしょうか。例えば、「ゴルフを始めたい」「息子のためにゴルフクラブをプレゼントしたい」と考えている人は、お客さんとして有望でしょう。「ゴルフはどれくらいお金がかかるのか」など、疑問を持っている人の気持ちになって考えるのも、お客さん像を明らかにするヒントになります。

②年齢、性別、役割や地位

年齢や性別は、マーケティングではよく使われる視点です。お客さんがターゲットに「なる／ならない」だけでなく、「既婚／未婚／子供の有無」「経営者／個人事業主／従業員」「正社員／派遣／パート・アルバイト」などのさまざまな切り口でも考えてみましょう。

③住んでいる地域や言語

インターネットでは世界中の人をお客さんにすることも可能です。あなたのビジネスではどうでしょうか。どこにいるお客さんが対象になるのか明確にしましょう。実店舗への誘導を目的としているならば、対象としている商圏、ECサイトであれば日本全国が対象になるのが通常です。また、日本在住で英語を使っている人、海外にいて日本語を使う人がお客さんになり得る場合はないか検討し、必要に応じて言語も考慮しましょう。

④趣味やライフスタイル

自社のお客さんになる人は、どんなものに興味・関心があるでしょうか。お客さんの読んでいそうなサイトやブログ、関心のありそうな書籍や雑誌をお客さんの傾向から探してみたり、自社の商品・サービスから連想して書き出します。

例えばゴルフに興味があるということは、釣りなどのその他のアウトドアスポーツも行なっているかもしれません。ゴルフ場までキャディバッグを車に積んで出かけることも多いため、車が好きという可能性もあります。身近にお客さんになり得そうな人がいれば、その人を参考にしてみるのもいいでしょう。

⑤サイトを見る環境（デバイスの利用状況）

PCだけでなくスマートフォンやタブレット、お客さんはどのデバイスからサイトにアクセスをしているでしょうか。特に、あなたのビジネスのお客さんがスマートフォンを日常的に使っているかどうかは把握しておきましょう。

◯ 書き出した内容を表にして整理しておく

お客さん像が深堀りできたら、こちらも表にまとめましょう。このとき、お客さん像は複数並列で、はっきり分類できないかもしれません。例えば、既婚男性も未婚男性も多いとか、今のお客さんは男性が中心だが、会社の方針で女性の取り込みに力を入れているという場合です。

また、今すぐに商品やサービスを求めている「購入段階」層と、情報収集段階の「検討段階」層でも分けられます。

これらをひとつの表にまとめることで、ターゲットが複数あることが再確認でき、限られた予算の中ではどのお客さんを対象にするか判断しやすくなります。

▶ お客さん像の分類 図表22-2

異なるタイプのお客さん像は無理にまとめず、複数のターゲットとして扱う

▶ お客さん像を表にまとめる 図表22-3

	メイン：今のお客さん	サブ：今後取り込みたいお客さん
お客さんの気持ちや悩み	新しゴルフグッズが欲しい 初心者向けのゴルフセットがほしい ゴルフクラブのメンテナンス・修理をしたい	キッズ向けや家族でゴルフを楽みたい 女性でラフにゴルフを始めてみたい 自分に合ったゴルフクラブを作りたい
地域や言語	日本全国 日本語	首都圏中心 日本語
年齢、性別、役割や地位	30〜40代の男性中心 仕事を持っている	20代の若年層 女性や子供
趣味やライフスタイル	アウトドアが好き ゴルフレッスンに通っている 健康志向	体を鍛えるためジムに通っている健康志向 スポーツ雑誌などを購入している 健康のためにスポーツを始めようとしている
デバイス利用の状況	スマートフォンでアクセスもあるが、PCでのアクセス・購入が多い	スマートフォンやタブレットを日常的に使っている

表にまとめるために、実際のお客さんにアンケートを取ったり、ブログやクチコミサイトを見てお客さん像を調査するのもひとつの手です。ただそれはあくまで参考。お客さんの声を鵜呑みにすることではありません。

23 来てくれたお客さんに どうなってほしいかを考える

これまで自社の商品・サービスと、ターゲットとするお客さん像を明確にしてきました。次は、リスティング広告の目的を定めるために、サイトに来てくれたお客さんに「どうなってほしいのか」を具体的に考えていきましょう。

● 広告を通じて最終的にどうしてほしいのか

リスティング広告を通じて、お客さんに促したい行動は何でしょうか。ただお客さんをサイトに呼び込むだけでなく、商品・サービスを利用してもらうまでの行動を意識し、計測することが大切です。リスティング広告はお客さんが広告をクリックしてコンバージョンに到達したかを計測しやすいため、最終的にお客さんに行ってほしい行動（コンバージョン）をきちんと決めておくと、施策なども考えやすくなります。

▶ 広告を通じて促せるお客さんの行動 図表23-1

行動（コンバージョン）	具体例	カウント方法
商品の購入	お客さんがサイトで商品を購入してくれること	お客さんが購入完了ページに到達した数を数える
サービスの申し込み	お客さんがサイトでサービスを申し込んでくれること	申し込み完了ページに到達した数を数える
新規会員、メールマガジンの登録	お客さんが新規で会員登録やメールマガジンの購読を登録してくれること	各完了ページに到達した数を数える
資料請求、お問い合わせ	お客さんが問い合わせてくれた数のこと	メールでの問い合わせのほか、電話がかかってきた数を数える
実店舗への来店	お客さんが実際に足を運んでくれた数のこと	カウントするには、クーポンを印刷してもってきてもらうなどの工夫が必要
アプリのダウンロード	お客さんがアプリをダウンロードしてくれること	ダウンロード数を数える
（見てほしい）ページの閲覧	お客さんが特定のページを見てくれること	特定のページの閲覧数を数える

◯ お客さんにしてほしい行動を書き足す

お客さんにしてほしい行動を考えたら、前Lesson 22で書き出したお客さん像の表に書き足してみましょう。もし行動が複数ある場合は、ここでも優先度を付けておきます。また、お客さんによって起こせる行動が異なる場合には、お客さん像ごとに振り分けておきましょう。

▶ お客さんごとに起こせる行動が異なる場合は振り分ける 図表23-2

	メイン：今のお客さん	サブ：将来取り込みたいお客さん
お客さんの気持ちや悩み	新しゴルフグッズが欲しい／初心者向けのゴルフセットがほしい／ゴルフクラブのメンテナンス・修理をしたい	キッズ向けや家族でゴルフを楽みたい女性でラフにゴルフを始めてみたい自分に合ったゴルフクラブを作りたい
年齢、性別、役割や地位	30〜40代の男性中心仕事を持っている	20代の若年層／女性や子供
地域や言語	日本全国日本語	首都圏中心日本語
どうなってほしいか？	1. 会員登録　2. 商品の購入	1. サイトアクセス、主要ページの閲覧2. 会員登録　3. 商品の購入
趣味やライフスタイル	アウトドアが好きゴルフレッスンに通っている健康志向	体を鍛えるためジムに通っている健康志向スポーツ雑誌などを購入している健康のためにスポーツを始めようとしている
デバイスの利用状況	PCが中心だが、スマートフォンも情報収集に使っている	スマートフォンやタブレットを日常的に使っている

前ページまでの表にお客さんに具体的になってほしい行動を追加する

◯ リピーターと新規の違いも意識してみよう

BtoCでもBtoBのビジネスでも、お客さんには一度だけの利用ではなく、繰り返し利用してもらうことが重要な場合が多いでしょう。図表23-3 の例では、将来のお客さんが新規顧客、今のお客さんがリピーターと捉えられます。お客さん像を新規とリピーターに分けて考えてみると、「どうしてほしいのか」が異なる場合があります。こちらも表にしてみましょう。リピーター向けに新たに必要なサービスやオプションを提供する必要が生じるかもしれません。

▶ リピーターと新規顧客に「なってほしい」点の違いを追記する 図表23-3

	仕事を持っている	
どうなってほしいか？	1. 会員登録　2. 商品の購入3. 年4回以上の利用	1. サイトアクセス、主要ページの閲覧2. 会員登録　3. 商品の購入4. 定期・継続的なサイト利用と商品購入

Lesson 24 ［競合の調査］
競合する企業の取り組みを参考にする

競合サービスの取り組みについても押さえておきましょう。たとえ自社の商品・サービスを知り尽くしていたとしても、競合の取り組み方によっては自社での広告の切り口が変わってきます。

○ 競合は同じ業界だけとは限らない

競合がどこかと考えたとき、自社とまったく同じか、似た商品・サービスを提供している企業をまず思い浮かべるでしょう。ですが競合は必ずしも同業界とは限りません。お客さんの悩みを解決できるもの、お客さんが願いを叶えるのはその商品・サービスだけでしょうか。

例えば「ゴルフのスコアを上げたい」という気持ちがあるお客さんにとって、新しいドライバーを買う以外にも、打ちっぱなしで練習をしたり、レッスン・スクールに入ることも解決になり得ます。またはゴルフシミュレーターを使うかもしれません。それらの商品・サービスを扱う他業界の企業も、同じお客さんをターゲットとする競合だと言えます。

お客さんの立場で考えてみたり、より広い視野を持って競合の存在と業界の取り組みについて調べることで、自社の強みを見つめ直すことができるはずです。

▶ お客さんの気持ちからも競合を考える 図表24-1

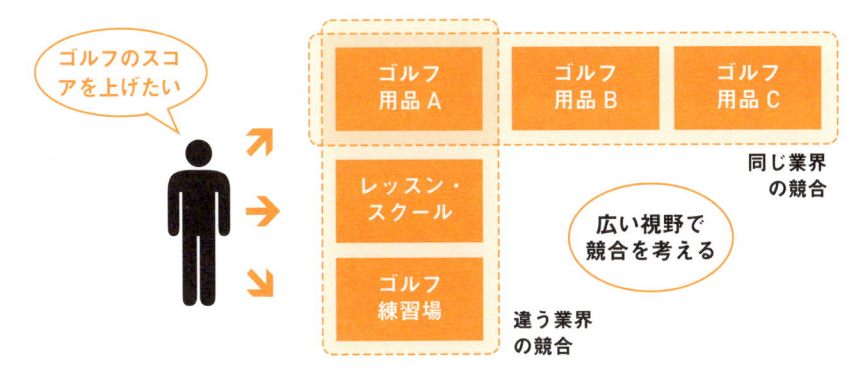

◯ 競合の取り組みを分析する5つのチェックポイント

お客さんの目線に立ったとき、競合はどのように見えるのでしょうか。これから紹介をする5つのポイントでチェックを行います 図表24-2 。チェックをしたら、

これも、自社と比較できるように表にまとめましょう 図表24-3 。競合の取り組みに対し、「自社だからこそできること」を考えていきましょう！

▶ 競合の取り組みを分析する5つのポイント 図表24-2

①企業規模は？

②商品サービスの形態は？

③商品・サービスの訴求ポイントは？

④どんな広告やキャンペーン情報をしている？

⑤SNSやブログ、ニュースでの発信内容は？

①企業規模

まず競合の企業規模を確認することが大切です。資本金や従業員から、大手・中堅・ベンチャーとおおまかに分類しておきましょう。

規模が大きい企業では商品・サービスを安定的に提供できる体制がある可能性が高くなります。またその企業が有名なら、それだけでもお客さんが選ぶ理由となります。自社の規模が競合より小さいなら、大企業に対する安心を上回るメリットを別の点でお客さんに感じてもらわなくてはいけません。

②商品・サービスの形態

競合の商品・サービスの形態を確認します。サイトの商品・サービスを説明するページをよく確認していくだけでも、企業によってさまざまであることが分かります。自社では検討したこともない形態を発見することもできます。

企業規模の大小に関係なく、良いと感じたこと、これはちょっと…と違和感を感じたことを細かく書き出しましょう。そうすることによって自社が目指したい方向が見えてくるでしょう。

③商品サービスの訴求ポイント

競合が商品・サービスを売るために行っている訴求を確認します。

「質」「価格」「コミュニケーション」の3つのうちどれを重視しているか考えながら競合サイトの商品・サービスページやランディングページを参照し、整理します。

安さを強くアピールしていれば「価格」重視。高機能や品質を強く訴求していれば「質」重視、サポートの充実を強調していれば「コミュニケーション」重視とわかります。2つ以上のポイントを組み合わせて訴求している場合もあります。

④広告やキャンペーン情報

競合の広告やキャンペーンの打ち出し方を確認します。この際、商材名や悩みの言葉など適当なキーワードをいくつか検索してみましょう。検索結果画面に競合の広告が表示されたら、広告を画面キャプチャして保存します。また、競合サイトに訪問した後、別ページの閲覧中にバナーなどでリターゲティング広告が表示

されることもあります。こちらもキャプチャして保存しておきます。これらの広告文やバナー広告からは、競合が強調したい訴求点が理解できることがあります。キャンペーン情報は特設ページやサイトバナーから閲覧できます。「なぜ今このキャンペーンを行うのか」と想像してみることも大切です。

⑤SNSやブログ、ニュースでの発信内容

競合のブログやSNSはお客さんに向けて発信しているメッセージのため、内容を見ることでどのようなお客さんを呼び込みたいのかなどがわかります。コーポレートサイトのニュースページを確認することでも、競合がどのような動きをしているのかがつかめます。

▶ 自社とライバルを比較した表の例 図表24-3

> 他社の取り組みもまとめて自社と比較できるようにする

比較内容	自社	A社	B社	C社
企業規模	小規模	小規模	大手	大手
商品・サービスの形態	ゴルフグッズ、ウェア販売。ゴルフクラブのカスタマイズ・修理も承っているECサイト	ゴルフウェアグッズ、ウェアの他に関連小物グッズなども扱う専門ECサイト	小規模店舗が集まる巨大なECサイト	さまざまな商品が購入できる巨大なECサイト
商品・サービスのポイント	検討していく	まとめ買いでお得	送料無料 ポイントが貯まる	即日配送対応会員限定特典付き
広告やキャンペーン情報	検討していく	定期購入で割引	ポイント〇倍セール	期間限定タイムセールクーポン
ニュースやブログ・SNSでの発信内容	検討していく	ゴルフに関するコンテンツを中心に配信	顧客向けの内容	季節やトレンドに合わせて買い物を促す内容

[自社の強み]

自社の「これからの強み」を決める

このレッスンの
ポイント

競合の取り組みを確認したことでいろいろと気づくことができたのではないでしょうか。その「気づき」をもとに、自社の強みを明文化しましょう。お客さんにとって自社のどこが魅力か明らかにすることで、差別化が図れます。

○ 競合から学ぶことは大切

競合の取り組みを知るなかで「良い取り組みだな」「キャンペーン内容の充実度が負けた」と感じる部分や「ここは勝てるところだ」と思う部分など、学べることが必ずあったと思います。他社について「良い」と感じた部分は自社の商品・サ

ービスの本質的な軸がぶれない範囲で取り入れていくことも検討してみましょう。自社の商品・サービスをより良くして、お客さんに利用してもらうために、学んだことを自社のこれからの取り組みに生かしていきましょう。

▶ 競合の取り組みの観察から行うこと 図表25-1

| 学ぶ ＝良い面を取り入れる | → | 差別化する ＝自社の強みを打ち出す |

競合他社に「学ぶ」ことはとても大切！

競合の良いところがたくさん見えて、「負けている……！」と落ち込んだりもするかもしれませんが、どこよりも良い「自社だからこそできること」を大切にして差別化ポイントを見つけましょう。

◯ 競合にはない自社の強みをまとめる

自社の商品・サービスに自身があっても、「実際に使ってもらえば違いが分かるはず」とお客さんに体験を求める前に、他社とは何がどう違い、何が良いのかを言葉にして伝えられることが大切です。自社の商品・サービスと競合との違いも含め、自社の強みとなることを思いつく分だけたくさん書き出したら、3章のはじめに書いた自社の紹介文に反映しましょう。この作業は、<u>ユーザーに魅力的に映る広告文を書くためのベースとして使える文章になります</u>。

▶ **自社の強みをまとめた例** 図表25-2

> いらっしゃいませ。ここは
> ① [ゴルフ商品] を扱っているお店です。
> ② [ゴルフクラブやウェア・シューズ] の他、[ゴルフモチーフのグッズ] なども取り揃えています。
> ③ [初心者向けのセット商品販売] や [ゴルフクラブのカスタム・修理] も行っており
> ④ [ゴルフ初心者の方] から [愛用のゴルフクラブをメンテナンスしたい方] にもぴったりです！

紹介文の③が自社の強みについての要素になる

◯ 今ではなく「これからの強み」となる特徴を見い出す

自社の商品・サービスの強みを生かし、これまで以上に魅力的なものにすれば、さらに多くのお客さんに喜ばれるはずです。そのために、どう改善を計画するべきでしょうか。

ひとつには、お客さんの反応が大切な手がかりとなります。<u>お客さんからの声や口コミを確認し、自社のこれからの強みとして生かしていく</u>こともいいでしょう。ECショップであれば、声にならなくてもショップの売り上げ内容から示唆するものが見えることもあります。簡単な作業ではありませんが、現状にとどまらずに分析と改善を続けましょう。

▶ **自社の強みの例** 図表25-3

お客さんの声　　ショップでの実績

将来的にはこういうところが強みになりそう！

リスティング広告の予算と目標値を設定する

Lesson 18では社内での予算取りを意識した予算見積もりについて述べましたが、ここでは、より具体的に成果を出すためのリスティング広告の予算算出と目標値を決め方について学んでいきましょう。

◯ 自社の売り上げ目標からリスティング広告の目標を立てる

どの会社でも、企業の方針や過去実績などさまざまな要因を加味した上で売り上げ目標が決められていることでしょう。リスティング広告は、その目標を達成するための手段のひとつです。リスティング広告の予算を決めるには、まず、そこで達成する目標を設定します。リスティング広告でどれだけ新しいお客さんを増

やすか、どれだけ売り上げるべきかなど、上司やパートナーと相談し、目標を立て、施策内容を検討しましょう。

リスティング広告に割く予算の相場は業種や規模、ステージにより異なります。潤沢な予算がないという場合、まずは少額で始めてみて、軌道に乗ってきたら金額を増やすのもひとつの考え方です。

▶ **全体の目標からリスティング広告の目標値や予算を考える** 図表26-1

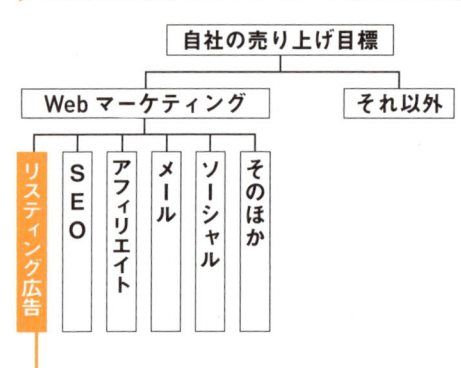

上司と相談しながらリスティング広告が目指す目標値を決定する

リスティング広告は施策をくり返すなかでお客さんの気持ちが分かり、商品・サービスの改善に生かすことができます。単なる広告「費用」と捉えず、継続的にリターンを生み出せる「投資」と考えることも必要です。

○ 売り上げ目標から目標コンバージョン数を出す

リスティング広告で獲得すべき目標を達成するためには、どのくらいの予算を広告費として使えるのかを考えていきます。Lesson 23で書き出した「お客さんにとってほしい行動」のことを、リスティング広告では「コンバージョン」と呼びます。コンバージョン1件を得られたときの収益がいくらかを算出すれば、目標を達成するために必要なコンバージョン数がわかります。

▶ 広告費を決める際の考え方 図表26-2

Q1 いつまでにいくらの売り上げまで増やしたいのか？	Q2 1件のコンバージョンで得られる売り上げはいくらなのか？	Q3 目標売り上げ額の達成には何件のコンバージョンが必要なのか？	Q4 必要なコンバージョンを得るために広告費はいくらまで使えるのか？

> 広告費の設定は、目標値を達成するために必要なコンバージョン数を出した上で、少なくとも赤字にならない範囲で検討していくことが大切です。

○ 目標コンバージョン数を求める

目標コンバージョン数を具体的に計算してみましょう。例えば、1件あたりのコンバージョンで得られる売り上げが5,000円だとします。「自社サイトを通じて売り上げを500万円増やしたい」という目標の場合、何件のコンバージョンが必要でしょうか。答えは1,000件のコンバージョンですね。

しかし、1,000件のコンバージョンのためのリスティング広告費に1,000万円かかってしまえば赤字ですよね。ですから次に1コンバージョンごとに適当と考える経費を決め、予算調整を行います。

▶ 目標コンバージョン数 図表26-3

$$目標コンバージョン数 = \frac{目標売り上げ}{1コンバージョンあたりの売り上げ}$$

Chapter 3

自社とお客さんのことを知ろう

● ROIのバランスを見ながら広告費を決める

利益を上げることで企業は成長していきます。広告を通じていくら売り上げが増えても、利益が減れば企業にとってマイナスになってしまうことがあります。そのため、広告費を決める際は、ROI（Return on Investment：投資収益率）のバランスを考えます。ROIとは費用に対してどれだけ利益が得られたかの割合です。1件の売り上げあたりの利益が分かれば、広告費をどれくらい投資するのが妥当かが

計算できます。どのくらいのROIが理想か社内で決めて、その幅に収まるように広告費を調整しましょう。

広告費が厳密に決まらなくても、到達したいゴールの数値化には意味があります。リスティング広告はすぐに始められるものの、改善や施策には時間をかける必要があるからです。そのため、広告費は最低でも半年から1年分は確保するように考慮してください。

▶ ROIの計算方法 図表26-4

$$\text{ROI} = \frac{\text{1商品ごとの利益} \times \text{コンバージョン} - \text{広告費}}{\text{広告費}} \times 100\%$$

もし……

項目	数値
コンバージョン	1,000件
1商品ごとの売り上げ	5,000円
1商品ごとの利益	2,500円
広告費	100万円

だとするとこの場合のROIは……

$$150\% = \frac{\text{2,500円} \times \text{1,000件} - \text{100万円}}{\text{100万円}} \times 100\%$$

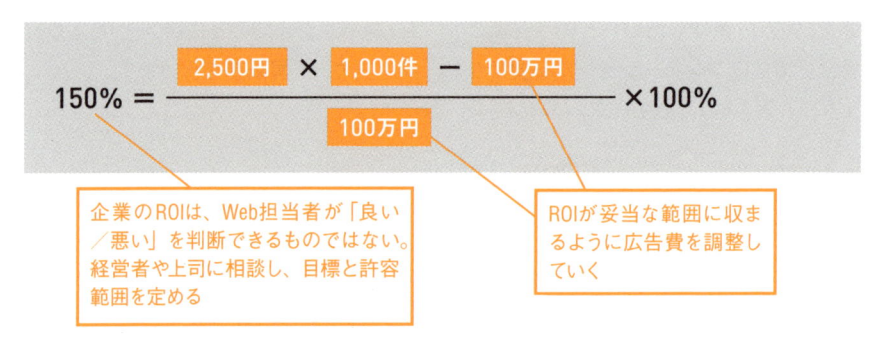

企業のROIは、Web担当者が「良い／悪い」を判断できるものではない。経営者や上司に相談し、目標と許容範囲を定める

ROIが妥当な範囲に収まるように広告費を調整していく

広告を出す前にできる
サイト改善は済ませておく

ここまでの作業を通じ、広告を作る準備が整ってきました。しかし、もうひとつ重要な作業に、今のサイトで改善すべき点を見直すということがあります。広告を出稿する前に改善しておきたいポイントを解説します。

◯ 強みを知ってWebサイトも修正しよう

自社の強みを分析した結果は、Lesson 25でまとめました。その強みが自社のWebサイトに訪問したお客さんに理解してもらえるように、サイトを改善しておきましょう 図表27-1 。

また、ビジネスに関わる課題が見つかったのであれば、優先順位づけをしてすぐに改善することが重要です。初心者向けのゴルフセットがあってもサイトで見つ

けづらければお客さんには伝わりませんし、ゴルフシューズの商品ページがないまま「ゴルフ シューズ」というキーワードで広告を出しても購入には結びつきませんよね。

リスティング広告はビジネスを増やすための手段であり、ビジネスそのものの課題への対応ができていないままではパフォーマンスが上がるはずはありません。

▶ 強みを生かしたサイトに軌道修正する 図表27-1

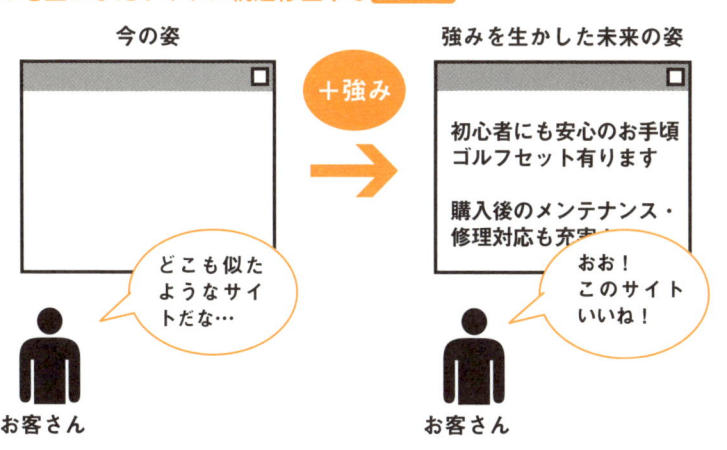

○ 広告で集客したあとの「接客」のためのサイト内改善

リスティング広告の役割は有望なお客さんをサイトへ連れてくる「集客」です。そしてたどり着いたサイトの役割はお客さんへの「接客」。いくら魅力的な広告で集客しても、サイト内のページが使いづらかったり、求めている商品やサービスを見つけることができなければお客さんはサイトを離れてしまい、戻ってくる可能性は低いはずです。

「集客」と「接客」はどちらも大切。一方だけではパフォーマンスは伸びません。リスティング広告の役割を最大限に生かすためにも、サイトをより良くする工夫・改善を必ず取り組んでください。

図表27-2 には、検討しておくとよい改善ポイントを例とともにあげました。

▶「集客」と「接客」の両輪で最大の成果を生み出す 図表27-2

集客 — リスティング広告

接客 — サイトの改善

実店舗と同様、「集客」と「接客」のバランスが取れていなければ商売はうまく回りませんよね。

▶ 出稿前に取り組むことの例 図表27-3

項目	改善例	次のアクション
今後扱っていく商品・サービスの仕入れや商品化、ページの用意	女性用商品の充実、子供用商品の取り扱い	リピーターの男性のお客さんのパートナーや家族も顧客になってもらえるようにする
今後取り込みたいお客さん向けのページの用意	メイン顧客の男性だけでなく、女性視点でのページを作る	モニターの反響からニーズを読み解き、多くの人に欲しいと思ってもらえるようなコンテンツを考える
今後促していきたいお客さんの行動のためのページやボタンの用意	定期購入の商品を開発する	リピーターのお客さんの購買頻度から、いつどれだけの商品が届くのが適切かを話し合う
競合の取り組みから学んだことのサイト内への反映	ゴルフに関するコンテンツ定期的に更新する	スタッフの○○さんに月に1回のペースで書いてもらう
これからの自社の強みとして打ち出したいことのサイト内への反映	これからゴルフを始めたい人を応援する総合メディアになる	次回リニューアル時までに詳細を詰める

[Googleマイビジネス]

Googleで使われる自社の
ビジネス情報を管理する

事前のサイト改善に関連してぜひ確認しておきたいことに、Googleで自社を検索したときの表示項目があります。誤った情報や写真が表示されないかチェックし、必要があれば正しい情報を登録しておきましょう。

○ Googleマイビジネスの設定をしよう

Google検索やGoogleマップなど、Googleのサービス上に表示されるビジネス情報は、「Googleマイビジネス」という無料ツールで管理できます。住所や営業時間、WebサイトのURLなど、自社の情報を簡単に管理できるほか、新しい写真を追加できたりします。これらの情報はビジネスオーナーとして管理していないと一般のユーザーからの情報が反映されてしま

うため、誤っている場合があります。実店舗のある企業はもちろん、オンラインサイトのみの場合でもGoogleマイビジネスの登録・設定をおすすめします。きちんと設定すればお客さんに正しい情報を提供できるだけでなく、リスティング広告にも活用できます。広告を始める前に確認しておきましょう。

1 Googleマイビジネスの利用を開始する

ブラウザでGoogleマイビジネスのページ（https://www.google.com/intl/ja_jp/business/）にアクセスします。

1 右上の［ご利用を開始］をクリックします。

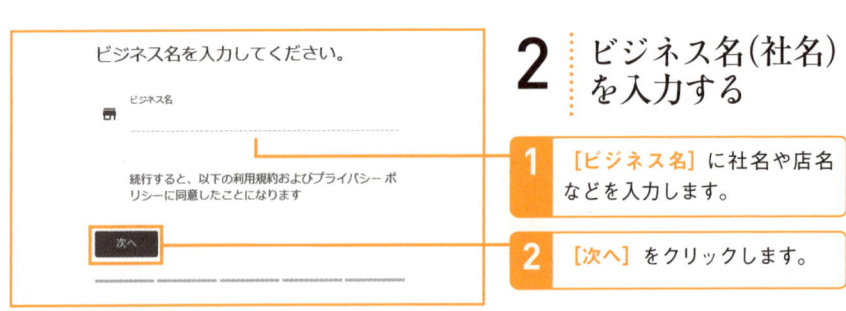

2 ビジネス名(社名)を入力する

1 [ビジネス名] に社名や店名などを入力します。

2 [次へ] をクリックします。

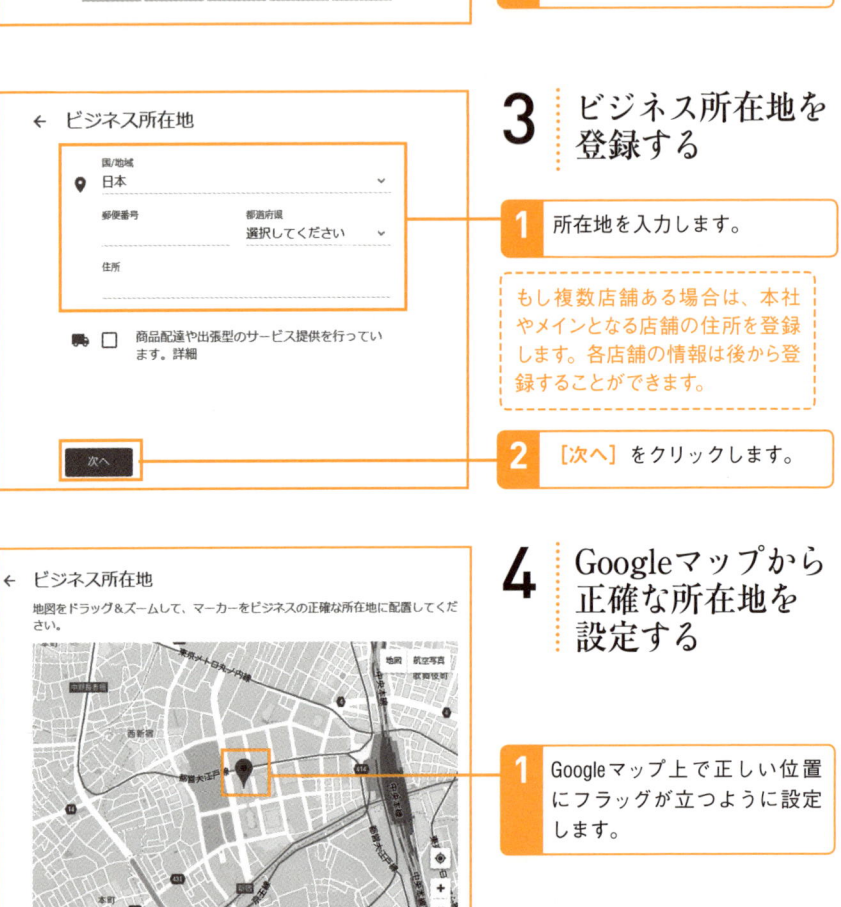

3 ビジネス所在地を登録する

1 所在地を入力します。

もし複数店舗ある場合は、本社やメインとなる店舗の住所を登録します。各店舗の情報は後から登録することができます。

2 [次へ] をクリックします。

4 Googleマップから正確な所在地を設定する

1 Googleマップ上で正しい位置にフラッグが立つように設定します。

2 [次へ] をクリックします。

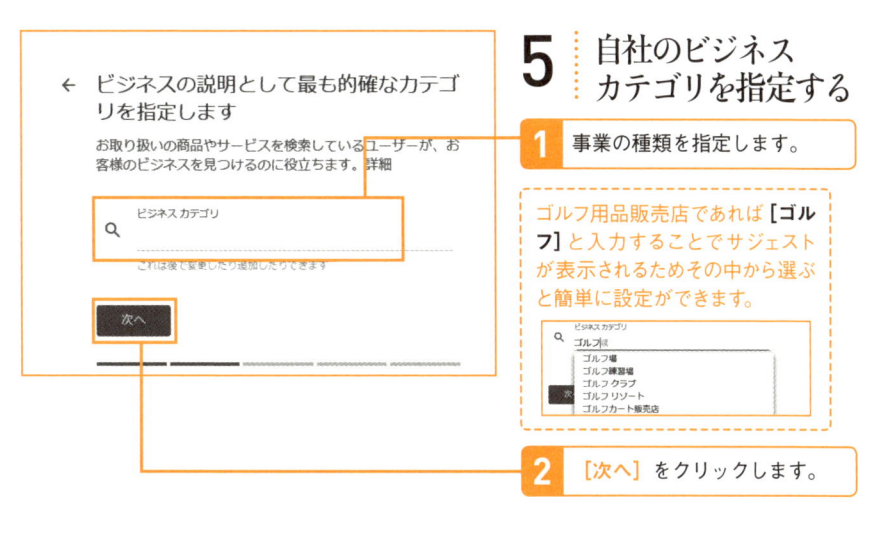

5 自社のビジネスカテゴリを指定する

1 事業の種類を指定します。

ゴルフ用品販売店であれば **[ゴルフ]** と入力することでサジェストが表示されるためその中から選ぶと簡単に設定ができます。

2 **[次へ]** をクリックします。

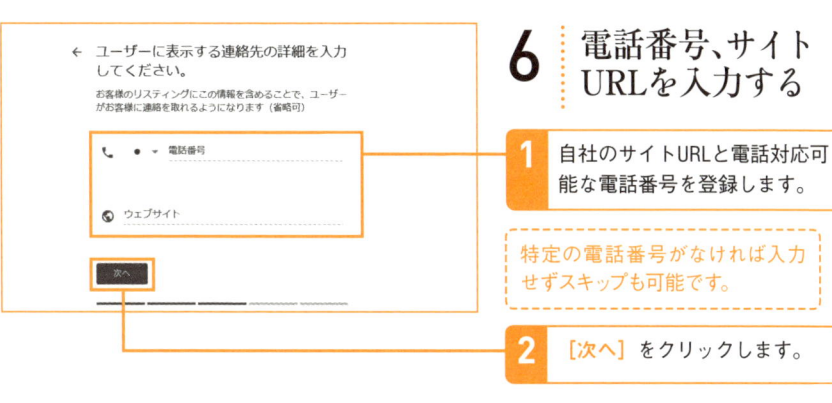

6 電話番号、サイトURLを入力する

1 自社のサイトURLと電話対応可能な電話番号を登録します。

特定の電話番号がなければ入力せずスキップも可能です。

2 **[次へ]** をクリックします。

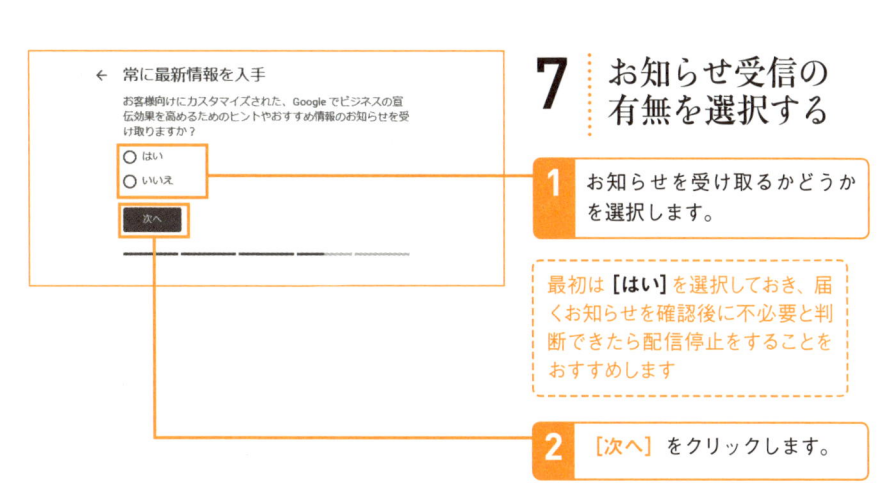

7 お知らせ受信の有無を選択する

1 お知らせを受け取るかどうかを選択します。

最初は **[はい]** を選択しておき、届くお知らせを確認後に不必要と判断できたら配信停止をすることをおすすめします

2 **[次へ]** をクリックします。

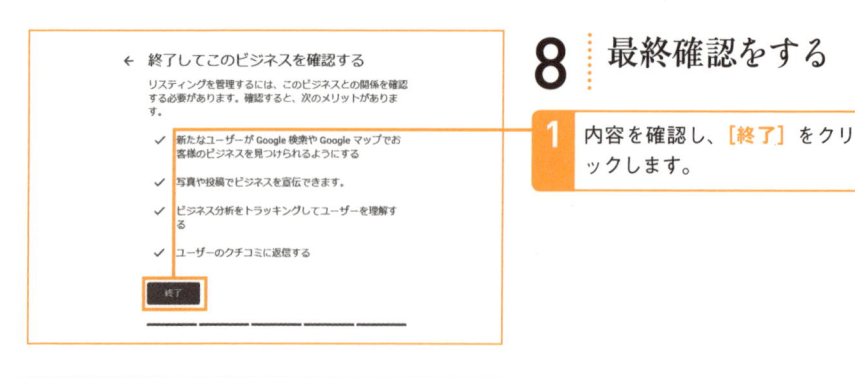

8 最終確認をする

1 内容を確認し、[終了] をクリックします。

9 管理権限があることを確認する

1 [郵送] をクリックします。

設定をした住所にオーナー確認用はがきが届くようにします。はがきに書かれている確認コードを入力することで、マイビジネスの設定は完了します。はがきは届くまで時間がかかる場合があります。

[その他のオプション] は後から確認するスキップ機能のためなるべくはがき郵送を選択することをおすすめします。

4章からは、いよいよ広告を作っていきます！

👍 **ワンポイント お客さんとの交流を大切にしよう**

Googleマイビジネスではお客さんが口コミを投稿することが可能です。口コミのなかには良い評価をしてくれるものもあれば、ネガティブな評価をされてしまうこともあります。
もしネガティブな内容であったとして

も、自社のサービスを良くしていくためのヒントとして受け止めましょう。管理者であればお客さんの口コミへ返信することができるため、無視をせず誠実に対応をすれば自社のイメージアップにつなげられるはずです。

Chapter

4

キャンペーンを作成し広告を出稿しよう

ここからは、実際の管理画面を使って広告を出稿する流れを一通り学ぶとともに、キーワード選定の具体的なテクニックを習得していきましょう！

コンバージョンタグを
広告を作る前に設置する

このレッスンの
ポイント

リスティング広告の効果を確認できるように、コンバージョンタグを発行し、対象となるWebページのHTMLファイルに設置します。この作業は、広告の作成をスタートする前に必ず済ませておきましょう。

○ コンバージョンタグを設置する

Lesson 07でも解説しましたが、コンバージョンに寄与しているキーワードや広告を把握するには、コンバージョントラッキングを利用します。コンバージョントラッキングを行うと、広告をクリックしたユーザーがコンバージョンに至った数を計測できるようになります。成果の確認や改善のために必要な情報なので、サイトのゴールページ、サンクスページなどには、必ず事前にコンバージョンタグを設置しましょう。ここでは、Google広告を例にコンバージョンの設定方法を紹介します。Yahoo!広告も流れはほぼ同じです。

▶ コンバージョンタグの設置についての手順を確認する 図表29-1

▶ Google広告 コンバージョン トラッキングを設定する
https://support.google.com/adwords/answer/1722054?hl=ja

▶ Yahoo!広告 コンバージョン測定の新規設定（ウェブページ）
https://ads-help.yahoo.co.jp/yahooads/ss/articledetail?lan=ja&aid=1161

コンバージョントラッキングを設定する

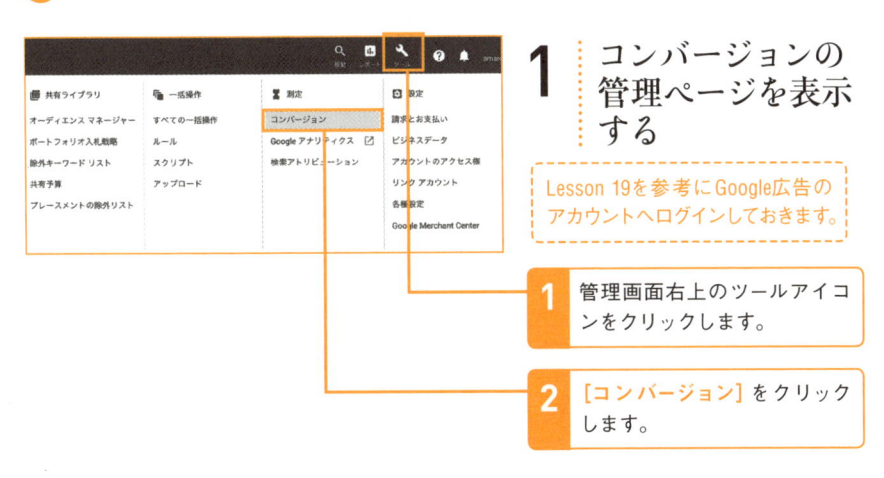

1 コンバージョンの管理ページを表示する

Lesson 19を参考にGoogle広告のアカウントへログインしておきます。

1 管理画面右上のツールアイコンをクリックします。

2 [コンバージョン] をクリックします。

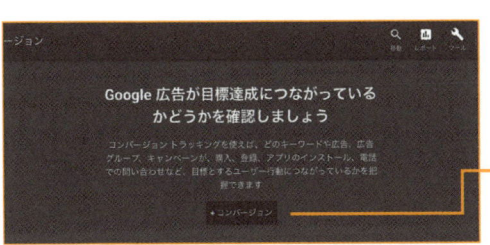

2 新しいコンバージョンを作成する

1 [コンバージョン] をクリックします。

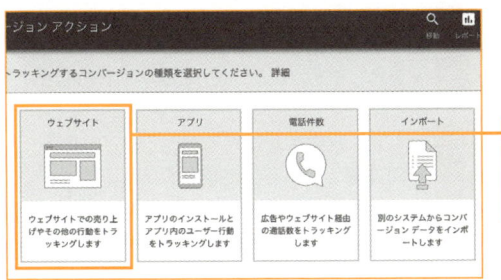

3 コンバージョンの種類を選択する

1 Webサイトのコンバージョンであれば [ウェブサイト] を選択します。

コンバージョンの計測は「オートマ化」の機能を使うためにもとても重要なので必ず設定しておきましょう。

4 コンバージョンの設定をする

ここではサイトにアクセスしたユーザーが30日以内に単価1,000円の商品の購入をするかどうかを計測します。

1 作成するコンバージョンに任意の名前をつけます。

2 自社のコンバージョン（目的）に適したものを選択します。ここでは［購入／販売］を選択します。

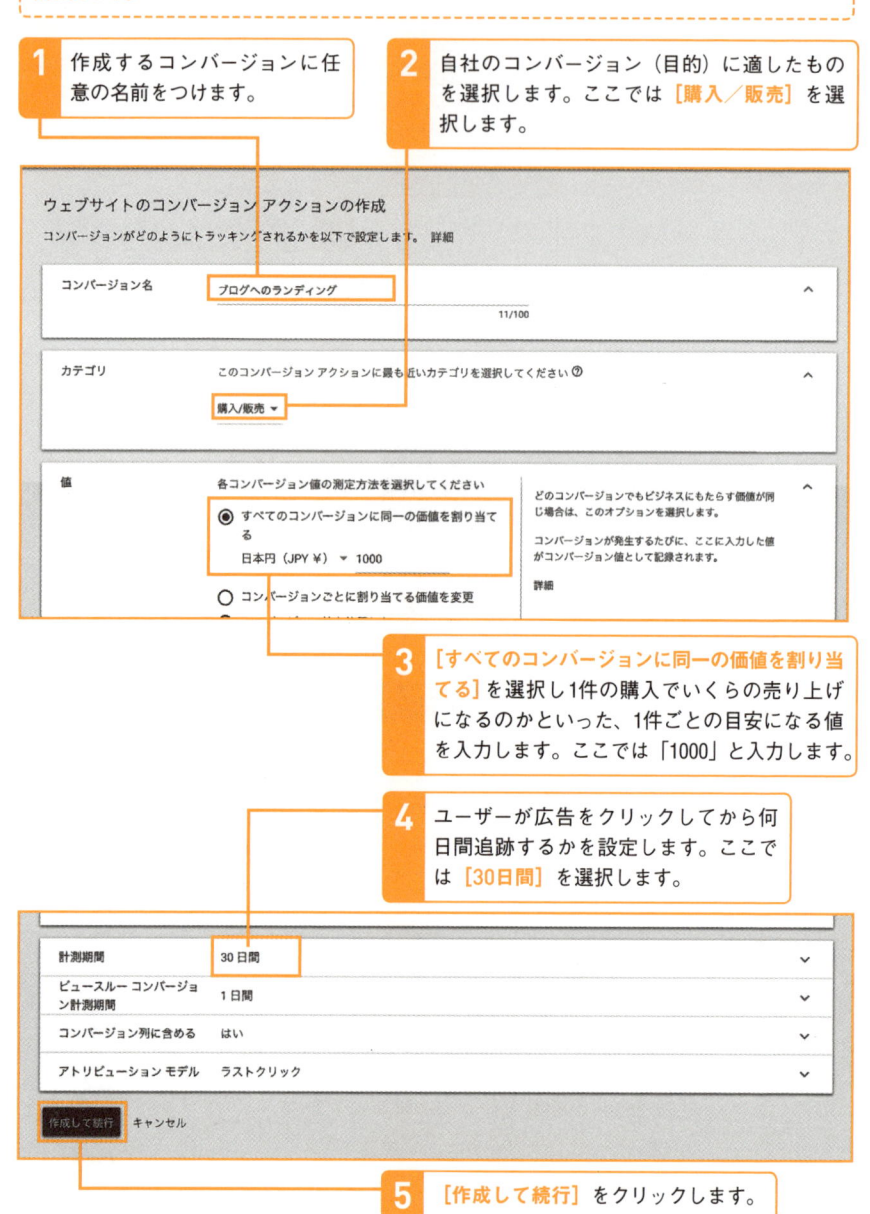

3 ［すべてのコンバージョンに同一の価値を割り当てる］を選択し1件の購入でいくらの売り上げになるのかといった、1件ごとの目安になる値を入力します。ここでは「1000」と入力します。

4 ユーザーが広告をクリックしてから何日間追跡するかを設定します。ここでは［30日間］を選択します。

5 ［作成して続行］をクリックします。

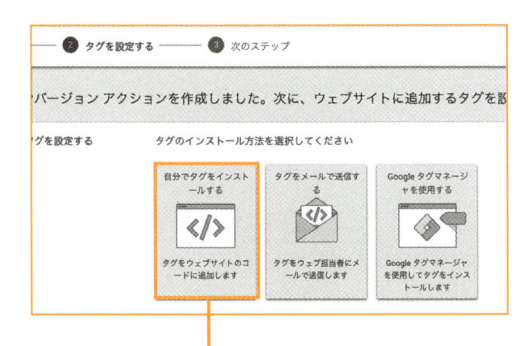

5 コンバージョンタグの設定を選択する

発行したコンバージョンタグをWebサイトのコードに追加するか、Googleタグマネージャなどのタグ管理ツールを利用するかを選択できます。ここではタグをWebサイトに追加する方法を解説します。

1 ここでは［自分でタグをインストールする］を選択します。

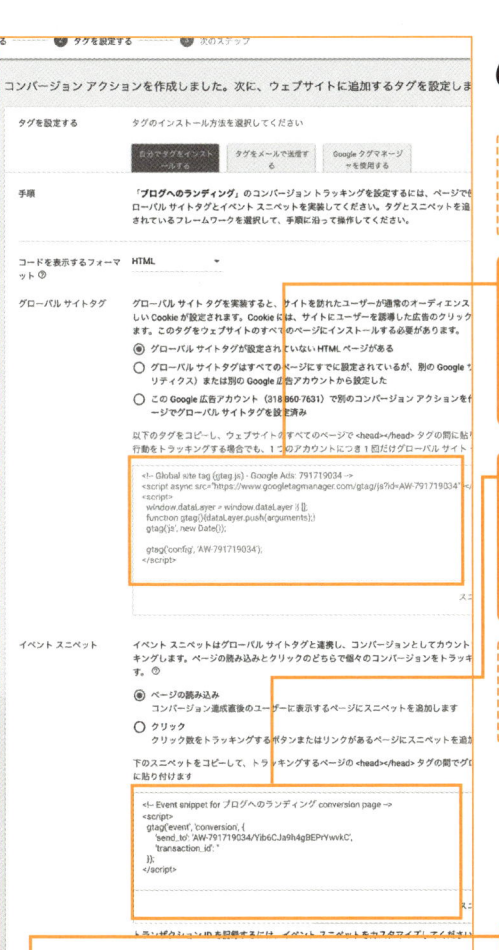

6 コンバージョンのタグを貼り付ける

タグは「グローバルサイトタグ」と「イベントスニペット」の2種類が発行されます。

1 ［グローバルサイトタグ］をすべて選択してコピーし、Webサイトのすべてのページの</head>タグの直前にペーストして貼り付けます。

2 ［イベントスニペット］をすべて選択してコピーし、コンバージョンページのソースの</head>タグの直前にペーストして貼り付けます。

［イベントスニペット］は［グローバルサイトタグ］の後ろに設定する必要があります。

3 ［次へ］をクリックします。

7 コンバージョンアクションの設定を終える

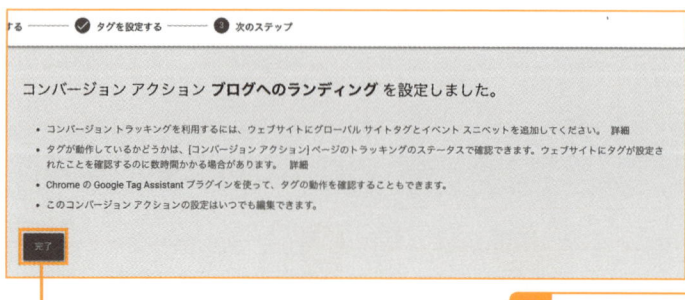

1 [完了] をクリックします。

8 作成したコンバージョンを確認する

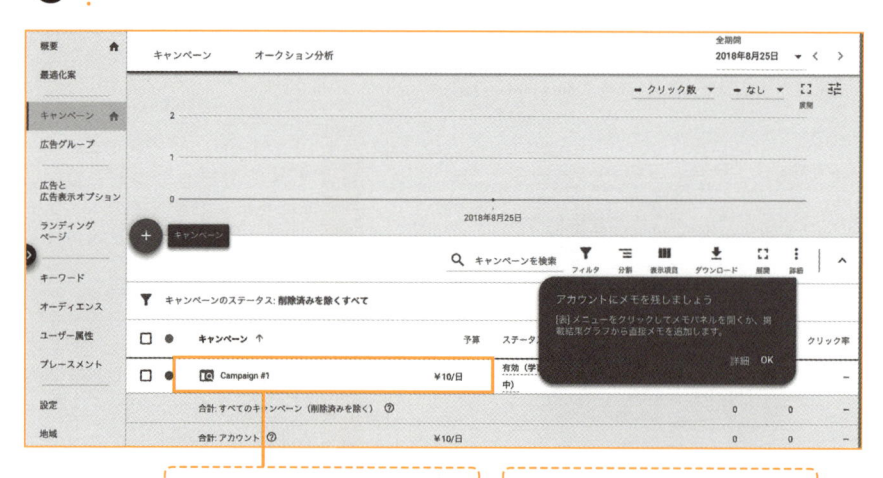

作成したコンバージョンが表示されています。

測定が始まると成果を確認できるようになります。

👍ワンポイント Google Tag Assistant をChrome にインストールしよう

タグが正常に動作しているかどうかは管理画面からも確認できますが、Google Tag Assistant というChromeの拡張機能でも確認することができます。Google Tag Assistant を使うとWebサイトにどんなタグが貼られていて、正常に動作しているか否かを確認することができます。Google Tag Assistant は、Chromeウェブストアからダウンロードすることができます。

👍 ワンポイント　コンバージョンの計測日は「広告をクリックした日」

広告の効果を正確に知るためには、コンバージョンが計測される日付の仕組みも知っておきましょう。下の図のパターン1が基本の形です。パターン2のように、3月1日に広告をクリックした後検討期間に入り、数日経過してコンバージョンに至っても、リスティング広告では購入した日ではなく広告をクリックした3日1日が計測されます。パ

ターン3は変則的ですが、3月1日にAという広告をクリックした後、3月3日にBという広告をクリックしてコンバージョンに至った場合です。これは、コンバージョンは最後に広告にクリックした3月3日が計測されます。「最後にクリックした広告の日付とキーワード」で計測される、と覚えておくといいでしょう。

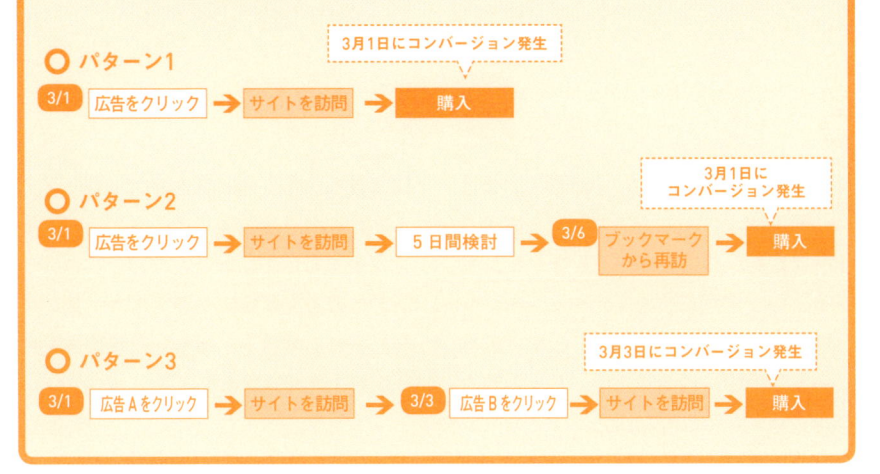

広告がクリックされてからコンバージョンまで数日を経るケースも多いので、慌てず待ちましょう。

Lesson
30

新しいキャンペーンと広告グループを作成する

このレッスンのポイント

Lesson 19でGoogle広告のアカウントのみ作成した状態ですが、ここでは引き続き、キャンペーンと広告グループを作成していきます。キーワードや広告の追加は後から解説していきますので、まずは箱を作る作業を進めましょう。

⬤ キャンペーン→広告グループの順で作る

Lesson 19で作成したGoogle広告のアカウント配下に、「キャンペーン」と「広告グループ」を作成します。大きな単位から作るという法則に従って、キャンペーン→広告グループの順に作成します。広告グループの中には、キーワード、広告を登録しますが、このLessonではその入れ物となる広告グループをひとつ作ってみるところまでが目標です。グループ作成を完了するためにはひとつ以上のキーワードと広告文が仮に必要ですが、仮の内容を入れる場合も、あとから管理画面から変更・追加できます。

▶ **キャンペーン、広告グループを作成する** 図表30-1

アカウント配下にキャンペーンと広告グループを作成しよう

❶アカウント
ログインメールアドレスとパスワード
支払い情報

❷キャンペーン
1日の予算
各種の設定

❸広告グループ　❸広告グループ

キャンペーン
1日の予算
各種の設定

❸広告グループ　❸広告グループ

Chapter 4

キャンペーンを作成し広告を出稿しよう

⭕ キャンペーン名はチーム全体で管理しやすいものに

キャンペーンを作成する際、管理のためにキャンペーンごとに命名が必要です。アカウント管理画面でキャンペーン一覧を見たときに、一目でどんな内容のキャンペーンか推測できる名前をつけるのがいいでしょう。「キャンペーン#1」などで

は、中にどんなキーワードが入っているか分かりません。「自分が分かれば大丈夫！」と考えず、他の人が見ても、何を意図したキャンペーンなのかすぐに分かる名前をつけてください。

▶ **キャンペーンの名前は誰にでもわかるようにしておく** 図表30-2

キャンペーン名：	キャンペーン＃１
キャンペーン名：	ビッグワード

→

キャンペーン名：	01_ ゴルフバッグ＿単体
キャンペーン名：	02_ ゴルフバッグ＿メーカー別

 漠然とした名前では、どのキャンペーンか思い出せない

 キャンペーンの中身が「単体」や「メーカー別」と一目で分かる名前

 Google広告の管理画面では、左側のナビゲーションバーに英数字順に表示されるので、「01_サービス名」や「A_東京_ホテル予約」といった名前のつけ方をすることで、キャンペーンの表示順を調整できる

将来的にキャンペーンが増えていくこと、複数のスタッフで管理する可能性を考え、分かりやすい名前をつけておきましょう。

⭕ Google広告のキャンペーンを作成する

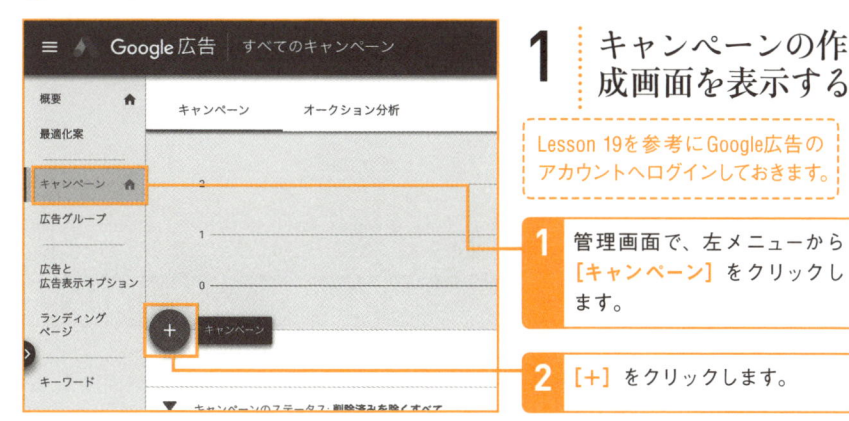

1 キャンペーンの作成画面を表示する

Lesson 19を参考にGoogle広告のアカウントへログインしておきます。

1 管理画面で、左メニューから[キャンペーン]をクリックします。

2 [＋]をクリックします。

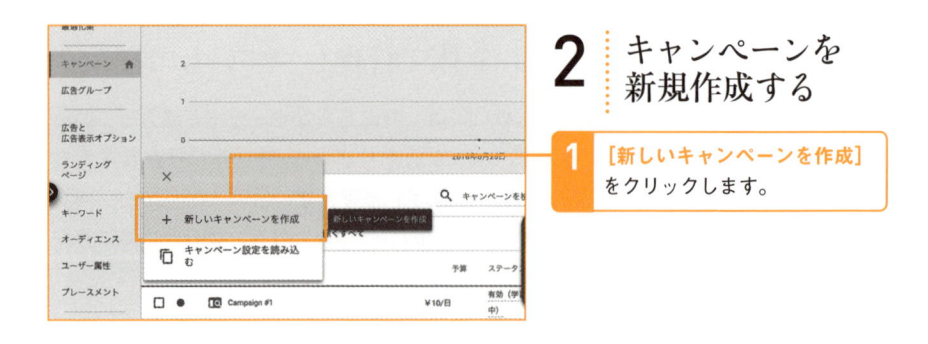

2 キャンペーンを新規作成する

1 ［新しいキャンペーンを作成］をクリックします。

3 キャンペーンタイプの達成目標を選択する

1 ［達成したい目標］を選択します。

4 キャンペーンで達成したい目標を選択する

1 ［検索］をクリックします。

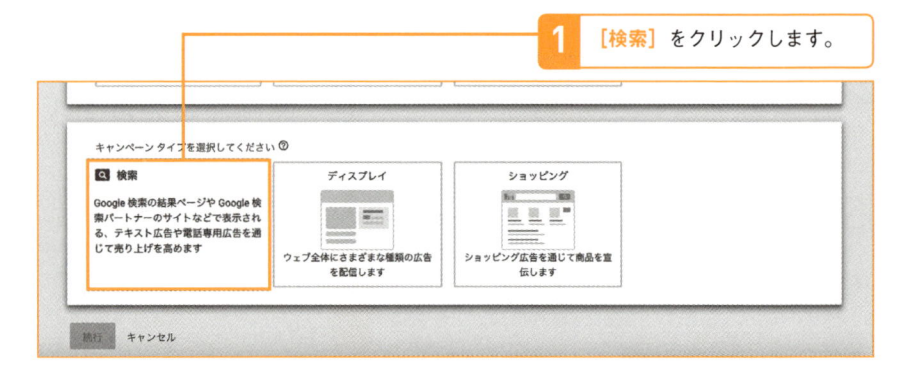

5 目標の達成方法を選択する

今回は一般的な**［ウェブサイトへのアクセスを増やす］**を例にキャンペーンの作成を進めます。

1 **［続行］**をクリックします。

6 キャンペーンの内容を設定する

1 **［キャンペーン名］**を入力します。

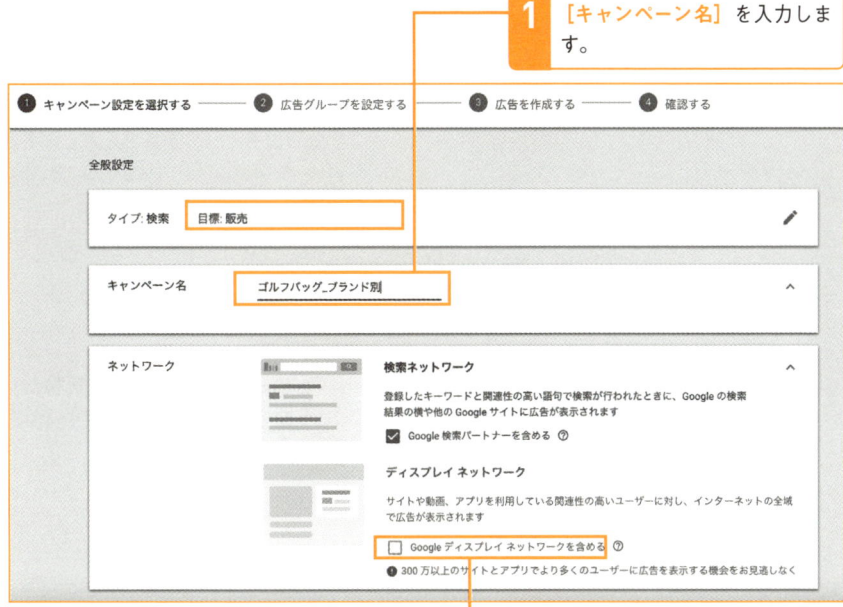

キャンペーンは検索ネットワーク（検索連動型広告）とディスプレイネットワーク（ディスプレイ広告、Lesson 74参照）を分けて管理することをおすすめします。

2 **［ネットワーク］**の**［Googleディスプレイネットワークを含める］**のチェックマークを外します。

7 引き続き、キャンペーンの内容を設定する

1 広告を表示するユーザーの地域、言語を指定します。国内向けなら［日本］［日本語］でいいでしょう。

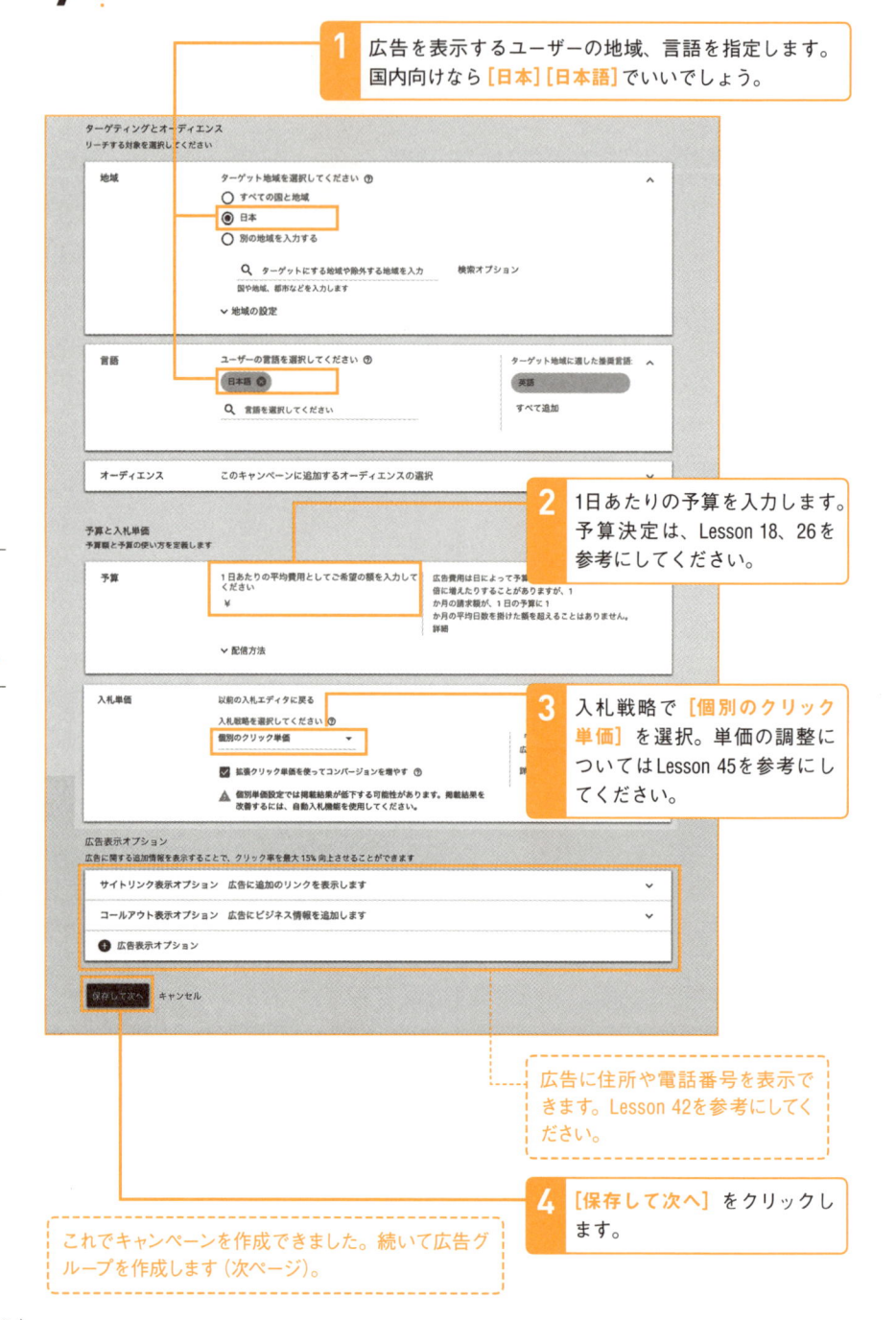

2 1日あたりの予算を入力します。予算決定は、Lesson 18、26を参考にしてください。

3 入札戦略で［個別のクリック単価］を選択。単価の調整についてはLesson 45を参考にしてください。

広告に住所や電話番号を表示できます。Lesson 42を参考にしてください。

4 ［保存して次へ］をクリックします。

これでキャンペーンを作成できました。続いて広告グループを作成します（次ページ）。

○ 広告グループを作成する

1つの広告グループを作成するには、「キーワード」と「広告」の文章が最低1種類ずつ、リンク先が1個必要です。ここでは操作手順だけを解説しますが、キーワード選択についてはLesson 31以降、広告作成についてはLesson 37以降を参考にしてください。

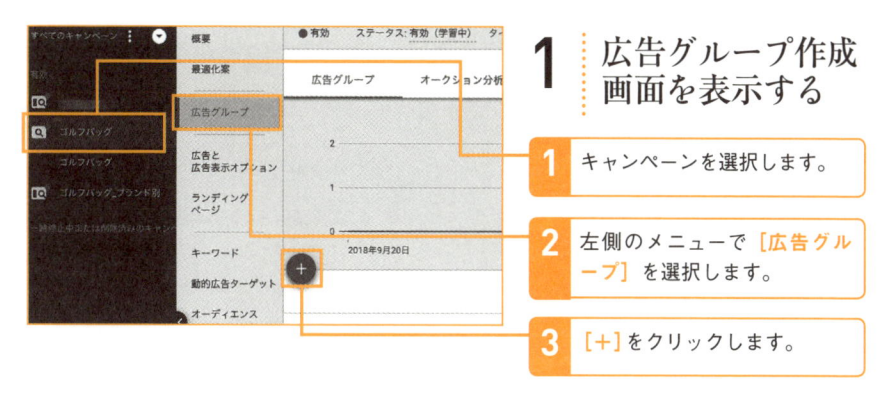

1 広告グループ作成画面を表示する

1 キャンペーンを選択します。

2 左側のメニューで[広告グループ]を選択します。

3 [+]をクリックします。

2 キーワードを入力する

1 [広告グループ名]を入力します。

2 [デフォルトの単価]にLesson 44を参考に上限クリック単価を入力します。

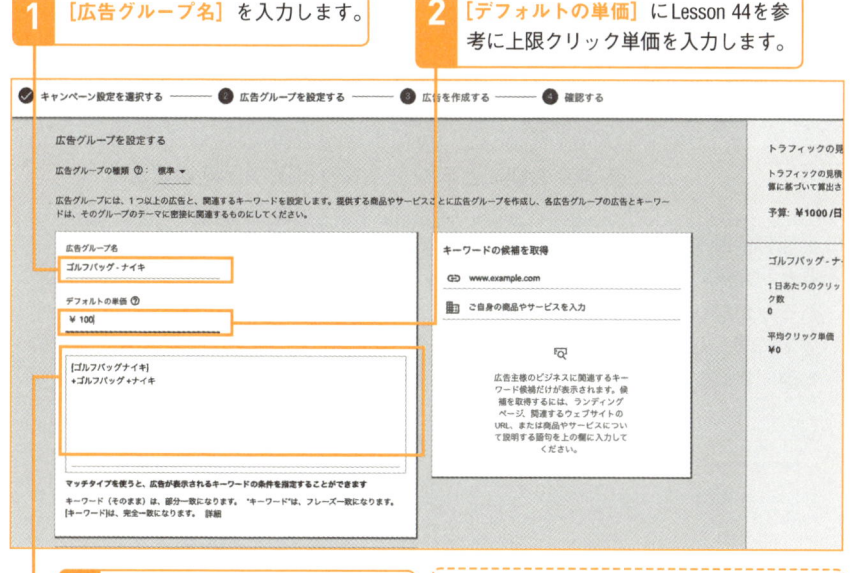

3 キーワードを入力します。Lesson 31以降を参考にしてください。

キーワードは適宜入力しておけば、後から改めてブラッシュアップできます。

3 広告を作成する

1 ［新しい広告］をクリックします。

2 広告文を入力します。Lesson 37以降を参考にしてください。

［プレビュー］には入力した内容でどんな広告になるのかが表示されます。

これで広告グループを作成できました。Lesson 31からキーワードの登録の考え方を解説していきます。

3 ［完了］をクリックします。

👍 **ワンポイント　広告文のURLとランディングページは基本異なる**

上記の手順3の画面で広告文を入力すると、実際にどのような広告が表示されるかがプレビューで確認できます。すでに学んだように広告をクリックした際に実際に表示されるのは［最終ペ ージURL］に入力したランディングページです。広告文に表示されるのは［表示URL］で、［最終ページURL］のドメインと［パス］を組み合わせて生成されます。

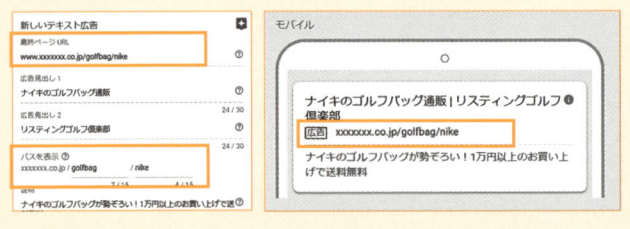

表示URLは、最終ページURLのドメインの後に、各自で入力したパスを組み合わせたものになる。パスには全角日本語も入力可能

31

[キーワードの役割]

キーワードに込めるべき
メッセージを考える

キーワードは、リスティング広告でもっとも大事な基本単位です。出稿した広告主と検索したユーザーを結びつける際に「キー」となる「ワード」です。自社のビジネスに関連するキーワードを集めていきましょう。

○ 検索語句には「○○したい」という気持ちが含まれている

私たちは普段、何かを知りたいときに検索します。検索エンジンが登場する前は、知らないことがあれば辞書で引いたりまわりの人に聞きましたが、パソコンやスマートフォンの検索ボックスに文字を入力すれば、いつでも知りたいときに知りたいことを調べられます。

検索は、単に「知らないこと」を知るための手段から「○○したいこと」を解決する手段としても使われるようになっています。例えば「流しそうめん」と検索された言葉には、「流しそうめんとはどんなものか？」という疑問だけではなく、「流しそうめんが食べたいけれどどこかでイベントがあるかな？」という具体的なニーズも含まれていると考えられます。

▶ 人はどんな**目的**でその言葉を検索しているのか 図表31-1

流しそうめん 🔍

流しそうめんって
どんなもの？

流しそうめんが
食べたいなあ。

同じ語句で検索しても、**目的はそれぞれ**です。どんな**背景**があるか想像してみましょう。

NEXT PAGE ➡

⭕ 検索される瞬間は「○○したい」瞬間でもある

「流しそうめん」のことを一年のうち考える時期は、多くの場合夏に限られるようです。Googleトレンドで検索数をチェックすると、毎年6月頃から検索数が増え7月末にピークを迎えることが分かります。このケースからも、検索がされる瞬間は、検索した人の「○○したい」、つまりニーズのある「瞬間」とも言えるでしょう。リスティング広告でキーワードをピックアップする作業は、「ある状態になった人の、その瞬間」をリストアップする作業でもあるのです。

▶「流しそうめん」の検索数 図表31-2

毎年7月にピークを迎える

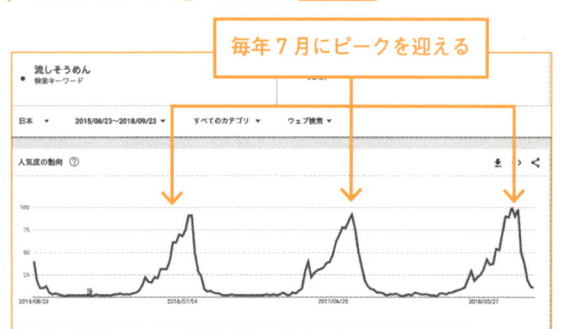

検索数の伸びは5月から始まっています。ユーザーの検索動向をいちはやく捉えて広告を配信したいですね。

⭕ 検索語句が意味する背景を想像する

「ニーズのある状態になった人」に対して、自社の商品・サービスを広告でアピールできるのがリスティング広告です。検索した人にとって自社の商品・サービスがニーズを満たし、魅力的に映るなら、興味を持ってもらえる確率が高まります。例えば、「オリジナルTシャツ」の次の言葉が「デザイン」か「激安」かで、検索者のニーズはずいぶんと変わります。「デザイン」ならある種のこだわり、「激安」なら価格がポイントです。検索語句と自社の商品・サービス内容がマッチするように、広告のキーワードをリストアップしていきましょう。

▶「オリジナルTシャツ」だけでもさまざまなニーズがある 図表31-3

検索エンジンのサジェストを閲覧してニーズを確認。どんなものを買いたいと考えた検索なのかが推測できる

32 ［キーワードの収集］
自社の商品・サービスに関連したキーワードを集める

実際にキーワードをリストアップする作業を行いましょう。キーワードは、思いつくままに集めても後から収拾がつかなくなってしまうので、順番に整理をしながら進めていきます。ここでは、「3C」の観点を使っていきます。

● 見込み「顧客」になったつもりでキーワードを考える

ここでは、マーケティング用語で「3C」と呼ばれる「顧客」(Customer)、「自社」(Company)、「競合」(Competitor) の観点でキーワードを集めます。

まずは「顧客」(Customer) です。誰もが知っているブランドでない限り、人は商品名やサービス名でいきなり検索することはありません。「自分がこの商品を欲しいと思うのはどういうときだろう？」「どんな状態の人にとってこのサービスは価値があるのだろう？」と想像しながらキーワードを考え、「検索する人が使うだろうと思われる言葉の組み合わせ」を意識しながら書き出していきましょう。

▶ 「ゴルフ」という言葉が含む意味の範囲 図表32-1

`ゴルフ` 🔍

ゴルフ							
ゴルフ場			ショップ		ゴルフ用品		車種
ゴルフ場名	会員権	練習場	ゴルフパートナー	オンライン・ネット	クラブ	アクセサリー	VW
		レッスン	ゴルフ5	ショップ名・モール	ウェア	ギフト	カブリオレ
		予約			メンズ・レディース		モデル
地域、場所			新品・中古・アウトレット・下取り etc.				
価格、比較、評価 etc.							

欲しい商品が具体的に決まっている人ほど固有名詞や複数の語句で検索する傾向があります。

NEXT PAGE ➡

Chapter 4 キャンペーンを作成し広告を出稿しよう

⭕ 「自社」のサービス・商品からキーワードを考える

次に「自社」（Company）です。自社のサイトを確認し、ビジネスの内容や扱っている商品を書き出してみましょう。例えばゴルフ用品の通販企業なら、通販サイトで扱っている商品の分類名を商品カテゴリとし、「ドライバー」「パター」といっ

たクラブの種類や、取り扱いのあるブランド名など、考えられるだけすべて書き出していきます。あとで整理するので、多少分類がずれていても構いません。整理しやすいようにExcelなどにまとめていくといいでしょう。

▶ **ゴルフ用品の通販企業のキーワード例** 図表32-2

ゴルフクラブ	ゴルフウェア	ゴルフブランド
ドライバー	帽子	テーラーメイド
パター	ジャケット	ナイキ
フェアウェイウッド	インナー	ツアーステージ
ユーティリティ	パンツ	タイトリスト
アイアン	靴	アディダス
ウェッジ	アクセサリー	キャロウェイ

> 自社で扱っている商品名などを参考に、漢字やひらがななどの表記の揺れも含めて、どんどん書き出してみましょう。

⭕ 「競合」他社からヒントをもらう

最後に「競合」（Competitor）です。よほど斬新なコンセプトでない限り、競合他社がいると思います。普段から気にしている他社のサイトの中に、キーワードのヒントが隠されているかもしれません。もし企業名がパッと出てこなかったら、1人の見込み顧客になったつもりで検索して

みましょう。競合他社以外にも、その分野の情報サイトや個人ブログ、クチコミサイトなどが見つかると思います。それらを眺めながら、見込み顧客がどのように情報を得ているのかを体感してみることも、キーワード集めの大きなヒントになります。

> ネットだけではなく、雑誌やパンフレットは注意深く読むと、今までは気に留めていなかったキーワードや表現があふれているものです。

［キーワードの吟味］

必要なキーワードと不要なキーワードを見極める

キーワードを書き出す作業が一段落したら、リストアップした内容を見直します。キーワードは数よりもビジネスに結びつきやすいものを　揃えるほうが重要です。不要なキーワードは省き、必要なものは増やすようにします。

類義語がないか確認する

ある程度キーワードを集め終えたら、そのキーワードに別の言い回しがないかを確認していきます。キーワードそのものに類義語がないかを確認する作業です。例えば、「子ども用」というキーワードは「ジュニア」や「キッズ」などに言い換えることができますね。類義語を探すに

は、「Weblio辞書」の「類語辞典」や「類語.jp」などのサイトを使うと便利です。例えばゴルフ用品なら「キャラウェイ」と「キャロウェイ」、「オークレイ」と「オークリー」のように、重要なキーワードに綴り違いの検索がないかもチェックしておきましょう。

▶ **類義語を探すのに便利なサイト** 図表33-1

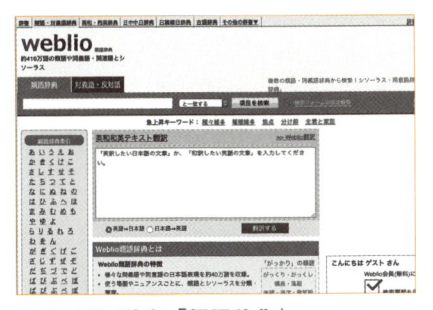

▶ Weblio 辞書「**類語辞典**」
https://thesaurus.weblio.jp/

▶ 日本語シソーラス「**連想類語辞典**」
http://renso-ruigo.com/

NEXT PAGE ➡

○ 関連性の低いキーワードを省く

次に、集めたキーワードの中から「関連性の低いキーワード」を削除していきましょう。関連性の低いキーワードとは、自社で提供できるサービスや商品と、そのキーワードの意図が離れている言葉です。検索した人から見ると、期待していた内容とは異なる広告が表示されるようなキーワードですね。例えばゴルフ用品の通販サイトであれば、「ゴルフ用品　通販」は購買するモチベーションの高い、関連性の高いキーワードです。「ゴルフ用品　東京」だと、ネット通販ではなく実際に足を運ぶ店舗を想定しているキーワードになり、提供できるサービスとキーワードの意図に距離が出てきてしまうため、購買するモチベーションが顕在化していない、関連性の低いキーワードになります。

▶ 「Action」(購買)に近いキーワード、遠いキーワードを見きわめる 図表33-2

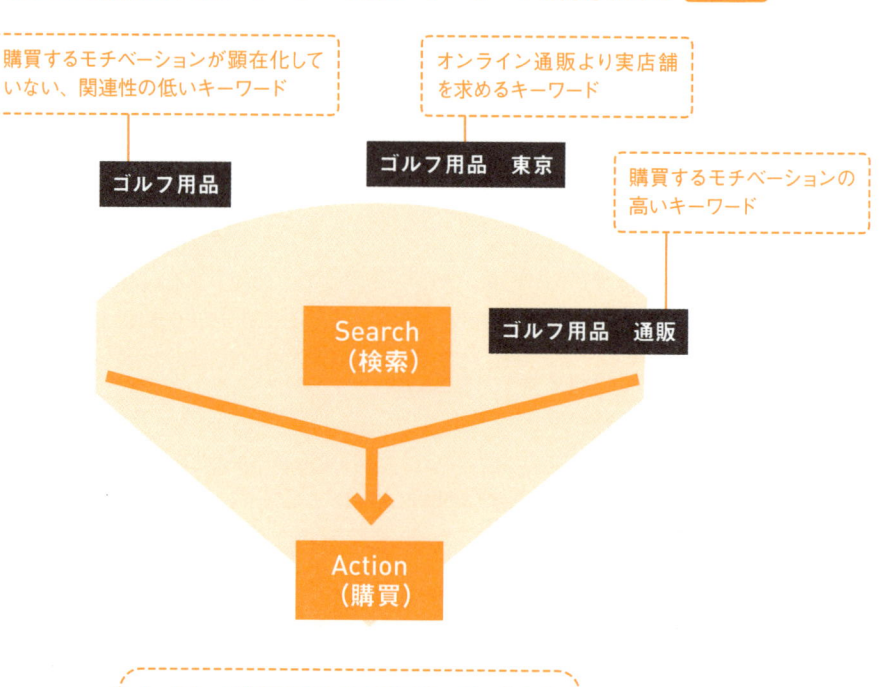

購買するモチベーションが顕在化していない、関連性の低いキーワード

オンライン通販より実店舗を求めるキーワード

ゴルフ用品

ゴルフ用品　東京

購買するモチベーションの高いキーワード

Search
(検索)

ゴルフ用品　通販

Action
(購買)

キーワードを表にまとめて管理し、リストから除外するときも、除外キーワードを欄外に保存しておけば、あとで追加直すこともできます。

⬤ 本当に必要な言葉かどうか確認する

一生懸命キーワードを考えても、まったく検索されなければ意味がありませんし、一方で検索数が多くても意味が広すぎる言葉はキーワードにはふさわしくないこともあります。適切なキーワードリストを作るため、選択したキーワードが程度検索されているか、人気はどの程度か分析ツールで調べましょう 図表33-3 。

分析ツールではキーワードと関連性の高い別のキーワード（派生語）を提示してくれるので、今まで気づかなかった新しいキーワードを見つけるきっかけにもなります。

▶ **キーワードの分析ツール** 図表33-3

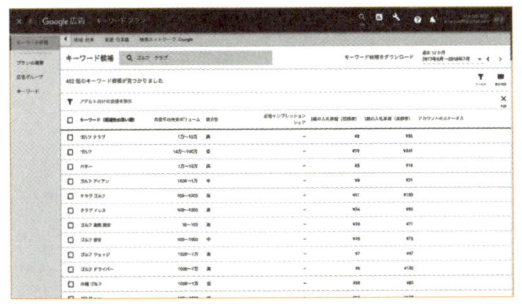

▶ **キーワードプランナー（Google 広告内の機能）**
キーワードプランナーはGoogle広告のユーザー向けのサービスだが、アカウントを取得すれば広告を出稿する前から利用でき、月間の検索数や競合性などを調べることができる

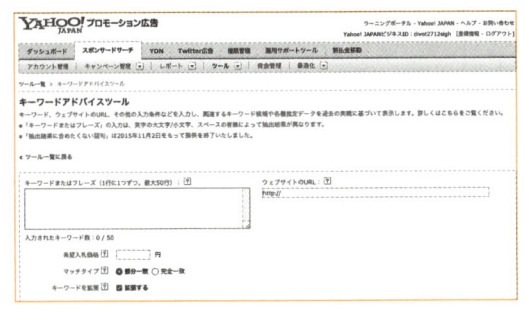

▶ **キーワードアドバイスツール**
https://promotionalads.business.yahoo.co.jp/Advertiser/Tools/KeywordAdviceTool
キーワードアドバイスツールもキーワードプランナーと同様に、キーワードの検索回数や人気の高い複合語などを調べることができる

● キーワードプランナーを使って検索回数などを調べる

ここではキーワードプランナーを使って ┊ を調べてみます。
キーワードの検索回数や競合の多さなど

1 Google広告でキーワードプランナーを表示する

1 Google広告のアカウントにログインし、右上の [ツールアイコン] をクリックします。

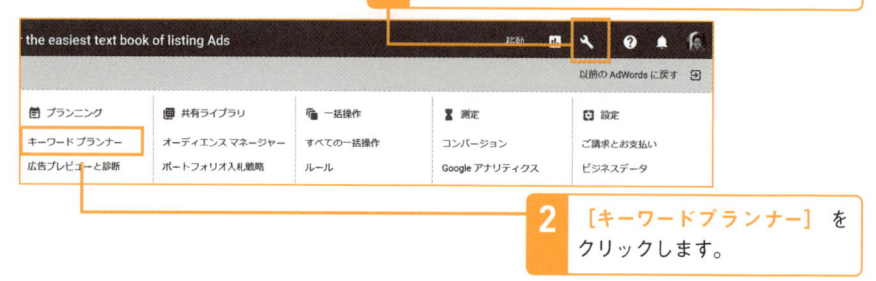

2 [キーワードプランナー] をクリックします。

2 検索ボリュームと検索の予測のオプションを選択する

1 [検索ボリュームと検索の予測を取得しましょう] をクリックします。

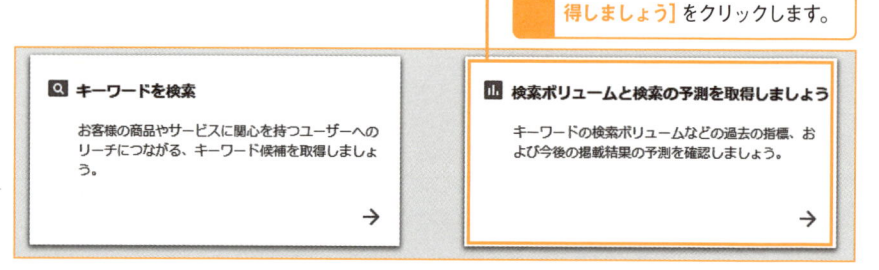

3 キーワードリストのワードを貼り付ける

1 キーワードを入力します。

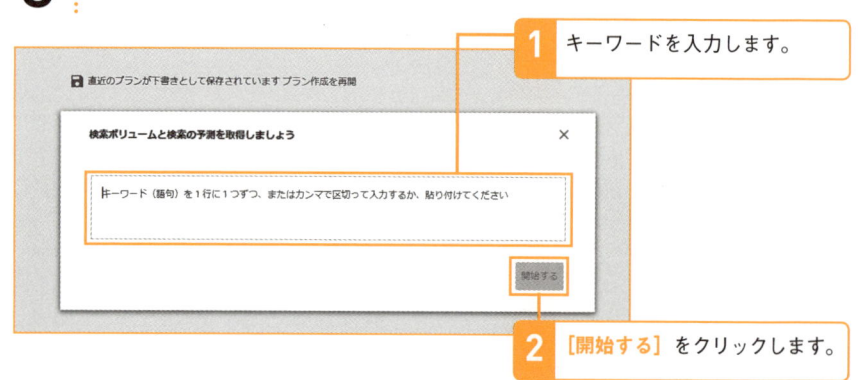

2 [開始する] をクリックします。

4 予測データを確認する

1 結果画面が表示されるので［予測データ］タブをクリックします。

| 予測データ | 除外キーワード | 過去の指標 | | キャンペーンの作成　レポート |

お客様のプランでは、費用 **¥78万**、上限クリック単価 **¥240** で、クリックを **1.1万** 回獲得できると見込まれます

	クリック数	表示回数	費用	クリック率	平均クリック単価	平均掲載順位	＋ コンバージョン指標を追加
	1.1万	15万	¥78万	7.4%	¥72	1.1	

□ キーワード ↑	広告グループ	上限クリック単価	クリック数	表示回数	費用
□ アイアン	広告グループ 1	¥243	3,739.98	48,887.68	¥254,140
□ ゴルフ用品 通販	広告グループ 1	¥243	490.24	4,453.55	¥25,766
□ ドライバー	広告グループ 1	¥243	4,891.09	69,508.95	¥400,065
□ フェアウェイウッド	広告グループ 1	¥243	747.64	11,019.80	¥46,532
□ ユーティリティ	広告グループ 1	¥243	994.16	12,312.77	¥55,285

2 ［クリック数］や［平均クリック単価］など確認し、コストやオークション状況を確認します。

5 過去の指標を確認する

1 ［過去の指標］タブをクリックします。

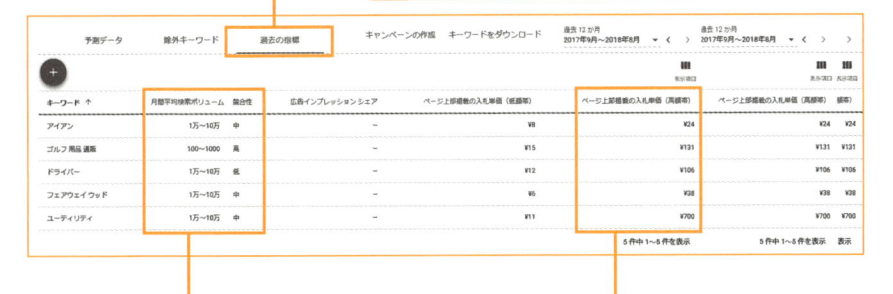

| 予測データ | 競合外キーワード | 過去の指標 | キャンペーンの作成　キーワードをダウンロード | 過去 12 か月 2017年9月〜2018年8月 ‹ › | 過去 12 か月 2017年9月〜2018年8月 ‹ › › |

キーワード ↑	月間平均検索ボリューム	競合性	広告インプレッション シェア	ページ上部掲載の入札単価 (低額帯)	ページ上部掲載の入札単価 (高額帯)	ページ上部掲載の入札単価 (高額帯)	(低帯)
アイアン	1万〜10万	中	–	¥8	¥24	¥24	¥24
ゴルフ用品 通販	100〜1000	高	–	¥15	¥131	¥131	¥131
ドライバー	1万〜10万	低	–	¥12	¥106	¥106	¥106
フェアウェイウッド	1万〜10万	中	–	¥6	¥38	¥38	¥38
ユーティリティ	1万〜10万	中	–	¥11	¥700	¥700	¥700

5件中 1〜5 件を表示　　　5件中 1〜5 件を表示　表示

2 ［月間平均検索ボリューム］や［競合性］を確認します。

3 ［ページ上部掲載の入札単価］を確認し、上限入札価格の設定の参考にします。

[キーワードのグループ化]

34 キーワードを組み合わせて グループ分けしておく

このレッスンの ポイント

ある程度キーワードが集まった段階で、近い意味のキーワードをグループ化します。リスティング広告では、近い意味のキーワードをまとめ、このグループごとに違った広告を表示できるように広告グループを作ります。

⭕ 軸になるテーマを洗い出す

これまでのLessonで書き出したキーワードは、すでにおおまかに分類されているかもしれませんが、5章でリスティング広告の内容を用意する前に、商品カテゴリなどのテーマごとにキーワードを整理します。例えば、「ドライバー」「アイアン」のようなキーワードリストの中の「主要な商品・サービス」が「軸になるキーワード」です。ゴルフクラブ以外にも「ゴ

ルフウェア」「ゴルフブランド」などのテーマごとに、軸になるキーワードを洗い出して、まとめておきます。例えば、ゴルフ用品の専門店であれば、「ナイキ」や「アディダス」などブランド名だけで選ばず、「ナイキ　ゴルフ」などとすることで、ゴルフ用品を求めているニーズに絞り込みます。

▶ **軸になるキーワードをまとめる** 図表34-1

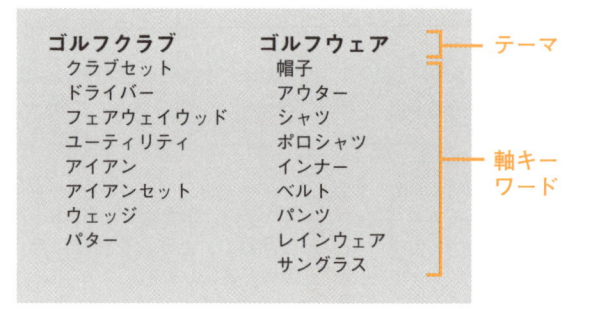

組み合わせたキーワードは、最終的に Lesson 43 で広告の3点セットとして広告グループにまとめます。

⭕ 掛け合わせるテーマを洗い出す

続いて、掛け合わせるキーワードを選びます。こちらは、軸になるキーワードに「何の」「どんな」「どうする」といった意味を加える言葉と考えましょう。

ゴルフ用品なら「メンズ」「レディース」などの性別、「激安」「セール」「安い」「アウトレット」など価格を意識した言葉な

どが考えられます。このように類義語をあげる際は、同じ価格に関する掛け合わせでも、「最安値狙い」か「良いものをお得な価格で入手したい」かなど、同じテーマに対してニュアンスが違ってしまわないかを確かめながらまとめていきます。

▶ **掛け合わせるキーワードをまとめる** 図表34-2

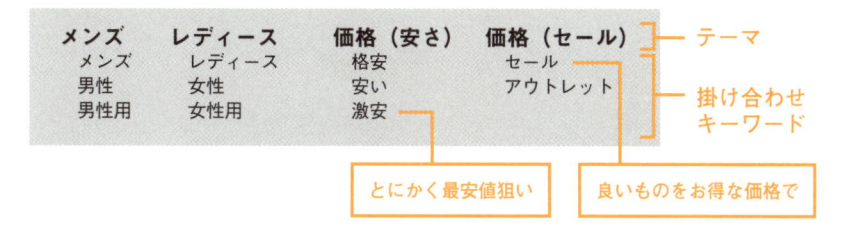

⭕ 組み合わせパターンを作ってみる

次は、軸となるキーワードと掛け合わせるキーワードを組み合わせ、「アイアンセット　格安」や「レディース　ゴルフウェア」のような組み合わせキーワードを増やしていきます。

この際、キーワードを機械的に掛け合わせてしまうと、検索されないキーワードや意図しない別の意味のキーワードが作

られてしまうことがあります。例えば「ドライバー」と「レディース」を組み合わせると「ドライバー　レディース」となりますが、「女性用のゴルフのドライバー」という意味だけでなく「タクシーや運送業の女性ドライバー」という意味にもなってしまいます。こういったものは外しておきます。

▶ **別の意味をもつ組み合わせは外す** 図表34-3

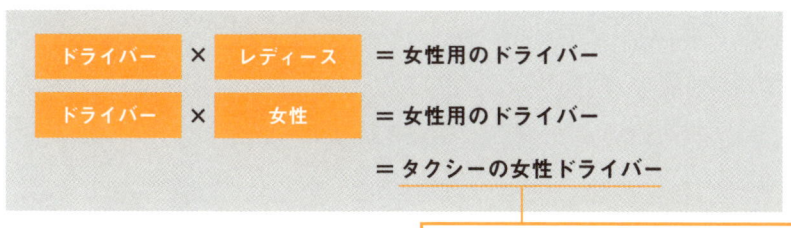

○ 組み合わせてグループ名をつけておく

「軸となるキーワード」と「掛け合わせるキーワード」の組み合わせをひとまとまりとして、分かりやすいグループ名をつけます。

例えば、「ドライバー」と「レディース」の組み合わせなら「ドライバー　レディース」というように、どんなキーワードを表しているか分かりやすい名前です。ここでつけた名前は後ほど「広告グルー

プ」という機能の名前としても使われます。リスティング広告では、この広告グループ単位で成果を評価したり、調整したりすることも多いです。広告グループを見たときにどんなキーワードが入っているのかわかる名前をつけることで、今後キーワードの追加や削除のときにミスをする確立が減り、分析をもしやすくなります。名前は重複のないようにしましょう。

▶ **組み合わせキーワードリストのサンプル** `図表34-4`

軸となるキーワード
ドライバー
フェアウェイウッド
ユーティリティ
アイアン

掛け合わせるキーワード
レディース
女性用
女子用

グループ名　　　キーワード　　　「軸キーワード」と「掛け合わせキーワード」の組み合わせで「ひとつのキーワード」として扱う

ドライバー ＿ 女性用
ドライバー　レディース
ドライバー　女性用
ドライバー　女子用

フェアウェイウッド ＿ 女性用
フェアウェイウッド　レディース
フェアウェイウッド　女性用
フェアウェイウッド　女子用

ユーティリティ ＿ 女性用
ユーティリティ　レディース
ユーティリティ　女性用
ユーティリティ　女子用

アイアン ＿ 女性用
アイアン　レディース
アイアン　女性用
アイアン　女子用

> **掛け合わせるキーワードの数が多くてグループの中のキーワードが多くなりそうな場合は、無理せず分割しましょう。**

35

［マッチタイプの指定］

キーワードと検索語句の
マッチタイプを指定する

> キーワードが揃ったら、そのキーワードの「マッチタイプ」
> を決めれば、キーワードリストは完成です。マッチタイプ
> とは、キーワードと、検索エンジンで検索される検索語句
> （検索クエリ）のマッチングを決める項目です。

⭕ マッチタイプには4種類ある

リスティング広告では、キーワードを実際に登録するときに、マッチタイプを指定します。次のページにまとめましたが、マッチタイプには「部分一致」「絞り込み部分一致」「フレーズ一致」「完全一致」の4種類があります。リスティング広告では特に指定がない限りキーワードは「部分一致」になります。部分一致は、そのキーワードに含まれるすべての言葉とそ

の類義語が検索語句とのマッチング対象になるため、検索結果に広告が表示される可能性が広がります。一方で、意図しない検索語句にも広告が表示されてしまう可能性も高まるため、広告が表示される検索語句を厳密にコントロールしたい場合は、部分一致以外の「絞り込み部分一致」「フレーズ一致」「完全一致」を使います。

▶ **マッチタイプのイメージ** 図表35-1

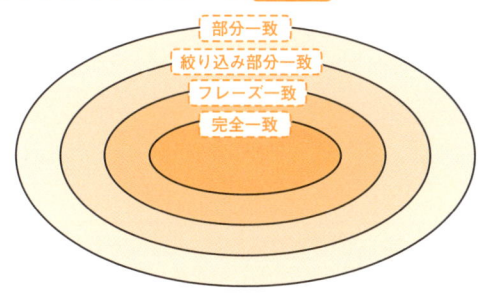

> 完全一致は１本釣りのようなもの。部分一致では網が大きいので、いろいろな魚（検索語句）をさらうことができますが、完全一致は狙った魚（検索語句）だけを釣り上げます。

注意　2021年7月よりマッチタイプの仕様が変更され、絞り込み部分一致がフレーズ一致に統合されました。詳しくはGoogle広告ヘルプの以下のページを参照してください。
https://support.google.com/google-ads/answer/10286719?hl=ja

▶ マッチタイプの種類と指定方法 図表35-2

マッチタイプ	キーワード	指定方法	検索語句の例
部分一致	ドライバー　格安	ドライバー　格安	ゴルフクラブ　格安　通販 型落ち　激安　ドライバー など多数

> キーワードに何も記号をつけなければ部分一致になる。そのキーワードを含むすべての組み合わせと、タイプミスなどの表記揺れ、関連性の高い別の言葉（類義語）も対象になる

マッチタイプ	キーワード	指定方法	検索語句の例
絞り込み部分一致	ドライバー　格安	＋ドライバー 格安	ドライバー　激安　通販 ドライバー　最安　など
		＋ドライバー　＋ 格安	ドライバー　比較　格安 格安　ドライバー　中古　など

> 「＋ドライバー　格安」のように、キーワードの前に「+」（※半角のプラス記号）をつけることで指定できる。部分一致とほぼ同じだが、関連性の高い別の言葉（類義語）は対象外になるため、部分一致よりは対象が狭くなる

注意　2021年7月より「絞り込み部分一致」は新しい「フレーズ一致」に統合されました。

マッチタイプ	キーワード	指定方法	検索語句の例
フレーズ一致	ドライバー　格安	"ドライバー　格安"	ドライバー　格安　通販 ナイキ　ドライバー　格安　など

> フレーズと名のつく通り、キーワードの語順を考慮。「" ドライバー　格安"」のようにキーワードを引用符（" "）（※半角文字）で囲むと、「ドライバー」の次に「格安」が続く検索語句すべてが、広告を表示する対象になる。例えば、「ドライバー　格安　通販」のような検索語句には広告が表示されるが、「ドライバーの格安サイト」「格安　ドライバー」の間にほかの言葉が入ったり、順序が入れ替わったりした場合は表示されない

マッチタイプ	キーワード	指定方法	検索語句の例
完全一致	ドライバー　格安	[ドライバー　格安]	ドライバー　格安 格安のドライバー

> 従来は、カッコ（[ ]）（※半角文字）で囲んだキーワードと検索語句が完全に一致したときにのみ表示される仕様だったが、2017年3月に、語順は異なるものの意味が同じ検索語句や、後置詞や接続詞といった検索の意図に影響しない機能語の有無が異なる検索語句も広告表示の対象に含まれるようになる

● キーワードのマッチタイプを考える

ここまでのLessonで用意したキーワードそれぞれに、マッチタイプを決めていきます。何もしなければ部分一致になるので、部分一致以外のマッチタイプを必要に応じて加えていくイメージです。一般的に、部分一致のような幅広いマッチタイプではたくさん広告が表示され、完全一致のような限定的なマッチタイプでは、広告の表示回数は少ないものの狙った検索語句に確実に広告を表示することが可能になります。そのため、検索回数が多いキーワードや、自社にとって大事だと思われるキーワードは完全一致に加えて部分一致などのマッチタイプを複数指定してみましょう。検索回数がそれほど多くなく、もともと関連性が高いと考えられる掛け合わせキーワードには、部分一致や絞り込み部分一致を指定するのが一般的です。

▶ **単体で検索数が多い
キーワード** 図表35-3

「ゴルフ用品」の場合
・ゴルフ用品　←部分一致
・＋ゴルフ用品　←絞り込み部分一致
・［ゴルフ用品］　←完全一致

▶ **関連性が高い
キーワード** 図表35-4

「ゴルフ用品　通販」の場合
・ゴルフ用品　通販　←部分一致
・＋ゴルフ用品　通販　←絞り込み部分一致
・＋ゴルフ用品　＋通販　←絞り込み部分一致

● マッチタイプに迷ったら

マッチタイプは全部で4種類あるので、初めて取り組む人は迷いますね。そこで、リスティング広告にかけられる予算がある程度限られているなら、「絞り込み部分一致」と「完全一致」の組み合わせをおすすめします。完全一致のみだと、準備段階で想像できなかったキーワードの組み合わせに対して広告が表示されず、機会損失になってしまいますが、部分一致のみだと意図しない検索語句でも広告が表示されてしまい、広告費がよけいにかかってしまう危険性があります。それを避けるため、絞り込み部分一致で必要なキーワードを網羅し、有効なキーワードで確実に広告表示するために完全一致を追加するという方法がいいでしょう。

> まずは「完全一致」と「絞り込み部分一致」を使いながら、掲載確認後の運用で徐々に増やしたり減らしたりしていきましょう。

36

検索語句で表示しない
除外キーワードを指定しよう

このレッスンの
ポイント

キーワード作成もいよいよフィニッシュです。最後は、除外キーワードを指定します。意図しない意味で検索される可能性が高いキーワードの組み合わせがあれば、除外キーワードを指定することで広告の表示精度を上げられます。

○ 除外キーワードのリストアップ方法

除外キーワードにはいくつかのピックアップ方法がありますが、ここでは、検索エンジンのオートコンプリート機能や、「goodkeyword」（https://goodkeyword. net/）などユーザーが頻繁に検索する組み合わせを教えてくれるツールを利用してみましょう。軸となっているキーワードを入力し、それに関連した検索語句を見ながら、明らかに自社の商品やサービスに結びつかない掛け合わせキーワードを除外キーワードに選んでいきます。

▶ **除外キーワードを見つける** 図表36-1

キーワード ドライバー　女性 の場合

※キーワードを部分一致で指定

実際に広告が表示される可能性のある検索語句

ドライバー　女性	女性用　ドライバー
ドライバー　レディース	女性　ドライバー　通販
ドライバー　女性用	ゴルフ　ドライバー　女性
ドライバー　女性　求人	女性ドライバー　佐川

車の運転手の求人　　　　　　　　　　　　　　　　車の運転手の求人

自社の商品やサービスに結びつかないので除外キーワードにする

「ドライバー　女性」というキーワードなら、意図が違う可能性の高い「求人」や「佐川」を除外キーワードにする。さらに「運転手」や「仕事」も除外キーワードにしてもいい

```
ドライバー ＿ 女性用                          ← 除外キーワード
  ＋ドライバー　レディース
  ＋ドライバー　女性                              求人
  ＋ドライバー　女性用                            仕事
                                               転職
フェアウェイウッド ＿ 女性用                      就職
  ＋フェアウェイウッド　レディース                年収
  ＋フェアウェイウッド　女性                      運転
  ＋フェアウェイウッド　女性用                    大型
                                               佐川
ドライバー ＿ 格安                               ヤマト
  ［ドライバー　格安］
  ＋ドライバー　格安
  ドライバー　＋格安
```

キーワードリストにマッチタイプと除外キーワードを追加します。この例だと、「ドライバー ＿ 女性用」にのみ除外キーワードを指定しようとしています。

◯ 神経質になり過ぎないように

除外キーワードを選んでいると、「あれも」「これも」となってしまい、大量の除外キーワードをピックアップしてしまいがちです。たくさん選び過ぎて管理ができなくなったり、意図した検索語句で広告が表示されなくなったりという可能性も増えてしまいます。除外キーワードにこだわり過ぎて作業時間も広告の表示機会も減ってしまうのは本末転倒なので、神経質になり過ぎないようにしましょう。除外キーワードは、リスティング広告の出稿を開始したあとでも、検索語句を見ながら追加できます。

本来広告が出てほしかったキーワードが除外キーワードになっていた、という悲劇は避けましょう。

○ 明らかに対象ではないキーワードの除外から始める

さまざまなキーワードに該当するような除外キーワードを、それぞれのグループに指定するのは大変です。そこで、除外キーワードは、「どんな軸のキーワードにも共通する」言葉にしましょう。例えば、オンラインの写真販売サイトでは「無料」という言葉は「ストックフォト」でも「写真素材」でも顧客になる可能性が低いキーワードと言えます。除外キーワードは個別のグループにも指定できますが、実際には広告掲載が始まって検索語句を見てから指定しても遅くはありません。<u>まずは明らかに顧客になりにくい除外キーワードを用意しましょう。</u>

▶ **顧客になりにくい語句を除外キーワードにする** 図表36-3

除外キーワードにかかわらず、すべてのキーワードは実際にリスティング広告を出稿した後でも変更できるので、あまりこだわり過ぎないようにしましょう。

Chapter 5

キーワードを意識して広告文を作ろう

検索するユーザーの気持ちに応え、自社の商品やサービスを最大限アピールできる広告を今までの内容をふまえて実際に作成していきましょう。

37 広告の仕様を知っておく

**このレッスンの
ポイント**

この章では広告文の作り方を学んでいきましょう。広告文を考える前に、まずは広告はどのような要素で構成されているのかを解説していきます。次のLessonから実際に広告を作成していきます。

⭕ 広告はどんな要素で構成されているのかを知ろう

リスティング広告の基本の要素には、広告見出し、表示URL、説明文があります。この他にも複数の広告表示オプション（Lesson 42参照）があり、それらによって構成されますが、まずはこの3つの要素について解説します。文字数制限はすべての言語共通で、全角1文字は半角2文字とカウントされます。

▶ **リスティング広告の3つの要素と広告上のレイアウト** 図表37-1

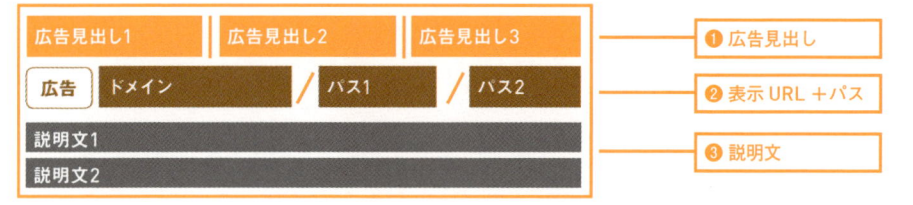

❶広告見出し

広告見出しは、ユーザーが検索をしたとき、一番はじめに目に入る要素です。ユーザーが検索する可能性の高いキーワードを含めて書くと効果的です。広告見出しはGoogle広告は3つ、Yahoo!広告は2つ設定でき、各半角30（全角15）文字まで設定できます。見出し同士は縦線記号「|」で区切られ、ユーザーが使用している端末によって広告の表示が異なる場合があります。

実際にキーワードを検索して、どんな広告が並んでいるのかを確認することで広告文執筆のヒントが見つかるかもしれません。

Chapter 5

キーワードを意識して広告文を作ろう

❷表示 URL

表示URLは広告をクリックするとどのようなサイトが表示されるのか、ユーザーにあらかじめ知らせることができます。広告のリンク先URLのドメインと「パス」項目に入力するテキストで構成されます。パスのテキストは2つ設定でき、それぞれ半角15文字まで日本語で設定できます。パスの入力は必須ではなく、また常に表示されるとは限りませんが、自社の商品やサービスの訴求を含められるため、活用することをおすすめします。

❸ 説明文

説明文は2つ設定でき、商品やサービスの詳細をそれぞれ90文字（全角45文字）まで文字で伝えることができます。オンラインショップでゴルフシューズを販売している場合は「今すぐ購入」であったり、サービスを提供している場合には「今すぐお見積り」など、ユーザーに期待する行動を促すフレーズを含めることも効果的です。

⭕ 広告内の表現はガイドラインに従おう

広告の中の文章には、記号や強調表現の使用に制限があり、記号を連続して使ったり、無意味な空白を入れてはいけません。過度な強調表現は避け、ユーザーが検索したときに何を求めているのかを考えながら広告を書くことが大切です。

▶ 過度な強調表現は含めない 図表37-2

×記号の連続使用は NG

お得な !!!!! ゴルフ !! クラブセット
[広告] aaagolf.co.jp/ 送料無料 / お手頃価格
あ な た に ぴ っ た り の 商 品 が 見
つ か る ！！！

×無駄な空白も NG

👍ワンポイント　業界別に気をつけたいこと

特定の分野や取り扱う商品の種類によっては、広告の表現や表示そのものに規制がかかる場合があります。化粧品や医薬品などの広告は薬事法に準拠した表現でなければいけません。また販売に免許が必要となる商品や金融商品も、広告を出稿する際にはリスティング広告の広告ポリシーに準拠している必要があります。自社の扱う製品に規制があるかどうかを、広告掲載前にGoogleやYahoo!でのヘルプなどで確認しておきましょう。

[リンク先のページ]

38 広告のリンク先に 適切なページを設定する

このレッスンの
ポイント

せっかく広告がクリックされても、ユーザーの期待と異なる内容のページが表示されれば、多くの人は「戻る」ボタンを押してサイトから離れてしまいます。ユーザーの期待に応えられるページをリンク先として用意しましょう。

○ 事前にリスティング広告のリンク先ページを準備する

「ゴルフボール 安い」という語句で検索するユーザーには、ゴルフボールを安く買いたいという意図があると想像できます。それなのにリスティング広告をクリックした先にゴルフボールの情報がなかったり、そのページ内で何回ものクリックやスクロールをしないと商品購入にたどり着けないのなら、いくらキーワード

や広告を工夫したところでコンバージョンにはつながりません。また、在庫が切れている商品の広告を出稿しても意味がありません。

リンク先には、キーワードと広告内容から推測できるユーザーのニーズに適ったページを設定しましょう。

▶ 適切なページへリンクする 図表38-1

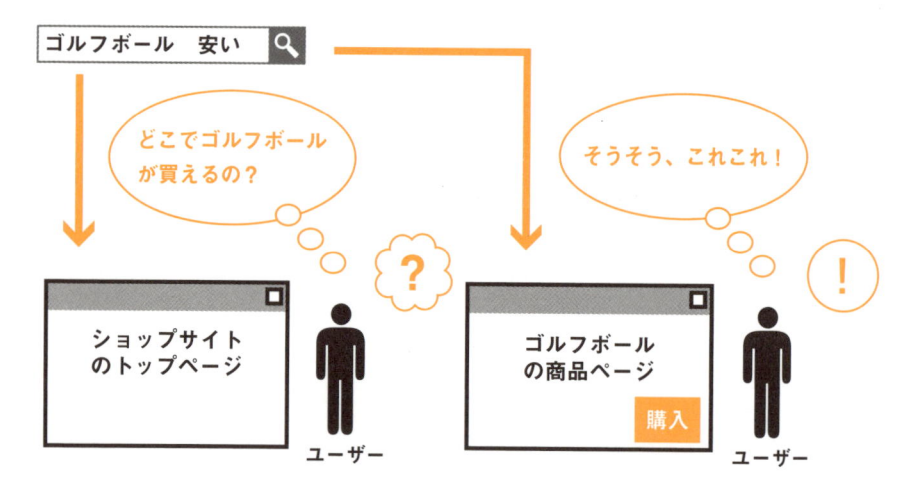

◯ 特別なリンク先ページを作る場合もある

広告などからリンクされ、自社サイトで最初に表示されるページのことを「ランディングページ」(LP) と呼びます。また特別に製作するキャンペーンページのことをそう呼ぶこともあります。

集客を狙いたいキーワードがあるが、リンク先として適切なページがサイト内に存在しないときや、プレゼント企画などを訴求した特別なページで集客をしたい場合には、新しく特別なランディングページを用意しましょう。

既存の商品ページの情報が購入検討者に満足してもらえるレベルではない場合にも、特別にページを作り直すことを検討しましょう。新しいランディングページでユーザーの求める情報を提供することができれば、購買率や成約率の向上に貢献できます。

▶ 最適なページがない場合は新しいランディングページを作る 図表38-2

最適なページがなく、カテゴリトップページをリンク先に指定

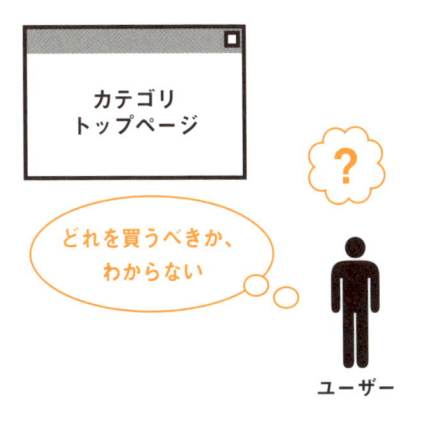

広告の内容に適したランディンググページを用意する

初めてのお店に入って、どこに何が置いてあるのか分からず迷うことはありませんか？　Webサイトで同じことが起きると、お客さんは別サイトへ移動してしまうかもしれません。そうならないためにも、広告と関連のあるリンク先を設定しましょう。

キーワードを意識して効果的な広告見出しを作成する

このレッスンの
ポイント

実際に広告を作成する方法を説明していきます。Googleでも Yahoo!でも、キーワードで検索をしたとき最初に目に入るのは広告です。そのときのユーザーの気持ちや探しているものに応えられる広告文を作成していきましょう！

○ どんな広告文にすればいい？

3章で自社の商品・サービスについて捉え直し、4章でキーワードを選んだことを思い出してみてください。そのキーワードでユーザーがどんな目的、気持ちで検索をしてきたのかをイメージできれば、どんな広告文がユーザーの気持ちに応えることができ、自社の商品・サービスをアピールできるのかが見えてくるのではないでしょうか。ユーザーが「広告をクリックしてサイトに行きたい！」と思えるような広告を、文字数と表現にも気をつけながら実際に作ってみましょう。

▶ 検索したユーザーの気持ちにこたえる広告文を考える 図表39-1

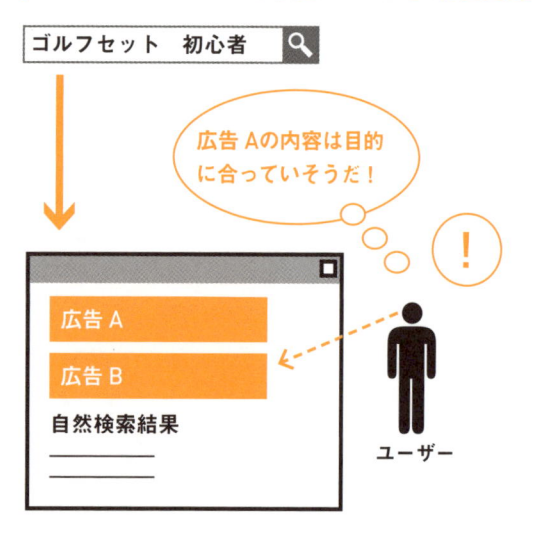

もし、広告がどのように表示されるのか確認したいなら、Google 広告のプレビューと診断ツールを使えば、パフォーマンスデータに影響を与えずにチェックできます。

⭕ キーワードを含めた広告見出しを書く

広告見出しの文章は、キーワードを含めて作成するのが基本です。例えば、ゴルフクラブのセットを探しているゴルフ初心者に向けた広告を例とします。ここでターゲットとするキーワードは「ゴルフセット　初心者」です。（図表39-2）のタイトルのようにキーワードが含まれていれば、ユーザーは自分が探している商品であることが分かりやすいため、広告をクリックしやすくなります。

▶ **検索されたキーワードをタイトルに含める** 図表39-2

```
ゴルフセット　初心者    🔍
```

初心者向け**ゴルフクラブセット**｜今なら送料無料｜人気ブランドも取扱い中
［広告］aaagolf.co.jp/ 充実の品揃え / ギフト対応可

> Yahoo! 広告の検索広告では検索キーワードが広告文に含まれる場合は太字表示となり、より目立たせることが可能です。

⭕ 引きになりそうな具体的な数字を入れてみる

文章のみで構成された広告よりも、具体的な数字を入れることで広告がクリックされやすくなる場合はよくあります。そこで、なにか引きになりそうな数字をタイトルに入れることも検討しましょう。一番わかりやすいのが自社の商品やサービスの価格です。価格帯を見れば「自分が求めている／求めていない」をユーザーは一瞬で判断できるので、コンバージョンにつながりにくいクリックを事前に防ぎつつ、ターゲットとなるユーザーからのクリックやコンバージョンの増加が期待できます。

他にも「24時間電話対応可能」「○日以内にお届け」など日数や時間のような数字として含めることができる情報は積極に含めましょう。ユーザーに安心や信頼を与えることができます。

▶ **タイトルに金額を入れる** 図表39-3

お得なゴルフクラブセット｜49,500円からご用意｜人気ブランドも取扱い中
［広告］aaagolf.co.jp/ 送料無料 / お手頃価格

40 ［説明文のポイント］
ユーザーにアクションを促す説明文を作成する

**このレッスンの
ポイント**

説明文には、広告見出しの文字数だけでは訴求できていないポイントを記述していきます。説明文とはいえ、具体的な商品説明を入れるほど字数はありません。ここでのポイントは、自社のリンクへといかに結びつけられるかです。

○ その先に求めているものがあると思える説明文にする

広告はユーザーと出会う接点です。ここでユーザーの心をつかまなければ、サイトへの誘導もできません。

ユーザーは、「この広告をクリックした先に自分の求めている情報がある」と思えば広告をクリックします。ユーザーが求めるものをうまく説明文に含めることができれば、クリック率は上がります。そ

れはユーザーにとっての「嬉しいサービス」や「お得なポイント」かもしれませんし、「不安」や「悩み」に対する答えかもしれません。自社の商品・サービスでユーザーのニーズを満たせる、叶えられるとアピールできるよう、ユーザーの気持ちを想像しながら考えてみましょう。

▶ **説明文でクリックした先にあるものを的確に伝える** 図表40-1

> 今週中に揃えないといけない！

ユーザー

初心者向けゴルフクラブセット｜今なら送料無料｜人気ブランドも取扱い中
［広告］ aaagolf.co.jp/ 充実の品揃え / ギフト対応可
本日購入分は翌日発送！お求めやすいセットが安心の2年保証 ゴルフボールからウェアまで幅広く取り揃えています。今なら新規会員登録でお得に！

> 何を選んだらいいか不安だな

ユーザー

初心者向けゴルフクラブセット｜今なら送料無料｜人気ブランドも取扱い中
［広告］ aaagolf.co.jp/ 充実の品揃え / ギフト対応可
初めてでも安心の商品選び。コンシェルジュがどんな質問にも親切丁寧に答えます。あなたのピッタリが見つかる。今なら新規会員登録でお得に！

⬤ ユーザーの目的と自社の提供できる価値を結びつける

「ゴルフウェア　ブランド」や「高級ゴルフクラブ」のように高品質の商品を求めているようなキーワードであれば、割引や送料無料だけではなく、高品質にも関わらずお求めやすいサイトであると伝えることで、検索しているユーザーの目的と自社が提供できる価値を結びつけることができます。誰が説明文を読むのか、誰に何を売っているのかを明確にしていきましょう。

▶ ユーザーが何を求めているかに応える 図表40-2

| 送料無料 | ╋ | デザイン？ | 品質？ |
| 公式 | | 即日配達？ | 限定？ |

> 「送料無料」や「公式」といった強みに加え、検索している人はどんな事を求めているかとすりあわせてテーマを決める

⬤ ユーザーの「背中を押す」一言を付け加える

どんなに説明文がうまく書けて自社の魅力が伝わるものになったと思えても、実際にユーザーにクリックしてもらわないことには始まりません。そこでおすすめしたいのが、アクションを促すための背中を押す一言。これは「●日までの登録で10%オフ」や「今すぐ予約！」など、具体的にユーザーにしてほしい動作を指示する文言を選ぶのがポイントです。ただし、どの広告でも同じ表現になってしまう「今すぐクリック！」といったありふれた表現はガイドライン違反です。

▶ 行動のモチベーションを上げる呼びかけもひとつの手 図表40-3

初心者向けゴルフクラブセット | 今なら送料無料 | 人気ブランドも取扱い中
[広告] aaagolf.co.jp/
初めてでも安心の商品選び。コンシェルジュがどんな質問にも親切丁寧に答えます。
あなたのピッタリが見つかる。今なら 新規会員登録で 10%OFF ！

> ユーザーに「どれも同じだな」と感じられてしまう広告にしないことが重要です。競合のサービスに勝てるポイントも積極的に説明文に含めてみましょう。

広告をたくさん作って テストで反響を確かめよう

このレッスンの ポイント

成果を上げられる広告はどんなメッセージを込めたもので しょうか。これまでのLessonで紹介した内容を生かし、た くさんの広告文を書いていきましょう。また、迷ったとき は複数の広告をまずは作って反響を見てみましょう。

◯ 迷ったら複数の広告を作ってテストしよう

リスティング広告では、ひとつの広告グ ループに複数の広告を登録できます。実 際に、複数の広告をグループに登録する ことで掲載結果のパフォーマンスが向上 すると判明しています。そのため、ユー ザーにどんな広告が響くのか、どんな内 容を書くのがいいかと迷っているなら、

考えつくすべてのパターンを作成し、広 告グループに登録してしまいましょう。 作成した広告のうち、どれがどれくらい クリックされるのかは予測できませんが、 実際に広告を出稿した後、効果が高いも のを判断すればいいのです。

▶ **広告で訴求したいポイントを決めよう** 図表41-1

広告訴求 A	広告訴求 B	広告訴求 C
お手頃価格の ゴルフドライバー	握りやすく打ちやすい ゴルフドライバー	人気のゴルフ ドライバー

どれが一番効果が高いかは、 出稿してみなければ分からない

最低でも広告は 3 つ用意しておくのがベストですが、どうして も難しい場合には 1 つ広告を出稿してみて、ユーザーが実際に 検索してきたキーワードからヒントを得るのもひとつの手です。

⬤ 表現方法を変えて量産する

例えばアルファベット表記の商品名をあえてカタカナ表記にしたり、「ご予約はこちらから」「カンタン登録」などユーザーに行動を促すテキストを入れてみたり、伝える順番を変えたりなどして広告のバリエーションを増やしていきましょう。

▶ **見出しの順番を入れ替えるだけでも量産できる** 図表41-2

> 見出しキーワードの順を入れ替えたりしても量産できる

初心者向けゴルフクラブセット｜今なら送料無料｜アウトレット商品もご用意
[広告] aaagolf.co.jp/
初めてでも安心の商品選び。コンシェルジュがどんな質問にも親切丁寧に答えます。
あなたのピッタリが見つかる。今なら新規会員登録で 10%OFF ！

初心者向けゴルフクラブセット｜アウトレット商品もご用意｜今なら送料無料
[広告] aaagolf.co.jp/
初めてでも安心の商品選び。コンシェルジュがどんな質問にも親切丁寧に答えます。
あなたのピッタリが見つかる。今なら新規会員登録で 10%OFF ！

⬤ 検索語句からユーザーの求めているものを想像しよう

広告を作成するときには、ユーザーの視点に立ってみることも大切です。検索語句のなかで表示回数やクリック数の多いものや、同じような言葉で検索されているものがあれば、その言葉を広告文に生かしてみましょう。ユーザーが調べているキーワードから悩みを把握して、その気持ちをくみ取り、提案するような広告を作るのもひとつの手です。

▶ **ニーズが想像できれば広告文も思い浮かぶはず** 図表41-3

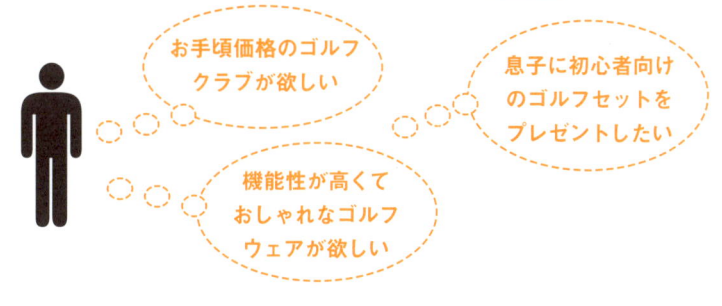

お手頃価格のゴルフクラブが欲しい

息子に初心者向けのゴルフセットをプレゼントしたい

機能性が高くておしゃれなゴルフウェアが欲しい

42 ［広告表示オプション］ 広告表示オプションで さまざまな情報を追加する

このレッスンの ポイント

広告に表示できる情報には**オプション項目があります。広告表示オプションを使えば、さまざまな情報を追加で表示できます。検索をしたユーザーにとっても利便性が高まる**ものなので、積極的に活用しましょう。

○ 広告表示オプションとは何か

広告表示オプションは、リスティング広告の広告見出しや説明文の他に、「通話ボタン」「住所情報」「Webサイトの特定の箇所へのリンク」「追加のテキスト」などのビジネス情報を増やせる機能です。

広告表示オプションでユーザーに適切な判断材料を与えることで、自社の商品やサービスの広告をユーザーに納得してクリックしてもらいやすくなります。そのため、クリック率の向上、品質スコアの改善、CPCを低く抑えることにもつながります。広告内に常に表示されるとは限らず、掲載結果の向上が見込まれる場合にのみ表示されます。また、広告表示オプションの追加は無料です。

▶ **広告オプションでユーザーの利便性も高まる** 図表42-1

ゴルフクラブ 販売

良さそうだけれど、どの辺にあるお店なのかな？

広告

ユーザー

夜9時までやってるショップなのか。会社帰りに行きたいな

広告
オプション

ユーザー

意図がはっきりしない語句で検索された場合に、広告表示オプションを使って選択肢やアクションへの動線を提示することで、ユーザーの利便性や広告の成果も高めることができる

○ 気をつけたいポイントと作成方法

広告表示オプションでは、「サイトリンク」、短いテキストを追加できる「コールアウト」、サービス内容を紹介する「構造化スニペット」の3つは基本項目として必ず設定をしておきましょう。

広告表示オプションは、Google広告では管理画面の［広告と広告表示オプション］から作成できます。アカウント、キャンペーン、広告グループそれぞれの階層で設定が可能です。もし、表示オプションを複数の階層で設定している場合は、最も下位の設定が有効になります。つまり、アカウント、キャンペーン、広告グループのすべてに広告表示オプションを追加した場合、広告グループのオプション内容が優先されます。

▶ 広告表示オプションの追加 図表42-2

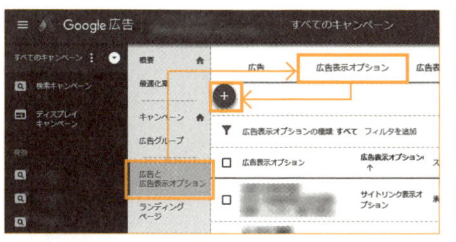
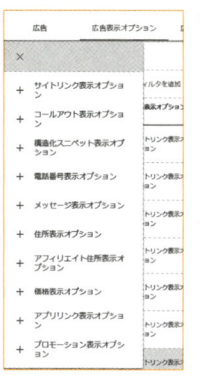

［広告と広告表示オプション］→［広告表示オプション］→［＋］の順にクリック

追加できる広告オプションが一覧されるので目的のものをクリックし、作成画面で文字を入力する。なお、初めて［広告表示オプション］のページへアクセスしたときは、ガイド画面が表示される。その場合は画面下へスクロールし［広告表示オプションを作成］をクリックする

▶ 広告表示オプションの入力 図表42-3

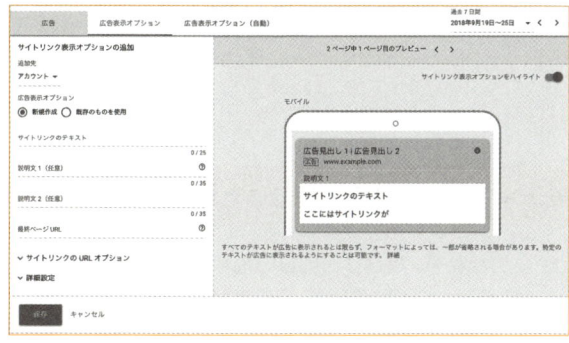

［広告と広告表示オプション］の追加画面。これは［サイトリンク表示オプション］の場合で、設定項目はオプションの種類により異なる

> Google は広告表示オプションを設定すると、広告ランクに加点するとしており、広告ランクの向上の手助けにもなることもわかっています。

NEXT PAGE →

ビジネスに適した広告表示オプションを選ぼう

広告表示オプションは、自社の主な目標に基づいて選ぶことが大切です。一般的な目標と、その目標を達成させるために役立つ広告表示オプションの組み合わせ例を 図表42-4 に紹介します。広告表示オプションの内容と目的については 図表42-5 にまとめました。

▶ 目的別の効果的な組み合わせ 図表42-4

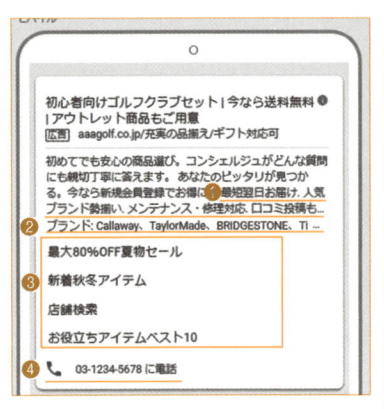

❶コールアウト、❷構造化スニペット、❸サイトリンク、❹電話番号表示オプションを使った広告作成例

目的	追加を推奨するオプション
Webサイトでのコンバージョンを増やしたい	・サイトリンク ・コールアウト ・最適化スニペット ・価格表示
実店舗やレストランなどに顧客を呼び込みたい	・住所表示オプション ・アフィリエイト住所表示オプション ・コールアウト表示オプション
ユーザーから問い合わせが欲しい	・電話番号表示 ・メッセージ表示
アプリのダウンロード数を増やしたい	・アプリリンク

👍ワンポイント　広告表示オプションは必ず表示されるとは限らない

広告表示オプションは、設定しても常に表示されるとは限りません。広告表示オプションが表示されるのは、「掲載結果の向上が見込まれる場合」「広告の掲載位置と広告ランクが十分に上位である場合」に限られます。また、複数の広告表示オプションを設定している場合は、広告の掲載順位とクリック単価が決まる広告のオークションと同じタイミングで、設定された広告表示オプションの中から組み合わせが決定されます。通常は最も成果が良く、利便性が高くなるものが選ばれる仕組みになっています。

広告表示オプション	概要
サイトリンク	**広告のリンク先URLとは別に、最大6つまでのリンク先URLとテキストを表示する。**例えば店舗の営業時間や特定商品ページなどへのリンクを追加する。パソコンからは説明文と同じ行か下に1〜2行で2〜6個のサイトリンクが表示され、タブレットとスマートフォンでは、8個までのサイトリンクが1行横並びにカルーセル形式で表示される。順番や表示されるサイトリンクは自動選択されるため、広告内容に対応したリンクを追加すること。Yahoo!広告の検索広告では説明文はなく、タイトルのみ表示
コールアウト	**「送料無料」「24時間対応」などサービスに関する任意のテキストを半角25文字以内で表示する。**自社の商品やサービス、ビジネスの特徴を記入しよう。パソコンとスマートフォンでは表示に違いがあるが、説明文の下に表示される。サイトリンク同様、表示する順番や表示するテキストは自動選択される
構造化スニペット	**Webサイトに関する詳しい情報を表示する。**このオプションは説明分の下にヘッダーとリストの形式で表示される。パソコンでは最大2つ、スマートフォンとタブレットでは1つのオプションが表示される。Google広告ではアルゴリズムによって広告の組み合わせが決まるため、自社のビジネスとの関連性が高いオプションをなるべく多く設定することが望ましい
電話番号表示	**電話番号とタップすると通話ができる通話ボタンを表示する。**フリーダイヤル、一般電話、携帯電話などの番号を設定できる。この表示オプションが表示されると通話ボタンをクリックするだけで店舗に電話でき、電話問い合わせ向上が期待できる
メッセージ表示	**広告主へSMSメッセージを送ることができるアイコンを表示する。**広告内のアイコンをクリックし、ユーザーが「予約申し込み」や「見積もり依頼」、「資料請求」など、直接SMSメッセージで依頼できる。ユーザーと直接つながる方法が増えるのがメリット
住所表示	**会社や店舗の住所、地図、または距離を追加表示する。**広告に会社や店舗の住所、地図、または距離を追加表示できる。Lesson 28で登録したGoogleマイビジネスの情報を使う。ユーザーがオプションをクリックすると、ビジネス情報がまとめられた所在地ページが表示される。ユーザーが電話で簡単に問い合わせることができるように、電話番号や通話ボタンを追加することも可能。もし特定の店舗などではなく代表番号に電話してもらいたい場合には、電話番号表示オプションと組み合わせて設定する
アフィリエイト住所表示オプション	**大手小売チェーンを通じて商品を販売しているメーカーの場合にユーザーの最寄りの店舗を表示する。**標準の住所表示オプションとは異なり、Google マイビジネス アカウントにリンクする必要がない。ただし、2018年9月現在は一部の国に拠点を置いている小売チェーンと自動車ディーラーでのみ利用できる
価格表示	**カード形式で最大8個まで、商品に関する価格やテキストとリンクを表示する。**各カードには異なる価格やテキストを表示し、それぞれリンク先を設定できる。ユーザーをページへ直接誘導するのにも役立つ
アプリリンク	**テキスト広告にモバイルアプリへのリンクを追加する。**世界中どこでも、AndroidとiOSのタブレットを含むモバイル端末で表示できる。アプリリンクは、説明文のすぐ下に表示される。アプリリンクをクリックすると、Google Play または Apple App Store のアプリページが開き、広告見出しをクリックをした場合は広告で設定したリンクが開く
プロモーション	**広告主が選択したイベント（「母の日」「ハロウィン」など）とイベントに合わせたセール情報を表示する。**セールやプロモーションの情報を追加表示できるので好条件で利用したいユーザーへのアプローチに効果が期待できる。商品・サービスに一定額または一定割合のディスカウントを適用する場合に使用したり、期間限定のプロモーションコードや、最低注文額なども組み込むことも可能

Chapter 5

キーワードを意識して広告文を作ろう

［広告グループの作成］

3点セットを合わせて 広告グループを作成する

**このレッスンの
ポイント**

キーワード、広告の文章、リンク先のページと、リスティング広告に必要な3点セットが揃いました。次は、この3つを広告グループとしてまとめます。この作業は、リスティング広告の中でもっとも重要かつ楽しい作業です。

○ キーワードグループから広告グループを作る

Lesson 34では<u>キーワードグループを作成しました</u>が、これが広告グループになります。キーワードグループはニーズや目的ごとに分けてきたので、その中にどんなキーワードが入っているかすぐに判断

できるように、分かりやすい名前をつけて整理してください。このキーワードグループの名前をそのまま、広告グループの名前にします。

▶ **キーワードグループに分かりやすい名前をつける** 図表43-1

名前：ゴルフウェア＿メンズ
ゴルフウェア　メンズ ゴルフウェア　男性 ゴルフウェア　男性用 ゴルフウェア　紳士

名前：ゴルフウェア＿レディース
ゴルフウェア　レディース ゴルフウェア　女性 ゴルフウェア　女性用 ゴルフウェア　婦人

分類したキーワードグループが
そのまま広告グループの分類になる

すべてのキャンペーン ＞ ゴルフ販売 ＞
ゴルフウェア＿メンズ

☐	●	**キーワード** ↓		ステー
☐	●	ゴルフウェア 男性用		有効
☐	●	ゴルフウェア 男性		有効
☐	●	ゴルフウェア 紳士		有効
☐	●	ゴルフウェア メンズ		有効

すべてのキャンペーン ＞ ゴルフ販売 ＞
ゴルフウェア＿レディース

☐	●	**キーワード** ↓		スラ
☐	●	ゴルフウェア 婦人		有効
☐	●	ゴルフウェア 女性用		有効
☐	●	ゴルフウェア 女性		有効
☐	●	ゴルフウェア レディース		有効

● 広告グループごとに広告文を当てはめていく

次に、広告グループごとに広告文を当てはめていきます。異なるニーズのキーワードごとにグループを分けたので、それぞれのグループに合った広告文を設定します。図表43-2 の2つのキーワードを見てみましょう。上の「パーリーゲイツ　バッグ」のキーワードが入る広告グループは、「ゴルフバッグが勢揃い」ではなく

「パーリーゲイツのバッグが勢揃い」のほうが、ユーザーの目的に沿った広告文になります。逆に、「ゴルフ　バッグ」であれば「パーリーゲイツ」などの特定のブランドではなく、さまざまなブランドのゴルフバッグから選びたいというニーズだと考えられるので、「ゴルフバッグが勢揃い」のほうが好ましいですね。

▶ ニーズに合った広告文を組み合わせる 図表43-2

| パーリーゲイツ　バッグ 🔍 |

> ユーザーのニーズに合った広告の文章を用意する

> パーリーゲイツのゴルフバッグが欲しいな〜

パーリーゲイツの通販
［広告］aaagolf.co.jp/ ゴルフグッズ /
パーリーゲイツのバッグが勢揃い
1万円以上のお買い上げで送料無料

| ゴルフ　バッグ 🔍 |

> ゴルフバッグが欲しいけど、どんなのがあるかな〜

ゴルフバッグの通販
［広告］aaagolf.co.jp/ ゴルフグッズ /
有名メーカーのバッグが勢揃い
1万円以上のお買い上げで送料無料

> ユーザーが検索した語句が広告文に含まれていると、ユーザーは自分の欲しい情報があると考えてクリックしやすくなります。

○ 広告とリンク先はセットで考える

広告がクリックされればリンク先のページが表示されます。リンク先ページの準備について解説したLesson 38でも触れましたが、広告とリンク先はセットで考えることが大切です。「ゴルフバッグが勢揃い」という広告のリンク先にバッグ以外のものが一覧されていたり、「パーリーゲ

イツのバッグが勢揃い」という広告のリンク先にパーリーゲイツのバッグが見当たらなければ、ユーザーはすぐに去ってしまうでしょう。「この広告を見たユーザーはリンク先にどんな期待をしているのか？」を意識しながら、広告とリンク先のセットを作りましょう。

▶ ユーザー・キーワード・広告・リンク先がつながるようにする　図表43-3

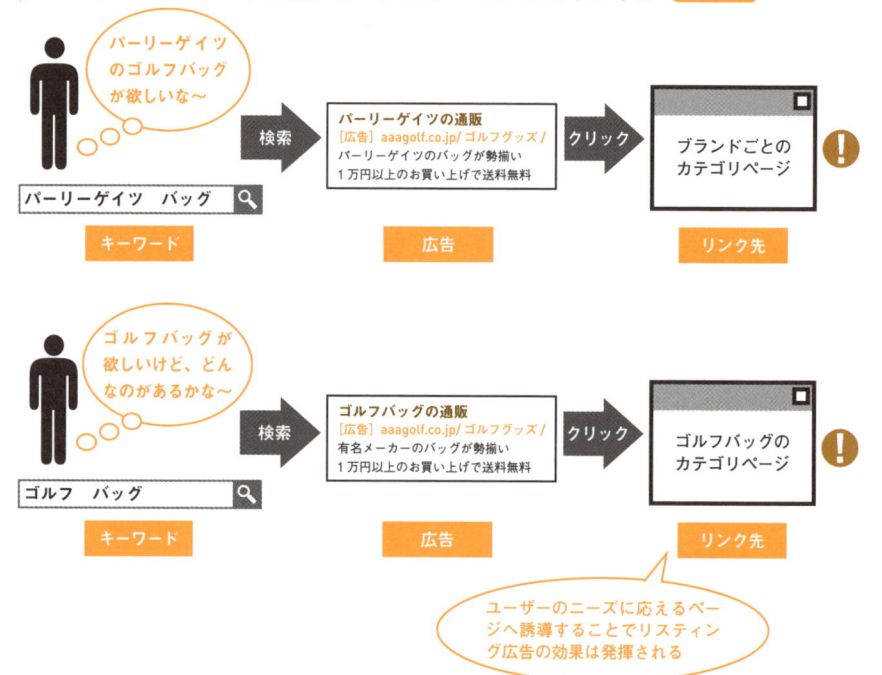

Chapter 5　キーワードを意識して広告文を作ろう

👍ワンポイント　キーワードごとにリンク先を指定することも可能

広告グループよりも細かく、キーワードごとにリンク先を設定することもできます。6章で解説しますが、どのキーワードから多くのクリックがあったかを調べることが可能なので、そのデータを見ながら利益を生み出している「キーワード」を見つけ出してリンク先の導線を改善していくことをおすすめします。

キーワードプランナーで
クリック単価の相場を調べる

Googleの従来どおりの入札方法では、広告グループごとに支払えるクリック単価（CPC）を決める必要があります。初めてリスティング広告に取り組むときに上限クリック単価をどう決めるべきか、一緒に考えていきましょう。

上限クリック単価と平均クリック単価

Lesson 05、06で登場したクリック単価についていま一度おさらいしましょう。リスティング広告はクリック課金広告ですが、1回のクリックあたりの金額は定価ではなく、広告を表示するたびにキーワードごとに入札し、その競りの結果で変動します。そのため、あらかじめ「1クリックあたりいくらまで払える」という価格を広告主たちがそれぞれ入札をします。

その入札価格が「上限クリック単価」（上限CPC）です。そして、クリックされたときに課金される金額は、クリックごとに変わるので、その平均値として「平均クリック単価」（平均CPC）という数字が管理画面に表示されます。ここでは、自社が入札するキーワードの上限クリック単価の目安を決めるところから始めましょう。

▶ **上限クリック単価と平均クリック単価** 図表44-1

上限クリック単価（上限 CPC）

平均クリック単価（平均 CPC）

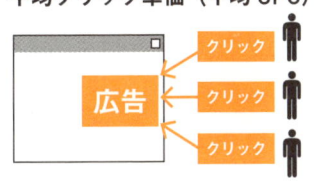

上限クリック単価

↑

1クリックあたりの上限金額

平均クリック単価

↑

［実際にかかった費用］÷［クリック数］

Chapter 5

キーワードを意識して広告文を作ろう

○ コンバージョンから逆算して上限クリック単価を算出する

広告の表示順位を高くするために上限クリック単価を引き上げても、お金ばかりかかって利益が出ないのでは広告を出す意味がありません。そこで、「利益を出すためには1クリックあたりいくらまでなら払える」という採算ラインをあらかじめ決めるのが上限クリック単価です。

例として、1回の購入金額の平均が5,000円のギフトショップで、商品の利益率から逆算して、1回の購入あたりにかけてもいい広告費が1,000円だとします。この金額が目標CPA（Cost Per Action：1件あたり

の目標獲得単価）になります。仮に広告をクリックした人が全員ギフトを買ってくれるなら1クリックに1,000円出しても大丈夫ですが、現実はそんなことはありません。広告をクリックして来た人のうち、ギフトを買ってくれた人の割合が「コンバージョン率」（CVR）です。例えば、100回の広告クリックのうち5件の購入があれば、コンバージョン率は5%です。目標CPAが1,000円だとすれば、上限クリック単価は以下のように算出できます。

▶ **上限クリック単価の計算例** 図表44-2

上限クリック単価 ＝ 目標 CPA ×コンバージョン率

目標CPAが1,000円でコンバージョン率が5%のときの上限クリック単価は50円

リスティング広告は初めてでも、SEO による自然流入やソーシャル流入からのコンバージョン率も、計算の参考になります。

👍 ワンポイント　上限クリック単価を自動で決める方法もある

Google 広告のキャンペーン作成の際は、最低限「1日の予算」を入力しておけば、上限CPCを設定せずともキャンペーンがスタートできるオプションが利用できます。
このLesson で触れるキーワードごとの

単価の決め方は、リスティング広告の基礎となる知識なのでぜひ理解しておきたいものですが、単価が上手く決められない場合、または個別に調べている時間がない場合は、Lesson 57で解説する自動入札を使ってみましょう。

○ ツールを使ってクリック単価を見積もる

広告をクリックしてくれた人のうち、どれくらいの人に買ってもらえるのかが事前に予測できる場合は、前ページの方法で上限クリック単価を決めればいいのですが、初めてリスティング広告を行う場合は、そもそものコンバージョン率がわからないはずです。

そんなときは、Google 広告内にある「キーワードプランナー」を使ってクリック単価をシミュレーションしてみましょう。入札したいキーワードをキーワードプランナーに入力すると、キーワードごとの月間の予測表示回数やクリック数、費用やクリック単価の見積もりが出ます。4章で作成し、Lesson 43で広告グループにセットしたキーワードを入力して、条件を変えながら、クリック単価の相場がどれくらいなのか確認してみてください。

1 キーワードプランナーを表示する

1 Google広告のアカウントにログインし、[ツール] をクリックします。

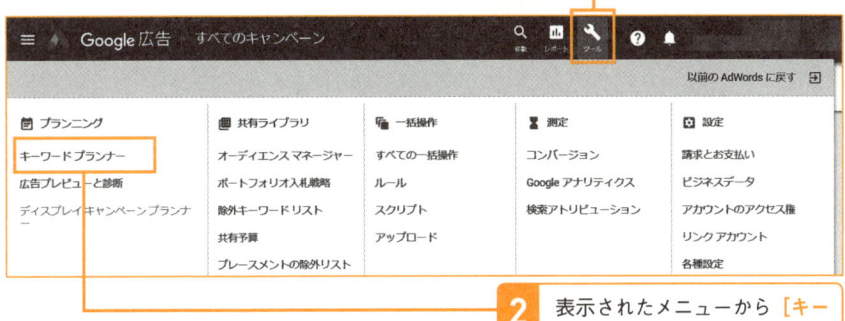

2 表示されたメニューから [キーワードプランナー] をクリックします。

2 キーワード入力の画面を表示

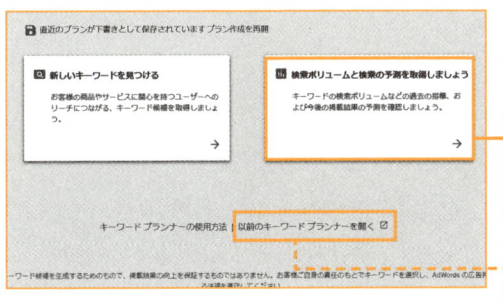

1 [検索ボリュームと検索の予測を取得しましょう] をクリックします。

古い仕様のキーワードプランナーを使いたい場合は [以前のキーワードプランナーを開く] をクリックします。

NEXT PAGE →

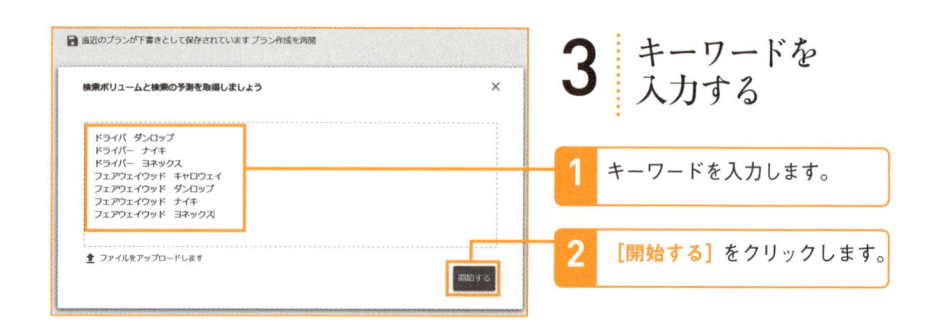

3 キーワードを入力する

1 キーワードを入力します。

2 [開始する] をクリックします。

4 キーワードプランが表示される

初期設定の上限クリック単価に基づいて計算された、おおよその費用と上限クリック単価が表示されます。「上限クリック単価」を変更するとプランも変更されます。

上限クリック単価
¥243
¥243
¥243
¥243
¥243
¥243

キーワードごとの上限クリック単価の目安が表示されます。そのほかにも、キーワードごとの広告の表示回数や、クリック率の目安なども確認できます。

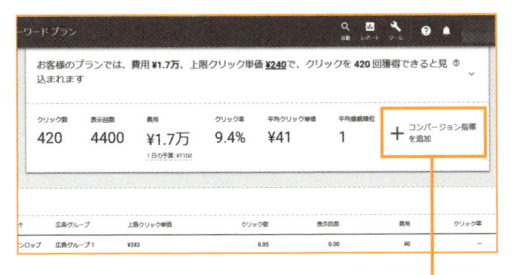

5 見積もりの条件を変更してみる

条件を変更することで、試行錯誤し、最適な価格を探ってみることができます。

1 ［コンバージョン指標を追加］をクリックして希望のコンバージョン数を入力します。

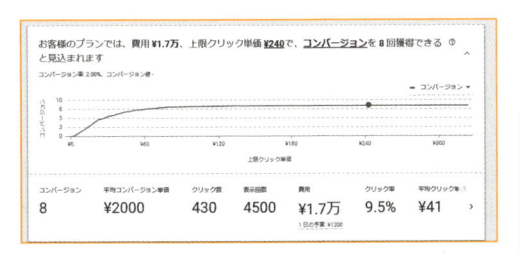

6 条件を変えた予測を確認する

条件に沿って予測が更新されます。コンバージョン以外にもクリック数や上限単価を入力して条件を変更できます。

○ 1日の予算を決めるには？

このように、キーワードプランナーを使えば、目安として設定するべき上限クリック単価を決めることができます。
キーワードごとの予算を決める際には、作成時にはもうひとつ設定する金額として、「1日の予算」がありますが、これもキーワードプランナーの自動的に計算した予算の目安の中の「予算」の欄に表示された「1日の予算」の額を参考にして

とりあえずは決めることができます。
1日の予算は、気づかないうちに広告費を使いすぎてしまわないように制限をかける役割があります。その反面、上限が低すぎると広告を届ける相手や時間帯が十分でなくなることもあります。一度入力した「1日の予算」も、改善を重ねる際に適宜調整していくようにしましょう。

> キャンペーンに含まれたキーワードが十分に表示される予算を設定しましょう。

[広告グループの上限クリック単価]

45 上限クリック単価を 広告グループに割り振る

このレッスンの ポイント

クリック単価の見積もりがある程度できたら、広告グループごとに上限クリック単価を割り振ります。広告グループの上限クリック単価は、広告グループの中にあるキーワードのクリック単価の基準になります。

○ 上限クリック単価を設定する要素は2つ

上限クリック単価は、実際の管理画面では広告グループとキーワードそれぞれに設定できます。広告グループの上限クリック単価はその広告グループに入っているキーワードの基準となる単価です。個別のキーワードに上限クリック単価を設定しない場合、各キーワードには広告グループで設定した上限クリック単価が適用されます。もし、広告グループの上限クリック単価とキーワードの上限クリック単価が異なる場合には、キーワードの上限クリック単価が適用されます。

▶ **広告グループとキーワードそれぞれに上限クリック単価が設定できる** 図表45-1

広告グループ（50円）

キーワードA（60円）	⟶	上限クリック単価は60円
キーワードB（未設定）	⟶	上限クリック単価は50円
キーワードC（40円）	⟶	上限クリック単価は40円

キーワードごとに未設定のときは、広告グループの上限クリック単価が適用される

👍 **ワンポイント キーワードごとの上限クリック単価設定はなくなる？**

新規キャンペーン作成の際「入札単価で重視しているポイント」を［コンバージョン］と設定すると、7章で解説するスマート自動入札の「コンバージョン数の最大化」が設定されます。キーワードごとに入札価格を設定するには「入札戦略を直接選ぶ」から「個別のクリック単価」を選択します。将来的にはスマート自動入札が標準仕様となりそうですが、自分で入札価格を設定できるようになっておくことは仕組みを理解する上でもとても重要です。

⭕ 極端にクリック単価が異なるキーワードは別のグループに

広告グループは関連性の高いキーワードがまとまって入っているはずなので、近い上限クリック単価を設定することが多いと思います。もし、あるキーワードだけ他のキーワードより優先して広告を出したいがために、極端に上限クリック単価を高くする（あるいは低くする）と、広告グループの構成上不自然になります。

そうしてしまうということは、そもそもニーズが違うキーワードをむりやりまとめてしまっている可能性があるからです。そんなときは、ほかのキーワードとは広告文やリンク先を別に設定したほうがいいことが多いので、なるべく広告グループを分けるようにしてください。

▶ **新たに広告グループを作る** 図表45-2

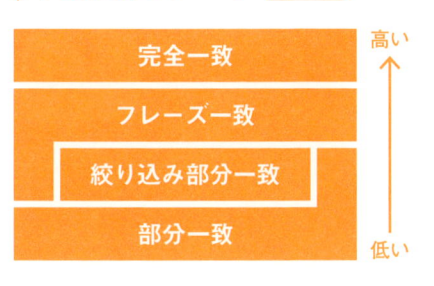

広告グループ	広告グループ
キーワードA（60円） キーワードB（300円） キーワードC（50円）	→ キーワードB（300円）

極端にクリック単価が異なるキーワードは別のグループに分ける

⭕ マッチタイプごとの単価設定

自社にとって重要なキーワードが入っている広告グループでは同グループ内にマッチタイプ（Lesson 35参照）の違う同一キーワードが存在することがあります。その場合は、完全一致のキーワードの方を部分一致より高めに設定しましょう。

部分一致や絞り込み部分一致は、完全一致も含めたあらゆる検索語句（検索クエリ）の可能性にマッチングするので、完全一致より低く入札することで、部分一致でマッチングするそのほかの検索語句に対して安く入札できます。

▶ **入札価格のイメージ** 図表45-3

完全一致	高い
フレーズ一致	
絞り込み部分一致	
部分一致	低い

完全一致のキーワードほど高めに設定します。

注意　2021年7月より「絞り込み部分一致」は新しい「フレーズ一致」に統合されました。

● 広告グループごとの単価のバランスを取る

広告グループ間の上限クリック単価のバランスにも注意してください。例えば、ゴルフウェアを販売するサイトが「ゴルフウェア」というキーワードを完全一致と部分一致で設定し、上限クリック単価をそれぞれ200円と100円で入札していたとします。アカウント内にこのキーワードしか入札していない場合は問題ありませんが、もし別の広告グループで「ゴルフウェア　通販」というキーワードで上限クリック単価を50円で入札していると、ゴルフウェアを購入する可能性の高い検索語句（検索クエリ）に対して、先の「ゴルフウェア」の部分一致（100円）で表示される可能性が出てきます（実際は品質スコアや検索語句によって変化します）。「ゴルフウェア」のような意味が広いキーワードの入札は、ほかの意味の近いキーワードと比べて上限クリック単価にどれくらい差があるのか確認しましょう。

▶ **広告グループ間でバランスが取れていない例** `図表45-4`

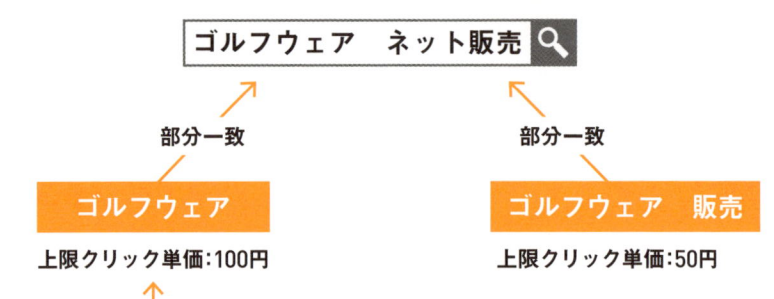

上限クリック単価の高いキーワードでクリックが発生しないように、意味の広いキーワードは完全一致で設定しましょう。

46

［広告のステータス］
配信が開始されたか
広告の審査状態を確認する

キーワード、入札価格、広告文の設定が済んだら広告の審査が行われます。ユーザーにとって安全な広告掲載を行うために、**広告掲載ガイドラインの遵守状況が審査されます。**審査が終了したらいよいよ広告の配信が開始されます！

○ 広告の承認プロセス

広告文を作成すると、自動的に審査プロセスが開始されます。見出し、説明文などの広告文、キーワード、リンク先など、広告内のあらゆるコンテンツが審査の対象となります。審査のステータスは管理画面上に表示され、審査の実施中は「審査中」、審査を通過した広告は「承認済み」

に変わり、掲載が開始されます。審査によってポリシー違反が見つかった広告はステータスが「不承認」に変更され、掲載ができなくなります。「不承認」の場合、不承認の理由と、対応方法についてのメールが送付されます。ほとんどの場合、審査自体は数時間以内に終了します。

▶ 広告のステータスについて 図表46-1

表示名	意味
有効	広告は審査中ですが、検索結果ページには広告が表示される
承認済み	広告は広告掲載のガイドラインに準拠しており、すべてのユーザーに表示される
承認済み（制限付き）	広告は掲載可能な状態ではあるが、商標の使用やギャンブル関連コンテンツなどについて広告掲載のガイドラインポリシーに基づき掲載が制限される。またモバイルデバイス向けのランディングページの表示速度が著しく遅い場合はモバイルの検索結果に広告が表示されなくなる
不承認	広告の内容またはリンク先が広告掲載のガイドラインに違反しているため、掲載できない

商標の使用や薬機法による表現の規制に注意して広告文を作成しましょう。

NEXT PAGE ➡

◯ 広告掲載ガイドラインの主な項目

Google 広告や、Yahoo!広告の広告掲載ガイドラインはユーザーの安全性や法律準拠の目的ではもちろんのこと、技術やトレンドの進化に合わせて継続的にアップデートされています。自社のビジネスに関わる要件は、よく把握しておくことが重要です。

広告掲載ガイドラインには、「禁止コンテンツ」「禁止されている手法」「制限付きコンテンツ」「編集基準と技術要件」の4つの分類があります。広告内で言及がなくても、ランディングページでアルコール飲料が販売されている場合や、ワシントン条約で販売禁止されているサメ由来成分が含まれた美容品の販売なども「不承認」となる可能性があります。ランディングページの内容も含めてしっかり確認しておきましょう。

▶ 広告掲載ガイドラインの詳細 図表46-2

▶ Google 広告のポリシー
https://support.google.com/adspolicy/answer/6008942

▶ Yahoo!広告 広告掲載ガイドライン
https://ads-help.yahoo.co.jp/yahooads/largecategory?lan=ja&cid=1696

▶ 広告掲載ガイドラインの4つの分類 図表46-3

禁止コンテンツ	偽造品／危険な商品やサービス／不正行為を助長する商品やサービス／不適切なコンテンツ
禁止されている手法	広告ネットワークの不正利用／データの収集および使用／不実表示
制限付きコンテンツ	アダルトコンテンツ／アルコール／著作権／ギャンブル、ゲーム／ヘルスケア、医薬品／政治に関するコンテンツ／金融サービス／商標／法的要件／そのほかの制限付きビジネス
編集基準と技術要件	編集／リンク先の要件／技術要件／広告フォーマットの要件

これでいよいよ配信の準備が整いました。どんなパフォーマンスが出るか楽しみですね。次章では配信結果の確認の仕方を解説していきます！

Chapter

6

配信結果を分析して
改善しよう

リスティング広告は、出稿してからが本番です。広告の成果を確認し、「良い点」「悪い点」のポイントを見つけながら、次に行うべきアクションを考えていきます。

[運用の基本]

出稿した広告の
パフォーマンスを確認しよう

**このレッスンの
ポイント**

ここからは、リスティング広告運用について解説していきます。効果改善は、5章で出稿した広告効果の良し悪しを的確に判断するところから始めます。なぜ定期的に結果を確認することが大切かを理解しておきましょう。

○ リスティング広告は出稿してからが本番

Lesson 10で紹介したとおり、リスティング広告は運用型広告の一種ですから、配信が開始してからが勝負です。実際に広告が出始めたら、どの広告がどれだけ表示され、売り上げにつながったのか確認することが運用の第一歩。出した広告の良し悪しも確認せず予算を投入し続けるのは、お金をドブに捨てるようなものです。すべてをデータで確認できるリスティング広告では、運用成果から改善点を見つ

け出し、広告の内容やキーワードを変更・調整しながら目標の売り上げを伸ばしていくのが本来あるべき姿です。

そのためには広告アカウントの管理画面に定期的にログインし、どんな結果が出ているかをチェックする習慣をつけましょう。数字やグラフの読み方が苦手な方もいるかもしれませんが、次のLessonからポイントを解説するので、少しずつ慣れていきましょう。

▶ **アカウントを確認するタイミングと目安** 図表47-1

「リスティング広告に出稿した」ということは、まだ「芽が顔を出したばかり」と同じ状態

広告を出稿したことだけで満足はせずに、芽から安定した大きな木にするためにもその後の運用、パフォーマンスの確認もきちんと行いましょう。

▶ Google広告の［概要］を確認する 図表47-2

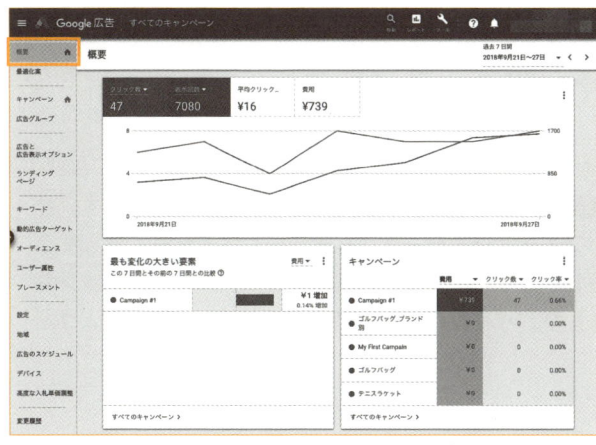

アカウント単位だけでなく、キャンペーンや広告グループ単位でも［概要］ページを確認できます。最新情報を軽くチェックしたいときには便利な機能です。

Google広告にログインした際にはじめに表示される［概要］では、ダッシュボード形式でさまざまな指標の概要が表示される

⭕ アカウントを確認するタイミングを決めよう

実際に広告を出稿してからの数日は特に注意が必要です。「広告が表示されているのか」「審査落ちしていないか」「お金を使いすぎていないか」などを必ず確認しなければなりません。新しくアカウントを作成したときだけでなく、キーワードや広告を追加したときも同様です。アカウントの数字の動きをきちんと捉えるためにも定期的に確認していきましょう。

ではどんな数値をどう確認するかについては、次のLessonで解説します。

▶ アカウントを確認するタイミングと目安 図表47-3

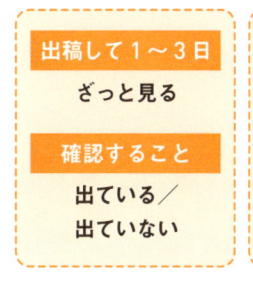

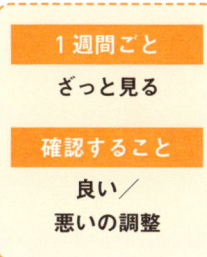

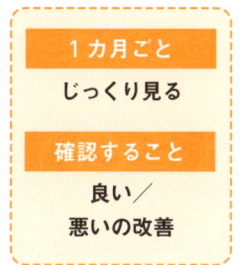

最初の1週間は毎日確認することをおすすめします。その後は曜日や時間帯を決めて毎週1回は必ずアカウントを確認。月曜日の朝はアカウントチェックとする、決めるのも良いですね。

Lesson 48

[必ず見るべき指標]

広告の成果を読み取る基本の数値を知ろう

このレッスンの
ポイント

管理画面にはさまざまな数字やグラフが並んでいます。どのパフォーマンスデータから見ていくべきか悩んでしまうかもしれません。まずは「集客の観点」「コンバージョンの観点」の2つの観点からデータを見るクセをつけましょう。

● 集客の観点で見るべきポイント

集客の観点からの成果を見るのに役立つのは「クリック数」です。クリック数は出稿後すぐに増えるとは考えずに、冷静に数を確認しましょう。

また、そもそもクリックは、ある程度広告の表示回数がなければ増えません。そこで、「広告の表示回数（インプレッション）」はまず見るべき重要な指標です。この2つに関連し「クリック率（CTR）」と「平均クリック単価（CPC）」を見れば、

集客にかかる効率・コストの良し悪しが判断できます。「クリック率」はクリック数を広告の表示回数で割ったもので、クリック率が高ければ、ユーザーの広告への反応が良かったことが分かります。

一方「平均クリック単価」は、1件のクリックにかかったコストです（Lesson 44参照）。比較すると、キーワードや広告ごとに単価がそれぞれ異なっていることに気づくでしょう。

▶ 管理画面の項目で集客にまつわる指標 図表48-1

インプレッション

広告が検索結果画面に表示された回数。レポートでは「表示回数」とも表示される

クリック数

広告がクリックされた数

クリック率（CTR）

広告が表示された回数のうちクリックされた割合

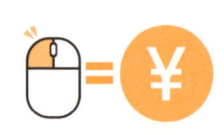

平均クリック単価

1件のクリックにかかったコスト。「平均CPC」

⚫ コンバージョンの観点で見るべきポイント

「コンバージョン数（CV）」とは、ゴールとして購入や資料請求、お問い合わせなどコンバージョンを獲得した数です。

広告の良し悪しを評価するために重要なのが「コンバージョン率（CVR）」と「コンバージョン単価（CPA）」です。コンバージョン率はコンバージョン数をクリック数で割ったもので、この値が高いほど集客からコンバージョンの道筋がスムーズで有望なことが分かります。コンバージョン単価は1件のコンバージョンにかかったコストです。Lesson 26でROIを考えたときにも使いましたね。コンバージョン単価は利益単価を基準に高低を捉えましょう。

▶ **管理画面の項目でコンバージョンにまつわる指標** 図表48-2

コンバージョン数（CV）
設定した目標にユーザーが到達した数

コンバージョン率（CVR）
クリックされた回数のうちのCVの割合

コンバージョン単価（CPA）
1件のCVにかかったコスト

⚫ まずキャンペーンごとに全体を見る

広告の成果を確認する際は、まず全体を俯瞰して見るために、キャンペーンごとに一定の期間を設定して成果を確認します。その際、グラフで下がっているところや、数値が上がっているところを発見したら、該当する日や時間、キャンペーンなどで何が起こったかを確認してみましょう。もちろん、警告などが出ていないかも確認しましょう。

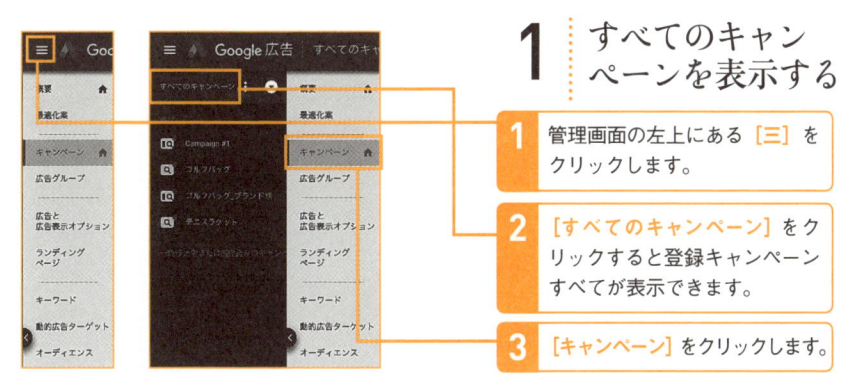

1 すべてのキャンペーンを表示する

1 管理画面の左上にある ［≡］ をクリックします。

2 ［すべてのキャンペーン］をクリックすると登録キャンペーンすべてが表示できます。

3 ［キャンペーン］をクリックします。

NEXT PAGE →

2 キャンペーン一覧のレポートが表示される

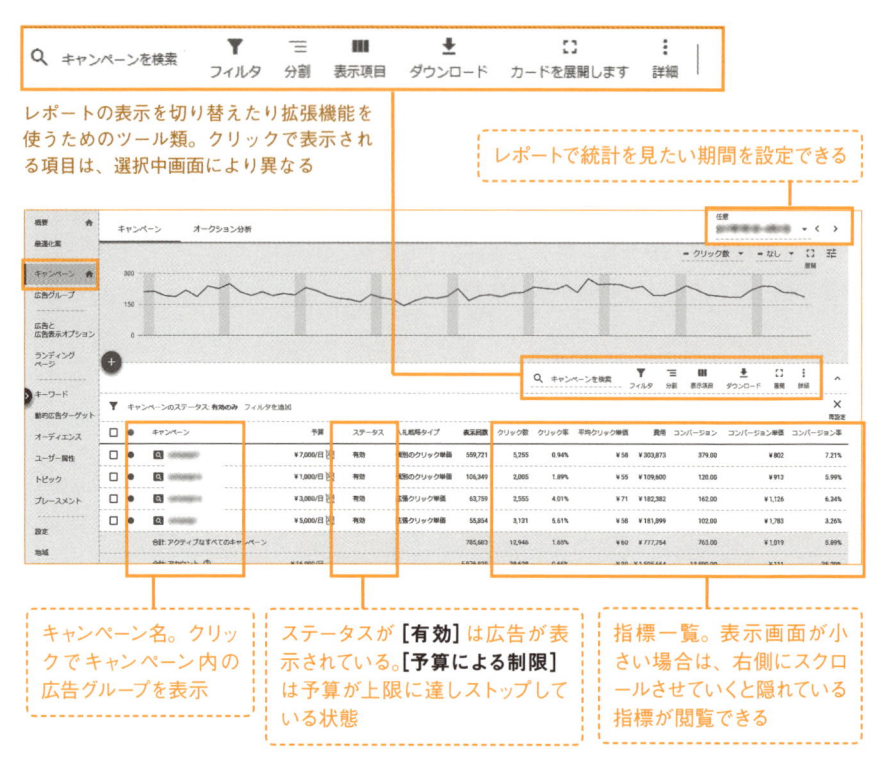

レポートの表示を切り替えたり拡張機能を使うためのツール類。クリックで表示される項目は、選択中画面により異なる

レポートで統計を見たい期間を設定できる

キャンペーン名。クリックでキャンペーン内の広告グループを表示

ステータスが[有効]は広告が表示されている。[予算による制限]は予算が上限に達しストップしている状態

指標一覧。表示画面が小さい場合は、右側にスクロールさせていくと隠れている指標が閲覧できる

3 キャンペーンごとの成果を見る

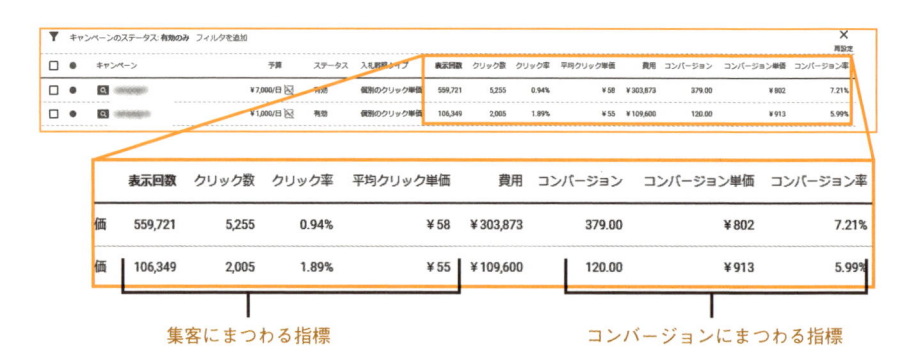

集客にまつわる指標

コンバージョンにまつわる指標

各キャンペーンごとの成果が表示されるので確認します。クリック数やクリック率、コンバージョンやコンバージョン率などの値を見ます。

4 [分割]→[時間]で日別や週別の成績を確認する

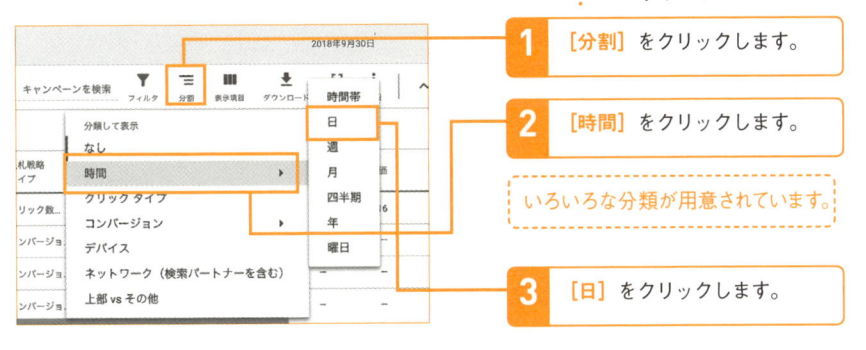

1 [分割] をクリックします。

2 [時間] をクリックします。

いろいろな分類が用意されています。

3 [日] をクリックします。

5 日別の集計を確認する

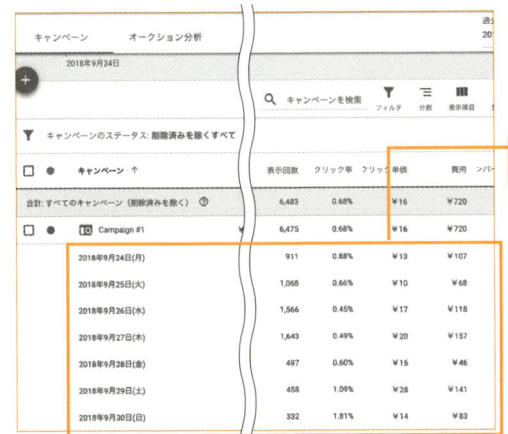

1 一日ごとの成果を確認します。

[分割] のメニューから項目を選ぶと、指標を分類して表示します。ここでは1行にまとまっていた指標を日別に行を分けて表示しました。

● 徐々にドリルダウンしていく

ドリルダウンとは、ある角度からデータを掘り下げて見ていく操作です。キャンペーン全体を見渡したら、次はデータを並び替えたり、ドリルダウンして目立った結果を見つけていきましょう。例えば、表示回数やクリック回数が多い広告、費用のかかっているもの、コンバージョン数の多いものなどは並び替えで見つけやすくなります。

また、すべてのキャンペーンが表示され

ている状態で、一覧からキャンペーン名のリンクをクリックすると、広告グループ単位へドリルダウンし詳細レポートを確認できます。これによりキャンペーンの中でもどの広告グループのパフォーマンスが良く、悪いのかが確認できます。広告グループをクリックすると、キーワード別にも確認ができ、パフォーマンスを上げている、下げている原因が何なのかを特定することができます。

▶ キャンペーン画面からのドリルダウン 図表48-3

キャンペーン

キャンペーン名をクリックすると対象キャンペーン内にある広告グループ一覧が表示され、1階層ドリルダウンしての分析が可能になる

⬇ ドリルダウン

広告グループ

広告グループごとの指標が確認できる。広告グループ名をクリックすると、広告グループ内のキーワードの一覧が表示される

⬇ ドリルダウン

キーワード

キーワードごとの指標が確認できる。上部にある[検索キーワード][除外キーワード][検索語句]の3つのタブを切り替えながら、キーワードの成果確認や登録が行える

▶ 便利なサイドバーを使って切り替える 図表48-4

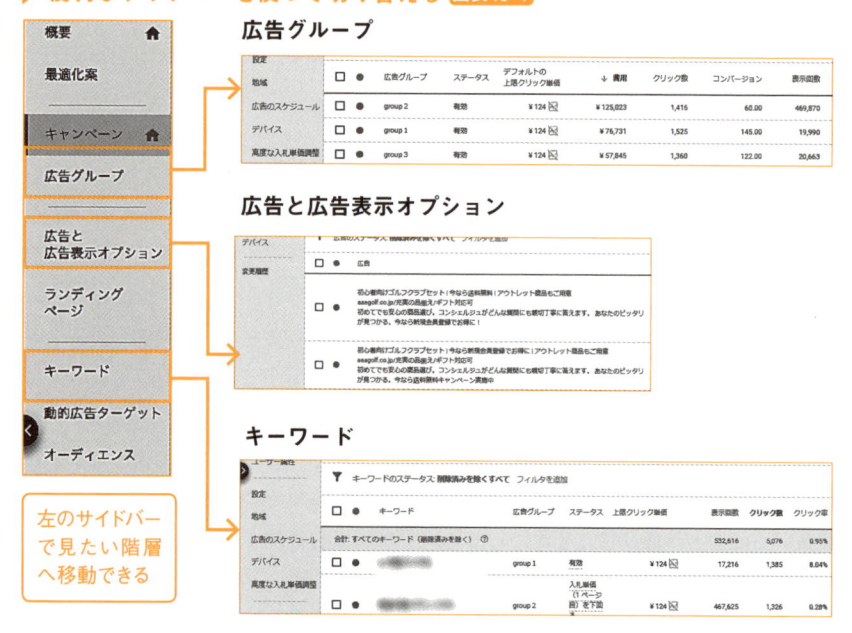

左のサイドバーで見たい階層へ移動できる

Lesson 49

［改善に役立つ指標］

さまざまな改善の視点で成果を確認しよう

ここまでのLessonで、**管理画面の見方が少しずつ分かってきたのではないでしょうか。このLessonでは基本のレポートとは違った視点でリスティング広告のパフォーマンスを確認してみましょう。**

◯ デスクトップとモバイルの成果の違いを知ろう

デスクトップやスマートフォン、タブレットなど、デバイスごとの成果分析は、分けて確認するべき代表格です。扱っている商材や商品の値段などによって広告の成果が大きく変わることが多いため、「デバイス」の内訳は非常に重要な指標です。一般的に、ゴルフクラブなど値段の高いものはデスクトップやタブレットでの購入率が高いのに比べ、スマートフ

ォンでの購入の傾向は伸び悩むことがあります。また、例えばゴルフのグローブや関連グッズなど購入しやすい単価の商品・消耗品はスマートフォンでの購入が多いことが知られています。誰もが日常的に使用しているスマートフォンでは、デスクトップやタブレットに比べて検索数やクリック数も多いため、そのデータの動向を見逃さないようにしましょう。

▶ デバイスごとの内訳を表示する 図表49-1

❶ ［分割］ → ［デバイス］ をクリックして切り替える

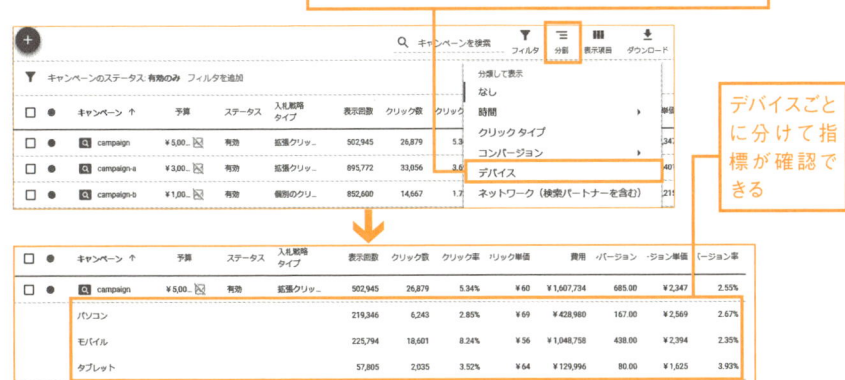

デバイスごとに分けて指標が確認できる

NEXT PAGE →

| 155

⭕ お客さんがいつ来て、いつアクションするかを知る

実店舗なら、「休日のお昼過ぎは来客と売り上げが増える」といったように基本的な集客状況を把握していると思います。インターネットの世界も同様です。お客さんのアクセスが増え、コンバージョンを獲得できる時間帯や曜日に広告を増やせば、効率良く成果を獲得できます。

アクセスの多い時間帯別や曜日、日別のデータを確認してみて、予想より早い時間に予算を使い切ってしまって商品を売りたい時間に広告が表示されていない場合に、1日の予算設定を見直します。また、平日の昼間にコンバージョンを多く獲得できていれば入札単価を強めてみたり、真夜中などにコンバージョンを獲得できていない場合には入札単価を弱めてみたりと、細かな調整ができます。

▶ 時間帯別の成果を確認する 　図表49-2

❶ [広告のスケジュール] をクリック

❷ [曜日と時間] [日] [時間] を切り替え、それぞれの分類で成果を検証できる

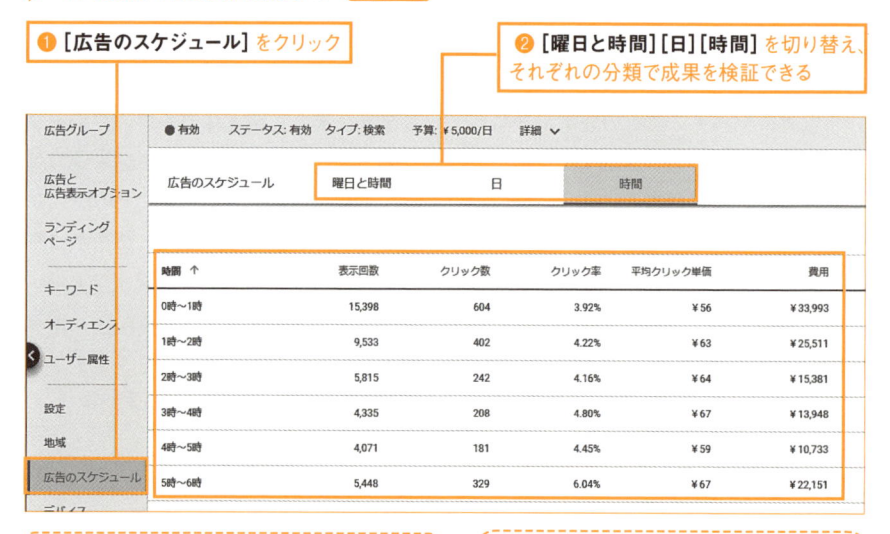

［分割］→［時間］→［時間帯］の順にクリックして切り替える場合は、キャンペーンや広告グループだけでなく、キーワード、広告も時間帯による成果が確認できるため、より詳細なデータを確かめたいときに使うと便利です。

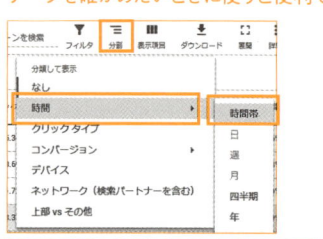

営業時間の決まっている店舗運営では、時間帯の成果確認が必須です。検索の時間帯を知るとお客さん像を知るヒントにもなります！

● どの地域から成果が出ているか確認しよう

管理画面では都道府県ごとの成果も見ることができます。特定の地域・エリアでの成果が高い場合には、その地域の入札を強めてあげることでより多くの成果を獲得する可能性があります。

店舗への誘導をコンバージョンとしているビジネスでも地域ごとの良し悪しを見極めることができます。

エリア限定でのビジネスを行っている場合には、広告配信を地域別で限定したり、強化したい地域があるのであれば、個別に入札単価を調整しましょう。

▶ 都道府県ごとの成果を確認する 図表49-3

❶ [地域] をクリック

❷ [地域別レポート] をクリック

地域別の成果が確認できる

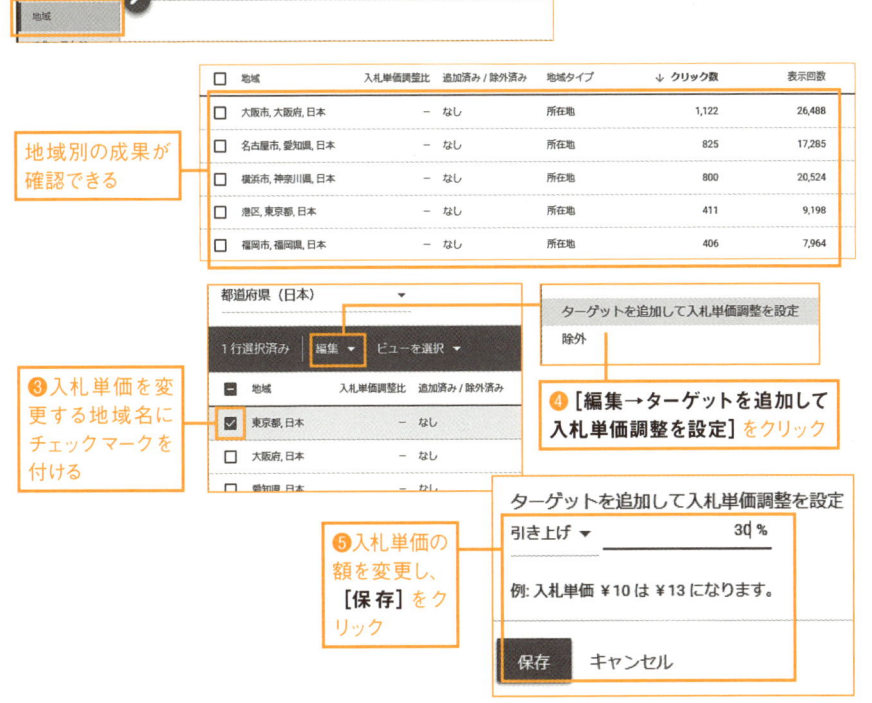

❸ 入札単価を変更する地域名にチェックマークを付ける

❹ [編集→ターゲットを追加して入札単価調整を設定] をクリック

❺ 入札単価の額を変更し、[保存] をクリック

良いところと悪いところを見つけて改善につなげる

このレッスンのポイント

管理画面を見慣れてくると、結果の良いところ悪いところを見つけられるようになってきます。ここでは発見した良いところの具体的な伸ばし方、悪いところの解決方法を解説していきます。

○ 良いところが見つかったらどんどん伸ばそう

広告は、放置すると必ず効果が薄れたり、競合に掲載上位を奪われてCPCが上がってしまったりします。調子が「良い」状態でも放っておいたら継続する保証はありません。「良い」ものを探し出し、もっと良い状態へと伸ばしていきましょう。

レポートから成績が良いものを発見したら、継続か、さらに伸ばすかを決めます。集客の理由が分かっていて、効果がさらに出そうなものは、類似の広告を追加をする、そのキーワードのクリック単価を引き上げ露出を増やす、キャンペーン予算を増やすなどのアクションを検討しましょう。

一方、集客ができているが理由がつかめないものはしばらく継続して、反応が良い理由を探りましょう。広告がうまく行っている理由は、ユーザーニーズの合致のような普遍的な理由以外にも、広告の文章や、テレビやインターネット上で話題になった一時的な影響などさまざまなケースがあります。

▶ 良い広告を継続するか、さらに伸ばすか？ 図表50-1

良い ─┬─ **継続する** 成績が良いけれど理由がわからないものは様子が分かるまで続投する

　　　└─ **さらに伸ばす** 露出や予算を増やしたり、広告の追加や入札単価を強めて「育てる」

ほかと比べ「クリック数やコンバージョンが多い」「クリック率が高い」など、キーワードや広告の「良いところ」を見つけましょう。

伸びしろが大きいならキャンペーンに格上げする

良いキーワードの中に、特定のキーワードだけが特化して成果を出す場合があります。すると、キーワードの入っているキャンペーンの1日の予算だけではポテンシャルを発揮しきれない場合がありま

す。そのキーワードにだけ十分に予算を与えたほうが効率が上がると考えられれば、良いキーワードをキャンペーンに格上げをし、新たに予算を割くようにしましょう。

▶ **優秀なものがあればキャンペーンに格上げする** 図表50-2

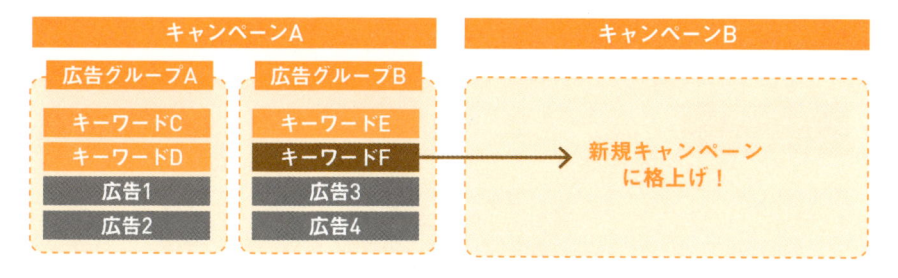

悪いところを発見した時こそが勝負

悪いところを発見したときは、被害を最小限に食い止める最大のチャンスです。集客の観点ではクリック数とクリック率、コンバージョンの観点ではコストと顧客獲得単価（CPA）が悪いものを確認します。「クリックがなく集客ができていない」「コンバージョンを得られないままコストだけかさんでいる」「コンバージョンはあるが利益から考えるとCPAが高すぎる」など、悪いと考えられるものを洗い出し、それぞれに適切な対応をしていくことが重要となります。

改善するためには、パフォーマンスが悪い理由を捉えます。キーワード、広告、ランディングページの流れを確認し、その狙いにズレがなかったか考察します。悪い理由がはっきりしない場合、広告を止めず様子をうかがいます。上限クリック単価と1日の広告予算下げて、成果が落ちていくだけなら見切りをつけて停止します。事前に許容できるCPAを決め、その金額でコンバージョンがない場合停止するなどのルールを決めておくと、改善アクションが取りやすくなります。

▶ **悪い広告は、どうするか？** 図表50-3

```
         ┌─ 様子を見る      キーワード、広告文、ランディングページ
         │                 のズレがないか調整する
悪い ─────┤
         └─ 見切りをつける   予算や上限クリック単価を下げて成果が落
                           ちるだけなら、広告を停止する
```

○ 原因を見極めキーワードを改善する

悪い広告を停止するだけでなく、改善案も作っていきましょう。

キーワードの中には、広い意味を持つために情報収集段階の購入意欲が浅いユーザーまでも集客しているというケースはよくあります。これはキーワードのマッチタイプを変更することで改善できます。

また、改善はリスティング広告の中だけと思わないことも大切です。広告とランディングページや本体のサイトの内容改善でパフォーマンスを伸ばせる場合があります。この改善はリスティング広告経由以外で訪問したお客さんにも活きていくはずです。

▶ **キーワードの範囲が広いと効率が悪くなることも** 図表50-4

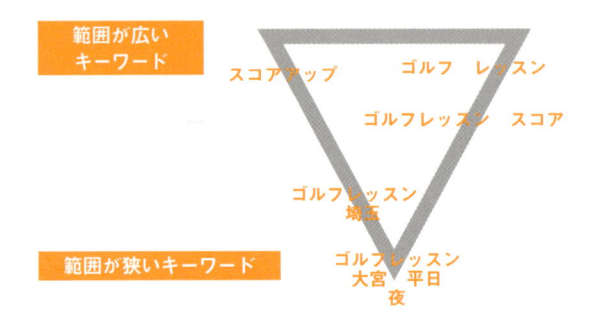

範囲が広いキーワード

スコアアップ　ゴルフ　レッスン

ゴルフレッスン　スコア

ゴルフレッスン埼玉

範囲が狭いキーワード

ゴルフレッスン大宮　平日　夜

○ 定期的に改善を繰り返すと小さな変化にも気づける

普段からリスティング広告のアカウント管理画面を見ていると、小さな変化にも気づくようになり、アクションにつなげられるようになります。普段から変化の理由を考えたり、原因を探るくせをつけておくと、いざというときにすばやい対処ができるようになります。

たくさんのコンバージョンを獲得できていたはずの広告やキーワードも、ある日コンバージョンが取れなくなってしまうことがあります。そのようなリスクに備え、パフォーマンスを維持させながら、より多くの面を伸ばすには手間暇かけてあげることが重要です。定期的にアカウントを見て、調整と改善を繰り返していきましょう。

芽を出した植物も日光と水がなければ枯れてしまいます。広告も同じく放置をしてはだめ。大きく育てるためにも手間暇をかけていきましょう。必ず結果は出てくるものです。

Lesson 51 ［インプレッションシェアの改善］
広告の「機会損失」を探して改善しよう

広告が表示されているからといって安心しきっていてはだめ。もしかすると広告の表示機会を逃してしまっているかもしれません。自社の広告がどれくらい表示されているのか、表示されない原因が何なのかを確認する方法を解説します。

○ 「インプレッションシェア」とは

インプレッションシェアとは設定したキーワードや入札単価、予算で広告が本来表示されるであった回数に対し、どれだけの表示があったのかを%で表したものです。インプレッションシェアが100%と表示されていれば、広告の機会損失は0です。逆に、数字が低い場合はお客さんに広告を表示する機会を逃しているということです。管理画面では2種類の「インプレッションシェア損失率」で教えてくれています。この数字を改善し、多くのお客さんに広告を表示できるようにしていきましょう。

▶ インプレッションシェアの割合 図表51-1

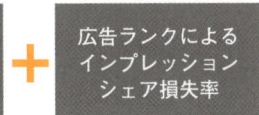

予算によるインプレッションシェア損失率 ＋ 広告ランクによるインプレッションシェア損失率 ＋ インプレッションシェア ＝100%

▶ インプレッションシェアを確認する 図表51-2

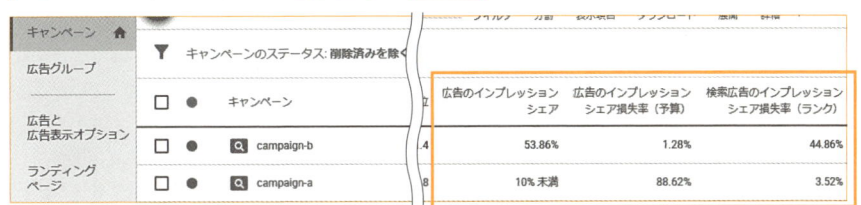

			広告のインプレッションシェア	広告のインプレッションシェア損失率（予算）	検索広告のインプレッションシェア損失率（ランク）
キャンペーン					
広告グループ		キャンペーンのステータス：削除済みを除く			
	□ ●	キャンペーン			
広告と広告表示オプション	□ ● 🔍	campaign-b	53.86%	1.28%	44.86%
ランディングページ	□ ● 🔍	campaign-a	10%未満	88.62%	3.52%

「インプレッションシェア」が指標に表示されていない場合は、164ページコラムを参考に［表示項目の追加］画面で、［競合指標］カテゴリの［検索広告のインプレッションシェア損失率（予算）］［検索広告のインプレッションシェア損失率（ランク）］［検索広告のインプレッションシェア］にチェックマークを付けて［適用］をクリックする

2つのインプレッションシェア損失率

インプレッションシェア損失率（予算）

予算が少ないため広告が表示されなかった回数の割合です。広告が表示される機会があったのに1日の予算が上限に達して広告配信ができなくなっている状態です。キャンペーン予算を見直すことで損失率を改善できますが、その前に、広告のターゲットが正しく設定されているか、無駄にコストがかかってしまっているところはないかも確認しましょう。キャンペーンの予算にアラートが出ているときにはこちらの指標もチェックしてみてください。

インプレッションシェア損失率（ランク）

広告ランクが低いために、他社とのオークションに負けて広告が表示されなかった割合です。Yahoo!広告の検索広告では「インプレッション損失率（掲載順位）」と表示されます。この損失率が高い場合、広告ランクが低いために掲載順位が下がり広告が表示されなくなっている状態です。改善するためには入札単価を上げることもありますが、CPCが上がって「予算によるインプレッションシェア損失率」が増えてしまうこともあるので、注意しましょう。

予算を増やす代わりにできること

もし予算を増やすことが難しい場合でも、以下の4つの方法で予算によるインプレッションシェア損失率の増大を抑えられる可能性があります。

▶ **予算を必要としない改善方法** 図表51-3

改善方法	内容
❶デバイスや曜日・時間帯、地域の配信を確認する	Lesson 52を参照し、効率の悪い配信時間や地域を減らしたり、停止する
❷検索語句とキーワードを見直す	マッチタイプを絞り込インプレッションシェア損失率を減少できる可能性がある。CPCの成果が出ていないキーワードは停止をすることも検討
❸入札単価を下げる	入札単価を下げるとCPCが低くなり表示機会を増やすことができるが、単価を下げたことで「広告ランクによるインプレッションシェア損失率」が増えることもあるため、2つの指標を見ながら入札単価を調整
❹検索パートナーを含めない	検索パートナーへの広告配信がデフォルト設定となってる（Yahoo!では「検索を含むすべての広告掲載方式」と表示）。コスト消化のわりに成果が少ないようであれば停止を検討する。予算をそれほど使っていないようであれば、集客の幅を広げるためにも継続したほうがよい

インプレッションシェアの数値はキャンペーン、広告グループなどで変わってくるため、どこの損失率が一番高いのかも確認し、数値を改善していきましょう。

52 ［キーワードの改善］
検索された生の言葉から
良いキーワードを見つけ出す

広告ランクが低いために配信のチャンスを逃している場合にやるべきなのが、**品質スコアを上げるための改善検討**です。その際、ユーザーが実際に検索した**キーワードを分析**し、検索内容の傾向に勝ちパターンがないかを探します。

○「推定クリック率」を参考に広告の品質を改善する

推定クリック率 **図表52-1** とは、キーワードの全体的な広告の品質を構成するひとつの要素です。広告が表示されたときにクリックされる可能性の計算値です。広告の過去のクリック率にも基づいて算出されており、広告の掲載順位や、広告の視認性に影響する広告表示オプションなどとは関係なく決まります。このステータスが「平均より上」か「平均値」の場合にはキーワードと広告の関連が高く、大きな問題はありませんが、「平均より下」と表示されていたら、キーワードと広告の関連性が高くなるように広告文の改善が必要です。また、このステータスで、広告との関連性が低く成果が期待できないキーワードを見つけることもできます。

▶ **推定クリック率を確認する** 図表52-1

ランディングページ			キーワード	ク数	クリック率	品質スコア	推定クリック率	広告の関連性	ランディングページの利便
	☐	●	合計: すべてのキーワード（削除済み…	636	6.13%				
キーワード	☐	●		286	9.79%	8/10	平均値	平均より上	平均より上
オーディエンス									
ユーザー属性	☐	●		579	7.93%	8/10	平均値	平均より上	平均より上
設定	☐	●		307	16.53%	10/10	平均より上	平均より上	平均より上
地域	☐	●		909	5.57%	8/10	平均値	平均より上	平均より上
広告のスケジュール	☐	●		194	6.12%	7/10	平均より下	平均より上	平均より上
デバイス	☐	●		234	3.01%	8/10	平均値	平均より上	平均より上
高度な入札単価調整									

［推定クリック率］を確認する。この指標が表示されていない場合は、165ページのワンポイントに従って［キーワードの表示項目を変更］画面で［品質スコア］カテゴリの［推定クリック率］にチェックマークを付け、［適用］をクリックして表示できる

NEXT PAGE ➡

検索語句を見てみよう

管理画面では、広告をクリックしたユーザーが使った検索語句が確認できます。これは言い換えれば、ユーザーの生の声を聞いているのと同じこと。自社の商品やサービスを求めているユーザーが、どんな悩みを持っていたのか、何を求めて検索をしていたのかを推測してみましょう。

検索語句のデータの中で特定のテーマ性が見えるようであれば、それぞれ分類をしてみることで検索内容の傾向を捉えやすくなります。

▶ [キーワード]→[検索語句]を確認する 図表52-2

	検索キーワード	除外キーワード	検索語句	オークション分析				

	検索語句	キーワードマッチ	追加済み / 除外済み	広告グループ	↓ 表示回数	クリック数	クリック率	クリック単価
合計: フィルタした検索語句					4,783	2,811	58.77%	¥46
☐		部分一致	なし		293	4	1.37%	¥30
☐		部分一致	なし		285	12	4.21%	¥200
☐		部分一致	なし		212	41	19.34%	¥31
☐		部分一致	なし		134	31	23.13%	¥32

左側メニュー: 最適化案 / 広告グループ / 広告と広告表示オプション / ランディングページ / キーワード / オーディエンス / ユーザー属性 / 設定

ユーザーの検索語句でクリックに至ったモノに対し、その指標を閲覧できる

検索語句を追加キーワード／除外キーワードにする

検索語句を見ていくと、Lesson 36で解説したような、意図しないキーワードでクリックされているものを発見することがあります。自社の商品・サービスに関係のない語句との組み合わせなら、除外設定をします。こまめに行うことで、無駄な表示やクリックを防ぐことができ、品質スコアの改善に役立ちます。

それとは逆に、成果につながっている検索語句や、自社の商品・サービスに関連性が高い検索語句を発見したら、新たにキーワードとして追加しましょう。

▶ 検索語句からキーワード登録する 図表52-3

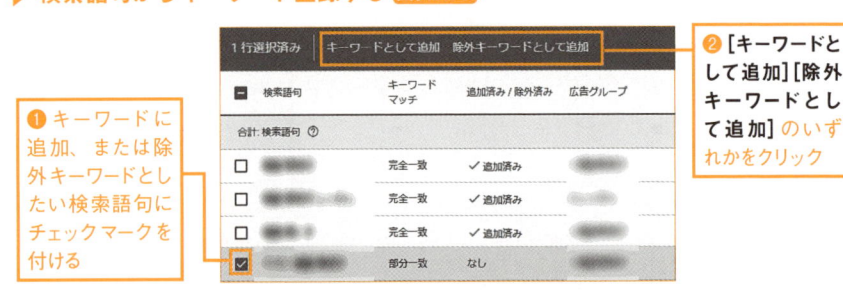

❶ キーワードに追加、または除外キーワードとしたい検索語句にチェックマークを付ける

❷ [キーワードとして追加][除外キーワードとして追加]のいずれかをクリック

▶ キーワードの追加と除外　図表52-4

除外キーワードとして登録

⦿ 広告グループ
◯ キャンペーン
◯ 除外キーワードリスト

除外キーワード	キャンペーン	広告グループ
███ ███	███	███

除外キーワードのデフォルトのマッチタイプは完全一致のため、正確に一致する語句を使用した検索だけがブロックされます

保存　キャンセル

除外キーワードは広告グループ、キャンペーン、キーワード
リストの単位で登録でき、登録されたキーワードでは広告を
表示しない

キーワードと広告が
マッチしていなければ、
クリック率は伸び悩ん
でしまいます。

配信結果を分析して改善しよう

キーワードとして追加

キーワード	最終ページURL（任意）	上限クリック単価（任意）	キャンペーン	広告グループ
███		¥	███	███
		広告グループのデフォルトの 入札単価を使用する場合は空 欄にします		

どのような検索語句で広告が掲載されるかを調整するには、以下を使用: マッチタイプ

めぼしい検索語句があればキーワードとして登録する。検索語句レポートを定期閲
覧することで自分では思いつかなかったキーワードに巡り会える可能性がある

👍 ワンポイント　表示する指標項目を変更するには

指標一覧の右上、折れ線グラフの下に
位置するツールボタンから［表示項目］
→［表示項目の変更］をクリックすると、
表示中レポートの表示項目を変更する

画面が開きます（下図）。表示したい
指標名にチェックマークを入れ、画面
下の［適用］ボタンをクリックするこ
とで指標を追加できます。

🔍 キャンペーンを検索　｜ ▽ フィルタ　≡ 分割　▥ 表示項目　⬇ ダウンロード　⟦⟧ 展開　⋮ 詳細

　　　　　　　　表示項目の変更

ステータス　入札戦略　キャンペーン　　クリ　　コンバージョン　リック率　'リック単価
　　　　　　　タイプ　　タイプ

キーワードの表示項目を変更

競合指標

通話データの詳細

メッセージの詳細

品質スコア

☑ 品質スコア　　☑ 推定クリック率　　☑ 広告の関連性　　☑ ランディングペー
　　　　　　　　　　　　　　　　　　　　　　　　　　　　　　性

表示したい指標
にチェックマーク
を付ける

Lesson

53

[広告の関連性、ランディングページの利便性]

ユーザーの期待する広告と
ランディングページへ改善する

**このレッスンの
ポイント**

最後に広告の品質に関わるそのほかの要素、「**広告の関連
性**」と「**ランディングページの利便性**」について解説します。
キーワード、広告、ランディングページの3点セットが、流
れるような関連性を持っていることが重要です。

「広告の関連性」とは

「広告の関連性」指標は、入札したキーワードと広告内容に関連性があるかどうかの判定を表しています。ステータスが「平均より上」「平均値」の場合は、大きな問題はありませんが、「平均より下」の場合には、広告がユーザーの検索語句に対応したものになっていない、もしくはキーワードが自社の商品・サービスとマッチしていないという判定を表します。このままでは広告が表示されなくなることもあるので、広告とキーワードの関連性が高くなるように新しい広告を作成したり、キーワードのテーマを絞り込んで別の広告グループに整える必要があります。これから紹介するポイントをおさえ、広告を改善していきましょう。

▶ **管理画面での見方キャプチャ/ステータスの確認** 図表53-1

□ ●	キーワード		品質スコア	推定クリック率	広告の関連性	ランディング ページの利便性
合計: すべてのキーワード（削除済み...⑦				%		
□ ●			8/10	平均値	平均より上	平均より上
□ ●			8/10	平均値	平均より上	平均より上
□ ●			10/10	平均より上	平均より上	平均より上
□ ●			8/10	平均値	平均より上	平均より上
□ ●			7/10	平均より下	平均より上	平均より上
□ ●			8/10	平均値	平均より上	平均より上

[広告の関連性] 指標
では検索語句（キーワード）と広告の関連性
についての評価が表示
される

[ランディングページの利便性] では広告のリンク先の関連性についての評価が表示される

広告ランクが低い場合には、リンク先を見直したり、文言を変えてみたりと、さまざまなパターンの広告を作成してみましょう。

● 「広告の関連性」は広告とキーワードのマッチで改善

広告の関連性を改善したいときは、出稿した広告が検索結果でどう表示されているのか、実際に検索して確認するのもひとつの手です。まわりの広告はどんなもので、自然検索にはどんな記事が表示されるでしょうか。自社の広告と関連性が低いと感じたら、キーワードを変更しましょう。また、表現方法の違う広告やキーワードが同じ広告グループに含まれているケースも改善が必要です。例えば、

「ピアノレッスン」と「ピアノ教室」のキーワードを同じ広告グループにまとめておき、どちらも「○○ピアノ教室生徒募集」という広告に繋げるのでいいのか、キーワードごとに違う広告を出すほうがいいのかも検討しどころです。完全に出し分けたいのであれば、除外キーワードを設定します。ただし、その場合検索数も大きく下がるため、全体の品質に影響する可能性が高く、おすすめはしません。

▶ 悩まず数を打ってみるほうがよい 図表53-2

さまざまな文言やパターンの広告を作成してより良いキーワードと広告の組み合わせを見つけよう

● 「ランディングページの利便性」とは

広告をクリックしてくれたお客さんにとって、リンク先のページがどれくらい有益でキーワードや広告に関連性があるかを表すのが「ランディングページの利便性」 図表53-1 指標です。このステータスを見ることで、コンバージョン獲得の妨げになっているページを見つけることもできます。
Webページ内の情報が整理されており、

お客さんが検索したキーワードに関連したコンテンツがきちんと掲載されているほど、評価は高くなります。ステータスが「平均より上」または「平均値」である場合は、ページの利便性に大きな問題はありません。しかしステータスが「平均より下」の場合にはこれから説明するポイントをもとに、ページ改善をしていきましょう。

○ 「ランディングページの利便性」は複数の観点から改善

「ランディングページの利便性」を上げていくためには、複数の改善法があります。以下にあげた項目をチェックしてみましょう

キーワードと関連性の高いコンテンツを見せる

リンク先ページ（ランディングページ)は、お客さんが検索したキーワードや広告のテキストに関連するページを設定するのが基本です。「ランディングページの利便性」のスコアに問題があれば、今一度Lesson 15、31、43を参照し、改善してみましょう。

Webサイトとビジネスの情報を見直す

ランディングページに商品やサービスの説明がなく、いきなり購入画面に誘導されたら、ちょっと怖いと感じますよね。お客さんからの信頼性を高めるためにも、十分説明したあとにフォーム記入へ誘導したり、個人情報入力を求める場合にはその目的を明確に示すようにしましょう。また、自社の店舗・会社の連絡先などのビジネス情報を見つけやすいようにすることも必要です。

どんなデバイスでも簡単に操作できるようにする

自社のWebサイトは、商品やサービスを見つけやすいデザイン・構成になっていますか。お客さんが途中で迷子になるようなもの、ポップアップなど行動の妨げになる機能が使われていないかも確認しましょう。デスクトップだけでなく、スマートフォン、タブレットでも閲覧しやすく改善しておきます。

ページの読み込み時間は短くする

ランディングページの読み込み速度は、ユーザビリティだけでなく、コンバージョン獲得においても重要な要素です。Google広告では、スマホサイトへのWeb最適化が行われてないページの評価を低くするため、Google が提供するツールPageSpeed Insightsで自社のサイトがスマホ最適化に対応できているか、速度は適当か、ほかの改善点を確認してみるのもいいでしょう。

▶ **PageSpeed Tools**
https://developers.google.com/speed/pagespeed/insights/

ページ内に広告などのスポンサードリンクがある場合には、サイトの他のコンテンツとしっかり区別するようにしましょう。

Chapter

7

自動化してさらに成果を上げよう

本章では、キーワードも広告の作成も自動化できる、オートマ型のリスティング広告運用について解説します。入札も自動化して、手間をかけずに成果を上げましょう。

リスティング広告で
オートマ化が進む背景を知る

このレッスンの
ポイント

機械学習の隆盛により、リスティング広告の運用も急速に自動化が進み、車の運転にたとえるとマニュアルからオートマに移り変わりつつあります。本章ではまずその背景を押さえ、どのように自動化できるかを理解しましょう。

○ 手作業では負担が大きすぎるケースが増えている

売り上げに直結するリスティング広告のニーズは年々高まり、企業での利用やリスティング広告に割く予算や規模も拡大しているケースは少なくありません。そんななか、広告の自動化が必須であるケースが多く存在します。

とある中堅カタログ通販会社に勤務する山田さんは、ECサイトの広告運用を担当しています。山田さんはこれまで、カタログの商品をひとつずつキーワードとして入稿し、商品の単価を考慮して入札価格を調整していました。ところが、オンラインでの販売が増え、カタログでの販売数が減少するにしたがって、会社の方針でECサイトを強化することに。その結果、扱う商品点数を7000点から15万点へ増やすことになりました……。

このケースでは、もはや手作業でのキーワード登録は追いつきません。入札単価についても同様です。そのような場合、キーワードや広告入稿の自動化、そして入札の自動化が、取るべき解決法です。

▶ **作業に追われるリスティング広告担当** 図表54-1

ショッピング広告

キーワードの管理

セールや特集の管理

入札の管理

リスティング広告に手間を掛けたくない人にぜひおすすめしたいのがオートマ型の広告です！

商品マスターデータをそのまま使えるオートマ型広告

山田さんはどうすれば、無事15万点もの商品を広告出稿できるか、みなさんは予想がつきますか？　通販サイトの場合、リスティング広告のランディングページは商品詳細ページですが、商品詳細ページ自体は社内データベースの商品マスターデータから自動生成されていることがほとんどです。同様に、商品マスターデータを検索連動型広告のキーワードや広告に利用できたら便利だと思いませんか？　それがオートマ型広告の核となる概念です。

▶ **商品マスターデータがリスティング広告に活用できる** 図表54-2

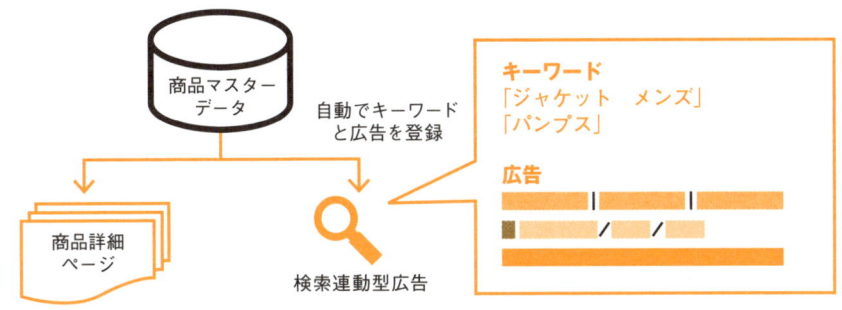

データフィードによる自動化の流れ

データベースなどからデータを供給して利用するものをデータフィードと言いますが、この仕組みを利用した広告配信をGoogleやCriteoなどが整えたことをきっかけに、データフィード広告が盛んになりました。広告出稿にかかわるほとんどの作業を半自動化でき、担当者はより本質的な作業にのみ力を割くことができるようになったのです。

リスティング広告の自動化の流れは今後ますます加速することが想定されています。ぜひ今のうちにスタートしておきましょう。次のLessonからは、これまでの学んできたキーワードの入稿や、広告文の作成を自動化する仕組みについて学んでいきます。

▶ **データフィードをさまざまな広告に活用する** 図表54-3

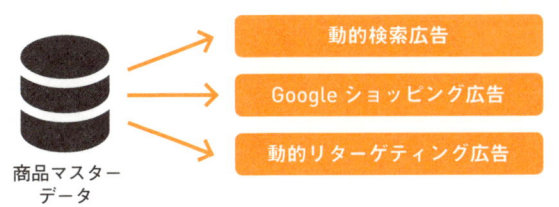

商品マスターデータのデータフィードを使うと、検索連動型広告以外にも、ショッピング広告やリターゲティングも自動化できる

Lesson 55 ［動的検索広告の基本］
動的検索広告でキーワードと広告文の作成を自動化する

このレッスンのポイント

Google広告でオートマ型広告を実現するのが、動的検索広告（Dynamic Search Ads）です。Lesson 9でも触れたDSAの仕組みを少し詳しく解説します。仕組みを正しく理解することは、広告運用を成功させるためにも重要です。

○ 動的検索広告（DSA）によるオートマ化とは

動的検索広告は4〜6章で解説してきたキーワードの登録やマッチタイプの設定、広告の生成を「オートマ化」してくれるとても便利な機能です。
動的検索広告では、キーワードを登録する代わりに、リンク先となるWebサイトを登録して広告を配信するシステムです。

登録したWebサイトにある文章をGoogleが解析し、Webサイトに関連する検索語句を自動的に選んで広告を表示します。広告の見出しやランディングページさえも、Webサイトのタイトルやウェブサイト内で頻繁に使用されているフレーズをもとに自動的にGoogle広告が選定します。

▶ **動的検索広告が使用するWebサイトの文言** 図表55-1

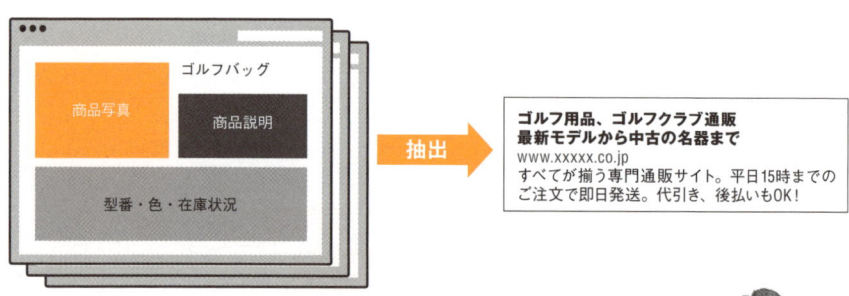

Web サイト上の文言はもちろんのこと、Web サイトのタイトルや説明文、見出しタグの中の文言なども解析の対象になります。SEO と同じように内部対策が重要になります。

○ 参照するWebページによって広告が自動生成される

リスティング広告のうち、「広告見出し」「表示URL」と、ランディングページとなる「最終ページURL」は参照するWebページに応じて自動生成されます。例えば、「ゴルフバッグ　パーリーゲイツ」と検索したユーザーには「ゴルフバッグ - パーリーゲイツ」といった見出しが自動的に生成され、クリックするとパーリーゲイツのゴルフバッグに関連する広告主のページが表示されます。

▶ **動的検索広告で生成される広告イメージ** 図表55-2

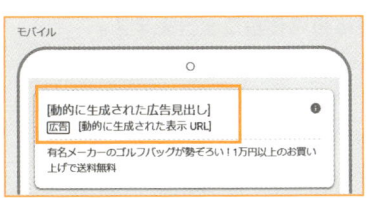

広告の説明文はあらかじめ入力する必要があります。広告の定型文を用意するイメージですね。

○ 動的ターゲティングの仕組み

動的検索広告でWebサイトを登録する仕方には3種類あります 図表55-3 。「お客様のサイトにおすすめのカテゴリ」は、Googleがサイトマップを読み込むことで、Webサイト独自のカテゴリ単位で配信するWebページを選択できます。手軽に始めるにはまずはこれで始めるといいでしょう。

慣れてきたら「特定のウェブページ」を使ってURLやページタイトルを指定してみましょう。「すべてのウェブページ」はコンバージョンにつながりにくいページも配信の対象となってしまうため、使用は控えましょう。

▶ **3種類のターゲティング** 図表55-3

ターゲティング	概要
すべてのウェブページ	GoogleのWebサイトのインデックスに基づいて広告の表示対象となる検索語句を設定し、その語句に関連した広告を生成する
特定のウェブページ	特定のURLを個別に指定したり、ページタイトルやコンテンツに特定の文言を含むURLを指定するなど、対象とするページのルールを設定できる
お客様のサイトにおすすめのカテゴリ	Webサイトのサイトマップなどを読み込んで、そのサイトのカテゴリに基づいてターゲットするWebページを指定することができる

Lesson 56 ［動的検索広告の設定］

動的検索広告を
設定し広告作成を自動化する

**このレッスンの
ポイント**

Lesson 55では動的検索広告の仕組みについて解説しました。このLessonでは実際に動的検索広告を設定してみましょう。すでに4章で設定したキャンペーン作成のオプションを変更するだけで、簡単に自動化設定が行えます。

○ キャンペーンで動的検索広告を有効にする

動的検索広告を検索キャンペーンで使用するには、キャンペーンの設定で動的検索広告を有効にする必要があります。動的検索広告を有効にすることで、既存の

キャンペーンにも動的検索広告の広告グループを作成することが可能になります。今回は、キャンペーンを新規に作成するところから解説します。

1 | 新しい動的検索広告キャンペーンを作る

95～97ページの手順6までに従って、新しいキャンペーンを作成します。

1 キャンペーンタイプで［検索ネットワーク］を選択します。

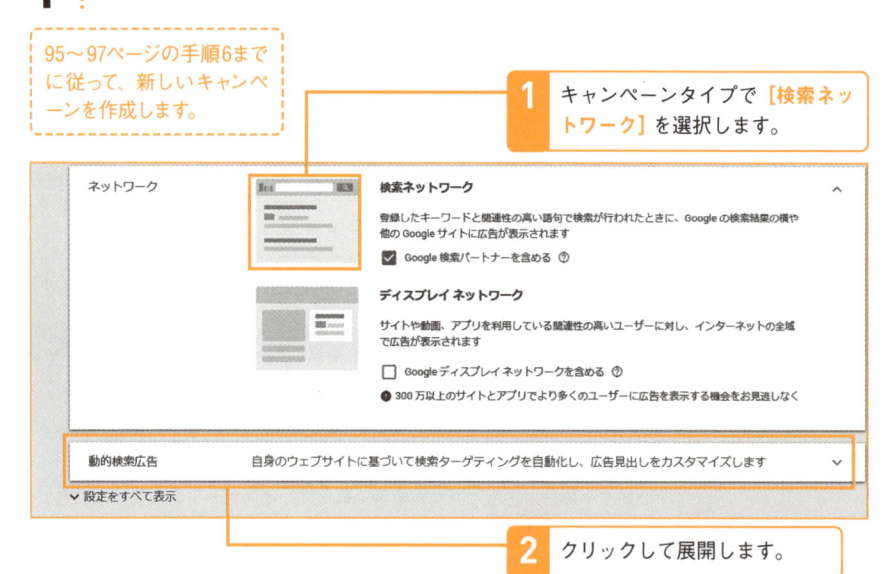

2 クリックして展開します。

2 動的検索広告を有効にする

1 ［このキャンペーンの動的検索広告を有効にする］にチェックマークを付けます。

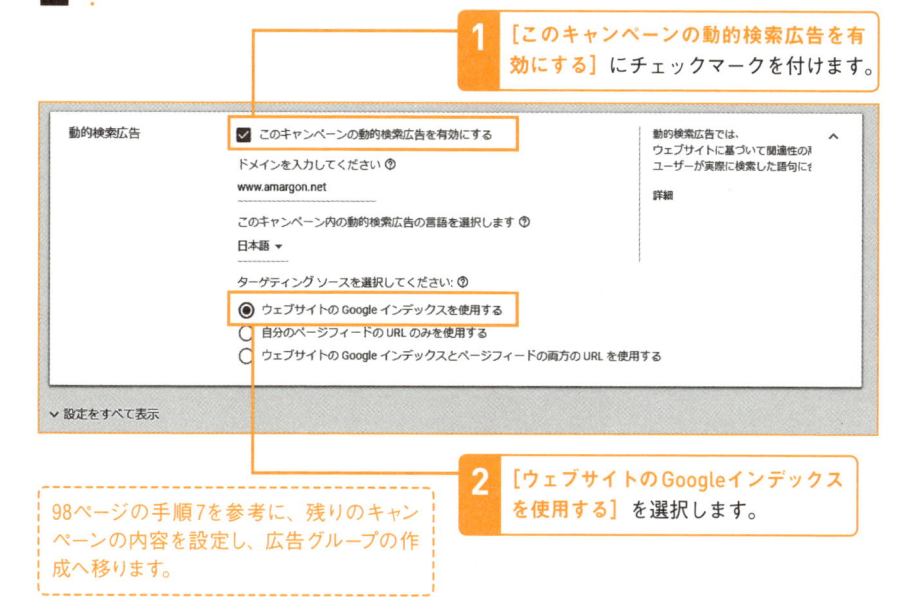

2 ［ウェブサイトのGoogleインデックスを使用する］を選択します。

98ページの手順7を参考に、残りのキャンペーンの内容を設定し、広告グループの作成へ移ります。

3 動的検索広告の広告グループを作成する

1 ［広告グループを設定する］に移り、［広告グループの種類］で［動的広告］が選択されているのを確認します。

2 グループ名を入力します。

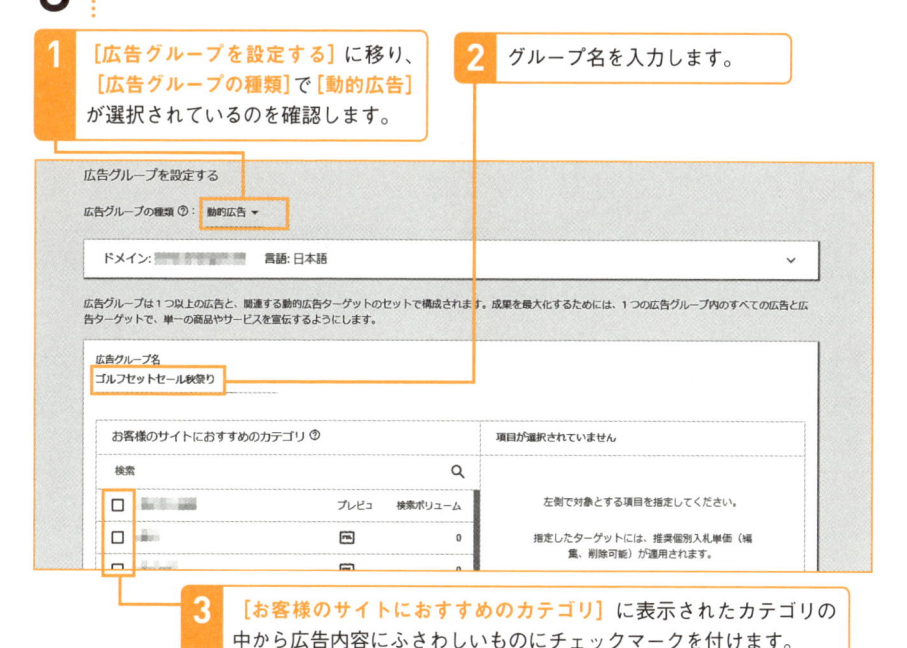

3 ［お客様のサイトにおすすめのカテゴリ］に表示されたカテゴリの中から広告内容にふさわしいものにチェックマークを付けます。

4 ターゲットとするカテゴリを選ぶ

1 [保存して次へ] をクリックします。

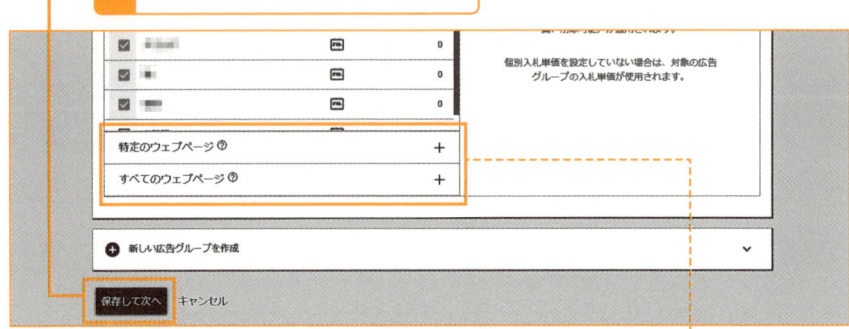

Webサイトのカテゴリを読み込むため、利用可能になるのはキャンペーン開始から通常48時間後です。**[お客様のサイトにおすすめのカテゴリ]** ではWebサイトで使用しているカテゴリをそのまま動的広告ターゲットとして使用できます。

ターゲティングには、**[すべてのウェブページ]** **[特定のウェブページ]** を選択することもできます（173ページ参照）。

動的広告ターゲットの種類を指定します。動的検索広告に慣れていない場合、[お客様のサイトにおすすめのカテゴリ] の使用をおすすめします。

5 広告の説明文を作成する

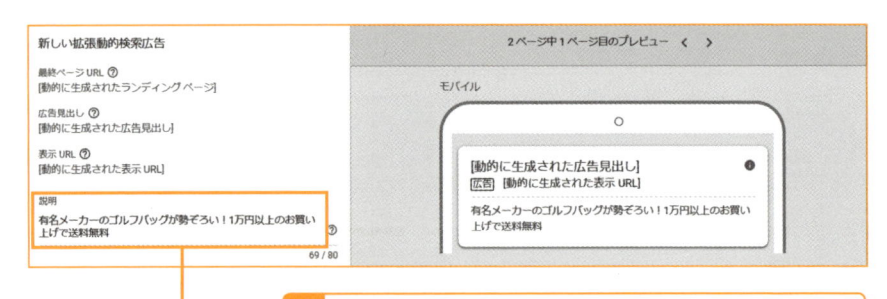

1 動的広告ターゲットの設定が完了したら、広告文を作成します。見出し・表示URL・ランディングページは自動的に生成されるので、説明文を半角80字以内で入力しましょう

6 | 広告グループ作成を完了する

1 [保存して次へ] をクリックし、次に表示される画面でキャンペーンの内容を確認します。

確認を終えるとキャンペーンの登録が完了し、[キャンペーン] 画面に戻ります。

キーワードによるターゲティングの時と同様に、カテゴリやカスタムラベルごとに適した説明文を作成しておくことが大事です。

○ ページフィードをアップロードする場合

175ページ手順2で、[自分のページフィードのURLのみを使用する] のオプションを利用するには、Excelなどのスプレッドシートを使い自前で作成したページフィードをあらかじめアップロードしておく必要があります。

管理画面から [ツール] をクリックし、[ビジネスデータ] をクリック、[+] をクリックして [ページフィード] を選択し、アップロードできます。

▶ ページフィードの形式 図表56-1

「Page URL」「Custom label」などの名前は Google 広告が読み込むため、図のように英文で設定する必要がある

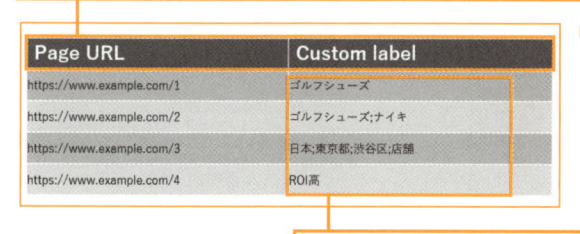

URLとカスタムラベルを含むデータフィードの構成

Page URL	Custom label
https://www.example.com/1	ゴルフシューズ
https://www.example.com/2	ゴルフシューズ;ナイキ
https://www.example.com/3	日本;東京都;渋谷区;店舗
https://www.example.com/4	ROI高

カスタムラベルはひとつの URL に対し最大 5 つ設定できる。セミコロンを入れて区切る

Lesson
［自動入札の設定］

57 入札戦略を変更して 自動入札を利用する

このレッスンの
ポイント

広告出稿の「オートマ化」の後は、いよいよ入札の「オートマ化」です。仕組みや種類を理解して、実際に自動入札を設定してみましょう。この自動入札機能は、動的検索広告を選択していなくても利用できます。

○ 自動入札機能の2つの種類

Google広告 の自動入札機能は、コンバージョンに基づいて入札価格を調整する「スマート自動入札」と、クリック数や広告の掲載順位を調整する「自動入札機能」の2種類があります。Google広告では

「入札戦略」以下で設定を変更できます 図表57-1 。特に「スマート自動入札」は機械学習の力を使うことで獲得効率が良くなるので、仕組みを正しく理解して使いこなすことをおすすめします。

▶ Google広告の入札戦略一覧 図表57-1

種類	入札戦略	目標	適用範囲
自動入札機能	クリック数の最大化	サイトへの訪問を増やす	キャンペーン
	検索ページの目標掲載位置	Google検索結果の最初のページやページ上部への広告掲載を増やす	キャンペーン
	目標優位表示シェア	別のドメインの広告より広告掲載を増やす	キャンペーン
スマート自動入札	目標コンバージョン単価（Target CPA）	目標コンバージョン単価でコンバージョンを増やす	キャンペーン広告グループ
	拡張クリック単価（eCPC）	キーワードの入札単価を自分で設定しながら、コンバージョンを増やす	キャンペーン広告グループ
	目標広告費用対効果（Target ROAS）	各コンバージョンの価値が異なる場合に、目標広告費用対効果（ROAS）を達成する。例: 広告出稿金額あたりの売上金額を最大化する	キャンペーン広告グループキーワード
	コンバージョン数の最大化	予算の範囲内でコンバージョンを増やす	キャンペーン

過去のコンバージョンデータに基づいて入札価格を設定するため、過去30日間に30回以上のコンバージョンを獲得していることが推奨される。「目標広告費用対効果」の場合は同期間に50回以上の獲得を推奨している

● 入札価格を決めるのはコンバージョン率

自動入札、機械学習、と聞くとなんだかとても複雑で高度なことをしているのではないかと身構えてしまう人も多いのではないでしょうか。また、入札の仕組みがよく分からないため、どうしてクリック単価が上がったのか下がったのかうまく説明できず、いまひとつ使用に踏み切れない人も多いと思います。

自動入札のアルゴリズムを理解するには「コンバージョン単価（CPA）」を因数分解すると分かりやすいと思います。**図表57-2** は因数分解した数式ですが、目標コンバージョン単価（CPA）はユーザーが入力する項目なので、クリック単価を決めているのは実はコンバージョン率だということが分かります。

▶ **コンバージョン率から入札単価が決定される** 図表57-2

コンバージョン単価 (CPA) ＝ 利用金額 ÷ コンバージョン
　　　　　　　　　　　 ＝ （クリック数×クリック単価） ÷ （クリック数×コンバージョン率）
　　　　　　　　　　　 ＝ （~~クリック数~~×クリック単価） ÷ （~~クリック数~~×コンバージョン率）
　　　　　　　　　　　 ＝ クリック単価 ÷ コンバージョン率
クリック単価を左辺にすると…
クリック単価 ＝ コンバージョン単価 (CPA) × コンバージョン率

ユーザーが入力する項目

過去の履歴に応じてオークションごとに推定値を Google 広告が算出する

> 自動入札では、オークションごとに推定コンバージョン率を計算して入札価格を決定するので、結局はターゲティングの精度やランディングページの利便性を高めてコンバージョン率を高く保つことが成功の秘訣です。

● コンバージョン率を推定するさまざまな要素（シグナル）

自動入札の場合、入札価格を決定する大事な要素がコンバージョン率であることが分かりました。自動入札では、オークションごとにコンバージョン率を推定して入札価格が決められますが、このコンバージョン率を推定する要素のことを

「シグナル」と呼びます。コンバージョン率を推定するために使用しているシグナルは **図表57-3** の通りです。ここでは、非常に多くの要素が絡み合って自動入札が実行されているということの一端をお伝えできればと思います。

NEXT PAGE ➡

▶ 自動入札で使用されるシグナル 図表57-3

端末	ユーザーの使用端末（モバイル、パソコン、タブレット）
所在地	ユーザーの所在地（都市レベル）
地域に関する意図	「沖縄旅行8月」のような地域を含む検索語句
曜日と時間帯	ユーザーのタイムゾーンでの時間や曜日
リマーケティング リスト	ユーザーが登録されているリマーケティング リスト
広告の特性	広告のサイズやフォーマット
表示言語	ブラウザの言語設定
ブラウザ	ユーザーが使用しているブラウザ
オペレーティング システム	ユーザーが使用しているオペレーティングシステム
ユーザー属性(検索とディスプレイ)	ユーザーの年齢、性別
実際の検索語句(検索キャンペーンとショッピング キャンペーン)	キーワードだけでなく、実際の検索語句
検索ネットワーク パートナー（検索キャンペーンのみ）	広告が掲載される検索パートナーサイト

> これらのシグナルをオークション単位で瞬時に計算して推定コンバージョン率・入札価格を算出してしまうのは驚異的ですね。

◯ キャンペーンの新規作成時に入札戦略を設定する

入札戦略は、キャンペーンごとの編集メニューから変更できます。また、新しいキャンペーンの作成画面で、[入札戦略]のセクションから自動入札機能を設定することができます。入札戦略によっては広告グループレベル、キーワードレベルでも設定は可能ですが、キャンペーンと同一の入札戦略である必要があります。

▶ 入札戦略の設定 図表57-4

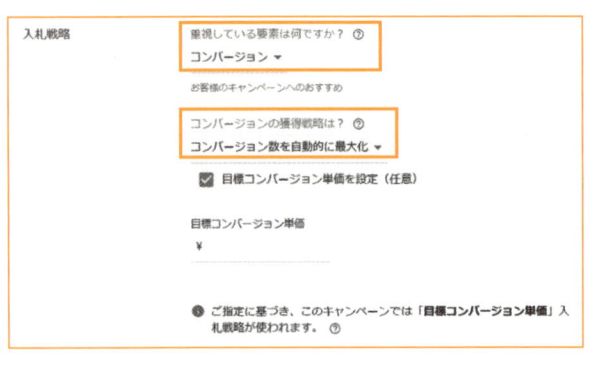

入札設定は、新しいキャンペーンの作成時、[入札戦略]で指定できる。キャンペーン作成後も、キャンペーン画面で対象キャンペーンを選択し、[編集] → [入札戦略の変更] から編集できる

▶ **ポートフォリオ入札戦略の設定** 図表57-5

❶ ツールアイコンをクリックする

❸ [+] をクリックする

❷ [ポートフォリオ入札戦略] を選択する

目標コンバージョン単価

キャンペーンを含める（任意）
ゴルフバッグ ✏

名前
CPA 3000円

目標コンバージョン単価
¥ 3,000.00

推奨される目標コンバージョン単価を参照するには、コンバージョンのあるキャンペーンを1つ以上選択してください

> 「目標コンバージョン単価」など、設定した入札戦略を選択して「名前」「目標コンバージョン単価」などを設定し、キャンペーンに割り振ります。入札単価の上限や下限を設定する項目もありますが、自動入札の真価を発揮するためには設定しないほうがいいでしょう。

⬤ 入札戦略のステータスを確認する

キャンペーンの「入札戦略タイプ」の列をクリックすると、「入札戦略のレポート」が表示され、「入札戦略のステータス」を確認することができます。入札戦略ツールが有効かどうか確認し、制限されている場合はその理由を調べられます。

▶ **入札戦略のステータス** 図表57-6

入札戦略のステータス: 有効

✔ **有効**　入札戦略に基づき、掲載結果を最適化するよう入札単価が設定されています。現在のところ、変更の必要はありません。

入札戦略のステータスが「有効」になっていれば自動入札が実行可能な状態

○ 入札戦略のステータスが「学習中」となる理由

自動入札は過去のコンバージョンの履歴に基づいて入札価格を調整します。そのため、十分な履歴がない場合はコンバージョンを蓄積する必要があります。また入札戦略に変更を加えた場合は再計算が必要となり、必要なデータの収集に時間がかかります。以上のような場合、入札戦略のステータスが［学習中］となることがあります。その理由には次の6つがあり、入札戦略のステータスの横に表示される吹き出しのアイコン（🗨）にマウスカーソルを合わせると確認できます。

▶ ［学習中］となる原因　図表57-7

学習中の理由	具体的な状況
新しい戦略	入札戦略が最近作成されたか、再度有効になったため、入札単価の最適化に向けて調整中
予算変更	予算が最近変更されたため、入札単価の最適化に向けて調整中。このステータスは、「クリック数の最大化」戦略にのみ適用される
設定変更	入札戦略の設定が変更されました。入札単価の最適化に向けて調整中です。
コンバージョン設定の変更	コンバージョン トラッキングの設定か、自動入札で参照するコンバージョン指標の変更が最近行われました。
コンバージョン アクションの設定の変更	最近、入札戦略に関連するコンバージョン アクションが追加または削除されたか、［コンバージョン列に含める］設定またはコンバージョンの［カウント］設定が変更されました。
構成要素の変更	キャンペーン、広告グループ、キーワードが入札戦略に追加、または入札戦略から削除されました。入札単価の最適化に向けて調整中です。

自動入札を設定したら最低でも2週間は設定を変更しないようにしましょう。最終的には目標の値に収斂しますので、焦らないことが肝心です。

Lesson [自動入札の注意点]

58 自動入札の注意点を理解して成果を上げる

自動入札の仕組みと設定方法が分かったら、実際に自動入札を使ってみましょう。思い通りに自動入札を使いこなすために注意しておくべきをポイントをまとめていますので、ぜひ参考にしてみてください。

○ セール時などの急激なコンバージョン上昇に注意しよう

Lesson 57で触れたように、スマート自動入札は過去のコンバージョン履歴によって推定コンバージョン率を算出し、入札価格を決定します。そのため、コンバージョン率に急激な変化が起こりやすいセールなどで自動入札を使用する際は注意が必要です。

例えば、セール期間中の実際のコンバージョン率は、図表58-1 の青線で示したように、割引や特典などの効果で一定の期間上昇し、セールが終了したタイミングで急激に下降します。一方で推定コンバージョン率は過去の履歴を参照しているため、コンバージョン率の急激な上昇には強いのですが、下降の際はコンバージョン率が高かった期間を参照してしまうため、入札価格が高くなってしまう傾向にあるのです。

▶ セール終了時の自動入札は高く見積もられてしまう 図表58-1

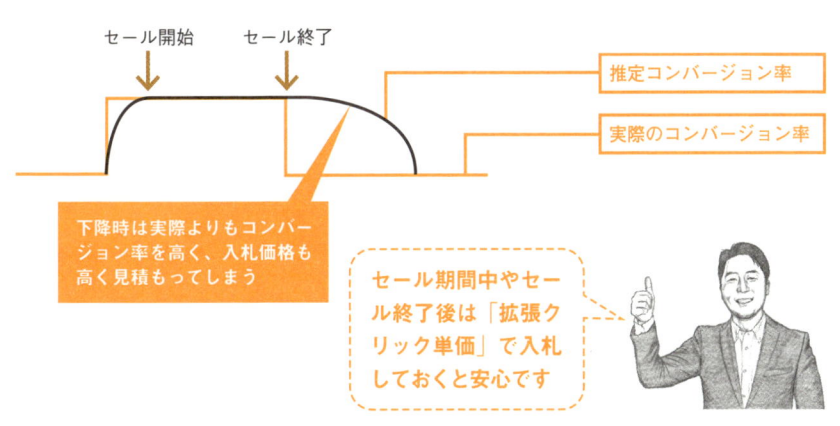

セール開始　セール終了

推定コンバージョン率

実際のコンバージョン率

下降時は実際よりもコンバージョン率を高く、入札価格も高く見積もってしまう

セール期間中やセール終了後は「拡張クリック単価」で入札しておくと安心です

NEXT PAGE ➜

コンバージョンの計測期間を確認しよう

「目標コンバージョン単価」や「目標広告費用対効果」などの入札戦略では、目標値をコンバージョンの計測期間内で合わせるように調整します。設定した目標コンバージョン単価と現在のコンバージョン単価が合わないと感じたら、コンバージョンの計測期間を確認しましょう。コンバージョンの計測期間はデフォルトで30日で設定されます。

コンバージョン率を確認しよう

Lesson 57で説明したように、入札価格を決定する要素はコンバージョン率です。目標コンバージョン単価の数値を上げ、学習期間が終了しているにもかかわらず、思ったようにクリック単価が上がらないと感じたら、コンバージョン率を確認してみましょう。目標値を上げたタイミングでコンバージョン率が低下しているなど変化があるかもしれません。

👍ワンポイント　プラットフォームしか持ちえないシグナルが強い

入札はコストやROIに直結する最も重要な作業のひとつですが、キーワード数が増えてくると管理が難しく、どうしてもおろそかになりがちでした。そのような負担を減らすため、従来もAPIを通じて入札価格をコントロールする自動入札ツールが開発されてきました。

しかし、それらのツールが入札価格を調整できるのは1日に多くて3〜4回です。Google広告やYahoo!広告の検索広告などが提供する自動入札機能の方が、オークションごとに単価を調整できるため、理論上は入札の精度が高いと言えるでしょう。

仕組みをきちんと理解すれば、自動入札も難しくありません。広告出稿と入札の「オートマ化」で空いた時間を使って、Webサイトや商品そのものの改善などに注力しましょう。

Chapter 8

ECサイトなら
ショッピング広告に
挑戦しよう

ECサイトを運営しているのであればぜひチャレンジしてほしいのがショッピング広告です。本章ではショッピング広告の特徴や始め方について解説します。

59

[ショッピング広告の基本]

商品画像付きの
ショッピング広告に挑戦する

このレッスンの
ポイント

欲しいものを検索エンジンで探しているとき、検索結果の
上に商品の広告が表示されるのを見たことはありません
か？ リスティング広告ではショッピング広告と呼ばれる
商品画像付きの広告も掲載することができます。

○ 検索結果画面に商品広告が出せる「ショッピング広告」

「ショッピング広告」は、これまで解説してきたテキスト広告とは別に、商品画像や商品価格が表示されるタイプの広告です。ショッピング広告は検索連動型広告のひとつという位置づけで、検索語句に最も関連した商品の広告を表示します。ショッピング広告が掲載できるビジネスはeコマースビジネスに限られますが、テキスト広告と同じ検索結果画面に表示することができます。商品画像の表示によって従来のテキスト広告より目立ちやすいこと、ショッピング広告をクリックすると直接その商品詳細ページに誘導できることが特長です。

▶ **ショッピング広告の表示のされ方** 図表59-1

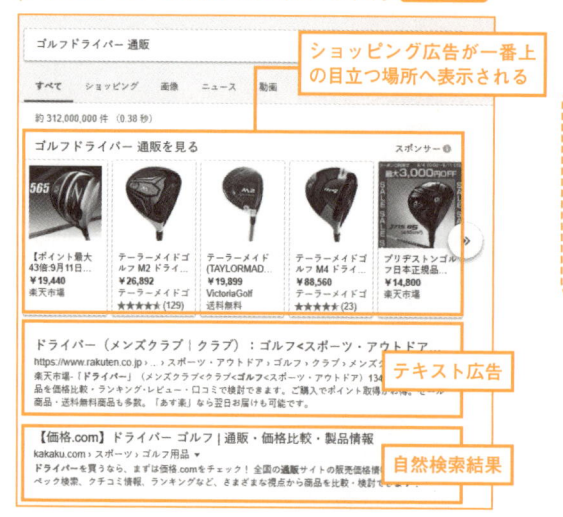

ショッピング広告が一番上
の目立つ場所へ表示される

テキスト広告

自然検索結果

ショッピング広告も検索連
動型広告と同じクリック課
金ですから予算の考え方も
同じでOK。ただし、キーワー
ドプランナーを使った予算
の予測はできません。

◯ ショッピング広告で表示される要素は主に4つ

ショッピング広告で表示される項目は、商品名、商品画像、税込み商品価格、ショップ名の4つです。商品によっては送料無料や商品評価といった要素が5つ目

の要素として表示されることがあります。これら4つの要素はLesson 62で説明する、商品フィードの内容に応じて反映がされます。

▶ **ショッピング広告を構成する4つの要素と5つ目の要素** 図表59-2

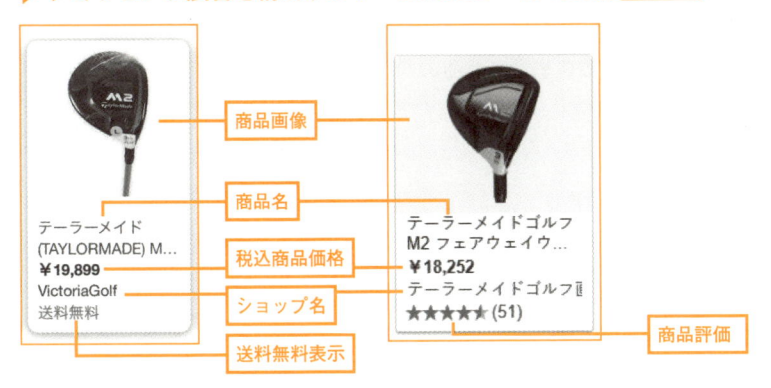

◯ モバイルでは画面の大半を専有するショッピング広告

ショッピング広告は検索結果の上部や下部、パソコンでは右側にも表示されます。特にモバイル端末でショッピング広告が上部に表示された場合、ショッピング広告が画面の半数近くを専有することになるため、掲載順位が1位以外のテキスト広告や自然検索結果は表示されません。

つまり、ショッピング広告を実施しないだけでも集客の機会損失が発生している状態に陥ってしまいます。

ショッピング広告の実施方法については次のLesson 60より説明します。しっかりとポイントをおさえて施策を実行していきましょう。

▶ **ショッピング広告は検索結果の最も目立つ位置に表示されやすい** 図表59-3

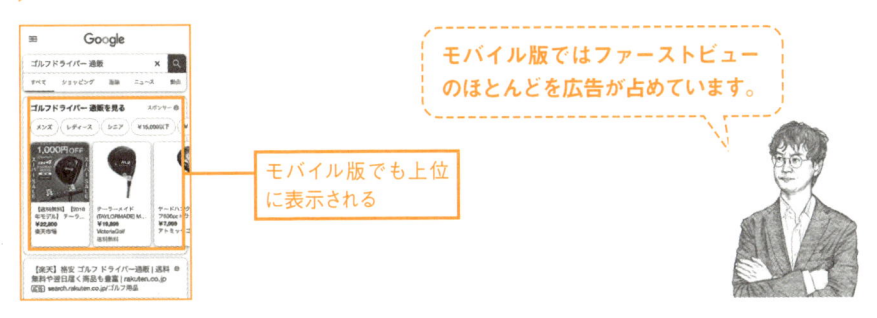

モバイル版ではファーストビューのほとんどを広告が占めています。

モバイル版でも上位に表示される

Lesson

60

[ショッピング広告の仕組み]

ショッピング広告が表示される仕組みを理解する

このレッスンの
ポイント

ショッピング広告は検索連動型の広告でありながら、キーワードや広告文の登録が不要な配信メニューです。このLessonでは、実際に検索されてからショッピング広告がどのように表示されるのかまで説明していきます。

Chapter 8

ECサイトならショッピング広告に挑戦しよう

◯ ショッピング広告が表示される仕組み

ショッピング広告は、検索語句に最も関連した商品が自動的に広告として表示される仕組みになっているので、広告出稿のためにキーワード選定や広告の作成はいりません。

しかし、ショッピング広告はGoogle広告とは別に、Google Merchant Centerというツールの利用と連携が必要です。これは、

ショップと商品のデータをGoogleにアップロードして、ショッピング広告やその他のGoogleサービスで利用できるようにするツールです。また、広告に必要な商品情報として商品フィードを用意する必要もあるという点では、これまでのテキスト広告よりは導入のハードルは高めになっています。

▶ **ショッピング広告の仕組み** 図表60-1

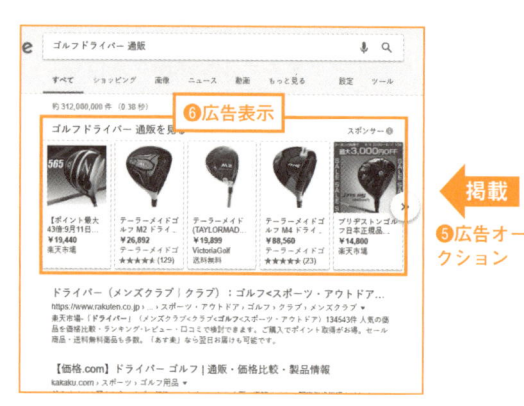

❶検索語句の送信

ゴルフドライバー 通販 🔍

❷検索語句を解析

検索

Google 広告

❸商品情報の
問い合わせ

❹商品情報
の送信

Google Merchant Center

商品情報

❺広告オークション

掲載

❻広告表示

188

● Google Merchant Centerへの登録について

Google Merchant Centerは、ショップのドメインやショップ名、送料設定といったショップの情報や商品情報をGoogleショッピングやGoogle広告に提供する役割を持っています。また、ショップで取扱いのある商品アイテムの情報の管理もGoogle Merchant Centerで行います。

▶ Merchant Centerへの登録 図表60-2

ショッピング広告に関する設定のほとんどは Google Merchant Center で行います。

▶ Merchant Center
https://www.google.com/retail/solutions/merchant-center

● 商品情報は「商品フィード」の構築が必要

ショッピング広告の表示には、商品フィードと呼ばれるデータを作成し、Google Merchant Centerにアップロードする必要があります。商品フィードというと難しそうに聞こえますが、例えば住所録のような形式のデータベースとイメージすると分かりやすいでしょう。

住所録では氏名、郵便番号、住所などの個人の情報をそれぞれ記入し管理していますね。これを人から商品に置き換えたのが商品フィードとなります。

ただし、実際の商品フィードは項目名や設定できる内容がGoogleによって決められており、手持ちのデータをMerchant Center用に加工する必要があります。また、商品の追加や在庫の変動などが頻繁に発生するので、商品のデータベースと連動する仕組みも必要です。

▶ 商品フィードは商品の住所録 図表60-3

姓	名	郵便番号	都道府県	区市町村	住所1	住所2
田中	広樹	101-0051	東京都	千代田区	神田神保町1-105	神保町三井ビルディング

商品名	価格	在庫	ブランド
M3 460 Driver	¥61,200	10	テーラーメイド

住所録の「人」が「商品」に置き換わったのが商品フィード

61

Google Merchant Centerを設定する

**このレッスンの
ポイント**

Google Merchant Centerは商品データの管理や、ショップの情報、送料の設定などを行います。ショップ名や送料は広告の表示にも影響をあたえるため、できるだけ細く設定を行いましょう。

○ Google Merchant Centerアカウントのサインアップ

Google Merchant Centerを利用するためにはGoogleアカウントを作成し、その上でサインアップを行う必要があります。
すでにGoogle広告を利用するための

Googleアカウントを持っているので、Google広告と同じGoogleアカウントを使ってサインアップをしていきましょう。

1 Google Marchant Centerへアクセスする

1 https://www.google.co.jp/intl/ja/retail/solutions/merchant-center/ にアクセスします。

2 ［登録］ボタンをクリックします。

2 Googleアカウントでログインする

1 Google広告で利用しているGoogleアカウントでログインします。

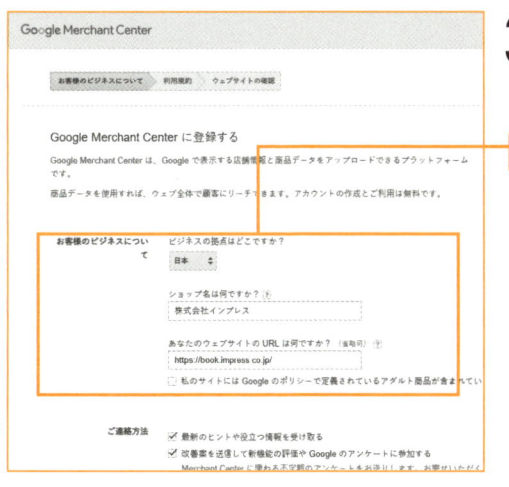

3 ショップの情報を登録する

1 必要事項を入力します。

4 利用規約に同意する

1 利用規約を読み、同意しますにチェックの上［続行］をクリックします。

5 URLの確認と申し立てを行う

1 画面に表示されている手順に沿って、URLの確認と申し立てを行います。

2 ［URLを確認］をクリックします。

> この手順以外の方法でURLの確認と申し立てを行うこともできます。その場合は「ウェブサイトのURLの確認と申し立てを行うその他の方法」の欄を参照してください。

○ ビジネス情報の追加

1 ショップの情報を登録する

1 ［ビジネス情報］→ ［ビジネスの概要］の順にクリックします。

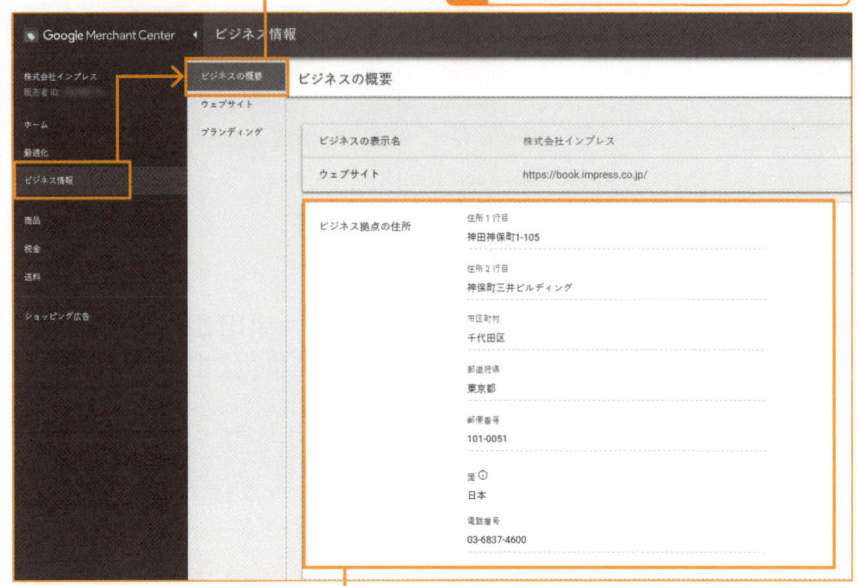

2 ショップの情報を適切に入力します。

注意　2020年1月現在、ビジネス情報と送料は、画面右上のスパナのアイコンをクリックして、**[ビジネス情報]** または **[送料と返品]** から設定します。

3 カスタマーサービスの情報を適切に入力します。

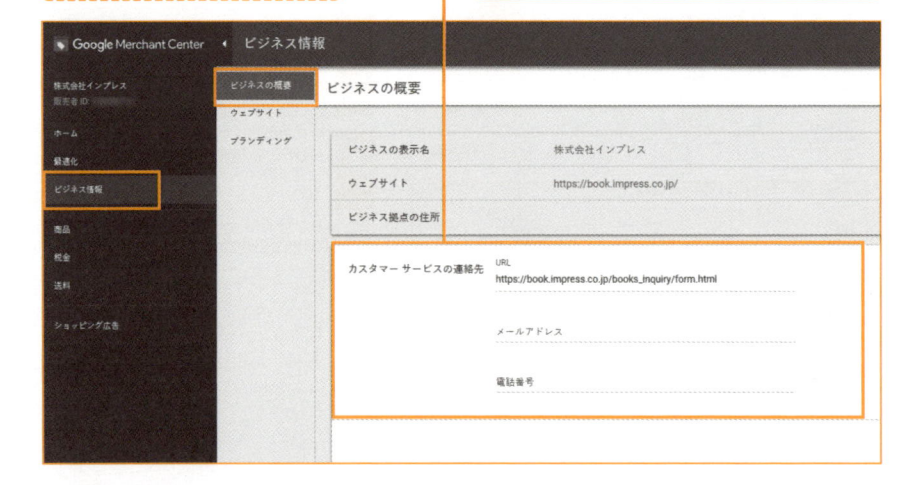

2 送料の設定画面を表示する

1 ［送料］→［サービス］→［＋］の順にクリックします。

3 送料の設定をする

1 設定内容がひと目で分かるような名前をつけます。

2 サービスの対象地域で日本を選択。海外へ発送する場合は発送先の国名と通貨を選択します。

3 注文から商品の到着までかかる営業日数を入力します。

4 最低購入金額が決まっており、それを下回る価格の商品の場合は配送ができない場合に入力します。

5 ［＋］をクリックして送料を計算するために必要な条件の設定を始めます。

引き続き、次ページで操作を続けます。

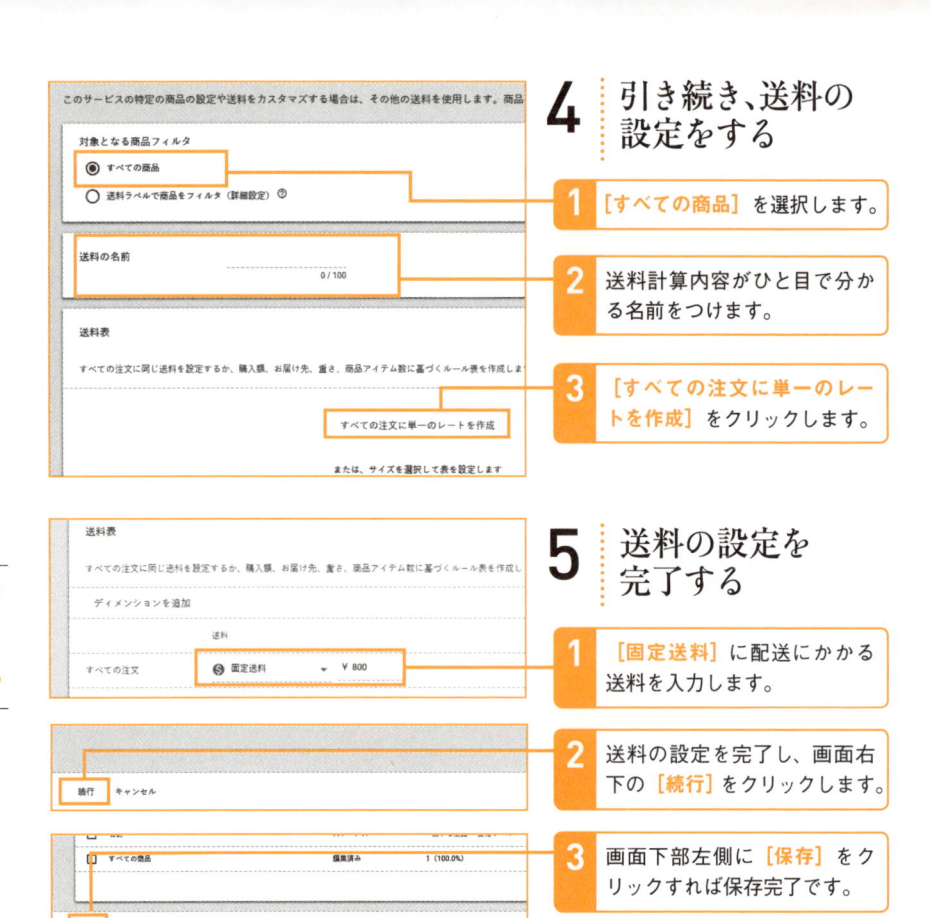

4 引き続き、送料の設定をする

1 ［すべての商品］を選択します。

2 送料計算内容がひと目で分かる名前をつけます。

3 ［すべての注文に単一のレートを作成］をクリックします。

5 送料の設定を完了する

1 ［固定送料］に配送にかかる送料を入力します。

2 送料の設定を完了し、画面右下の［続行］をクリックします。

3 画面下部左側に［保存］をクリックすれば保存完了です。

Google Merchant Centerの設定が完了しました。

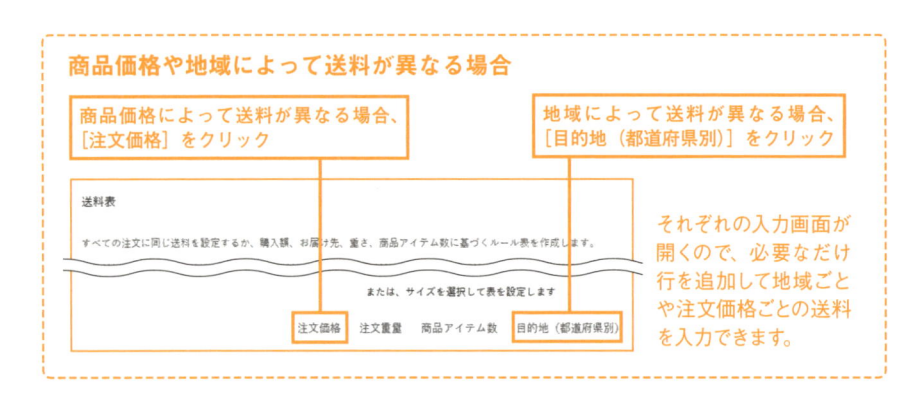

商品価格や地域によって送料が異なる場合

商品価格によって送料が異なる場合、［注文価格］をクリック

地域によって送料が異なる場合、［目的地（都道府県別）］をクリック

それぞれの入力画面が開くので、必要なだけ行を追加して地域ごとや注文価格ごとの送料を入力できます。

62

[商品フィードの準備]

商品フィードを作成して 商品情報を登録する

Google Merchant Centerに商品情報をアップロードするには、「商品フィード」という形式でデータを送信する必要があります。各ECサイトが保持している商品データを活用できるよう、対応のための準備について解説します。

○ 商品フィード作成に必要な属性とファイル形式

商品フィードは、簡単に言えばExcelのような表計算ソフトで作った表データで、商品ごとに、商品名や価格、商品紹介などの情報を「属性」として登録したものです。先頭行には属性を記述し、2行目以降、1商品1行として商品情報が入力された表データです。商品数が非常に少ないECサイトの場合は、Googleスプレッドシートを使って商品フィードを作ることも可能です。商品フィードに使えるファイル形式は、タブ区切りのテキスト形式（.txt）とXML形式（.xml）の2種類です。原則的に、いずれかのファイル形式で商品フィードを構築します。ショッピング広告を掲載するために最低限必要な属性は、以下のものです 図表62-1 。

▶ **商品フィードに必要な属性** 図表62-1

id属性	availability属性	gtin属性
title属性	price属性	mpn属性
description属性	google_product_category属性	identifier_exists属性
link属性	brand属性	condition属性
image_link属性		

商品フィードは Google スプレッドシートを使っても作成できると解説しましたが、実際には社内のデータベースと連携して商品情報を書き出すことが多くなるでしょう。

◯ 商品フィードをアップロードする

1 商品フィードを追加する

作成した商品フィードはサイドバーメニュー[商品]からアップロードします。

1 [商品]→[フィード]→[+]の順にクリックします。

2 対象国が[日本]、言語が[日本語]となっていることを確認します。海外向けに販売する場合は対象国と言語を変更します。

3 [続行]をクリックします。

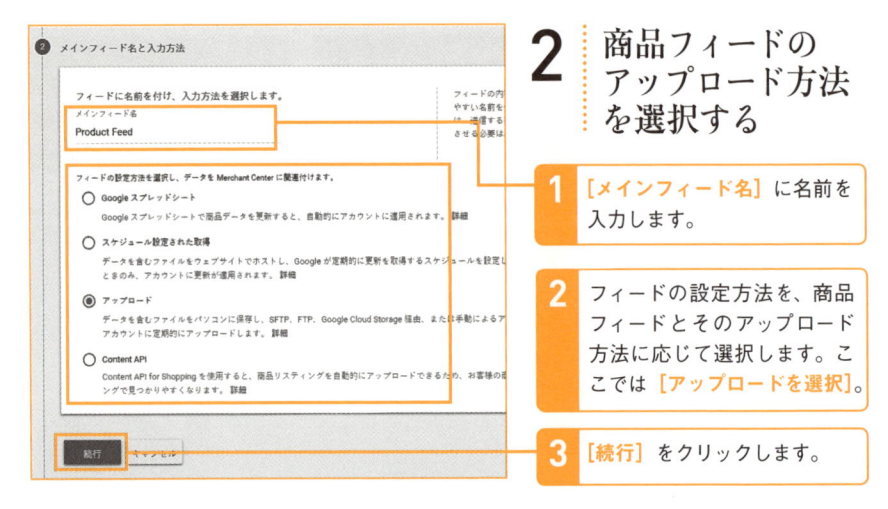

2 商品フィードのアップロード方法を選択する

1 [メインフィード名]に名前を入力します。

2 フィードの設定方法を、商品フィードとそのアップロード方法に応じて選択します。ここでは[アップロードを選択]。

3 [続行]をクリックします。

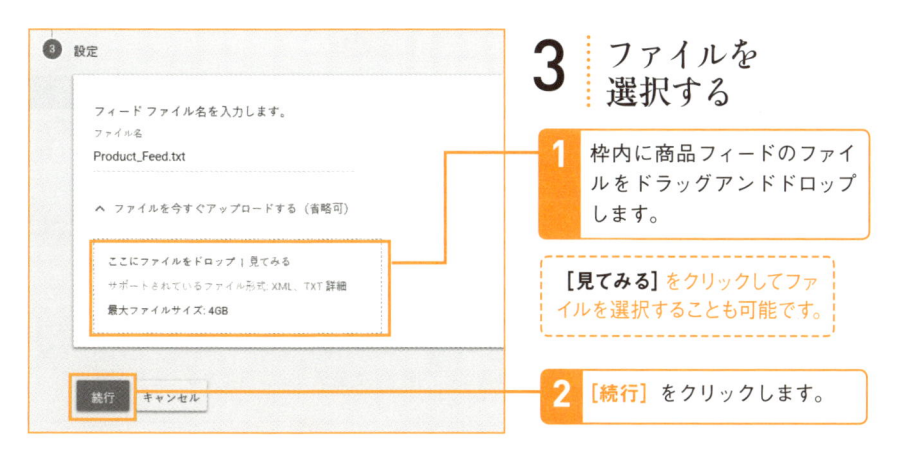

3 ファイルを選択する

1 枠内に商品フィードのファイルをドラッグアンドドロップします。

［見てみる］をクリックしてファイルを選択することも可能です。

2 ［続行］をクリックします。

▶ **商品フィードの例** 図表62-2

ID	title	description	link
ABC001	DUNLOP ゼクシオ テン ドライバー	xxxxxxxxxxxxxxxxxxxxxxxxxxxx	http://example-golf.co.jp/item/abc001/
DEF002	キャロウェイ ローグ スター ドライバー	yyyyyyyyyyyyyyyyyyyyyyyyyyyy	http://example-golf.co.jp/item/def002/
GH1003	テーラーメイド M4 ドライバー Speeder569 Evolution IV	zzzzzzzzzzzzzzzzzzzzzzzzzzzz	http://example-golf.co.jp/item/gh1003/

image_link	availability	price	google_product_category
http://example-golf.co.jp/item/abc001/01.jpg	in_stock	86400 JPY	スポーツ用品 > 屋外レクリエーション > ゴルフ用品 > ゴ
http://example-golf.co.jp/item/def002/01.jpg	in_stock	81000 JPY	スポーツ用品 > 屋外レクリエーション > ゴルフ用品 > ゴ
http://example-golf.co.jp/item/gh1003/001.jpg	in_stock	88560 JPY	スポーツ用品 > 屋外レクリエーション > ゴルフ用品 > ゴ

○ 商品フィードは商品のステータスにあわせて更新する

ECサイトを運用していると、割引による販売価格の変更、在庫切れや補充、新商品の追加や販売終了商品の撤去などは日常茶飯事です。こういった商品のステータスが変化したら、商品フィードの更新もあわせて行う必要があります。 本Lessonではテキストファイル形式の商品フィードをアップロードする手順を紹介していますが、このように商品の状況が変わる度にファイルを更新してアップロードを繰り返すのは現実的ではありません。商品のステータスが頻繁に変わる状況下では、商品のデータベースから商品フィードを生成する仕組みが必要になってきますが、商品データベースの構造や管理の方法によって取れる手段は千差万別なので、システム部門と相談したり外部のデータフィード最適化サービスを提供しているツールベンダーのツールを導入したりすることが必要になります。

ショッピング広告は商品フィードをいかに効率よく更新するかがカギです。広告を出すための仕組みづくりが大変ですが、仕組みができてしまえば手はかかりません。

▶ 商品フィードの主な属性に関するルール 図表62-3

属性名	利用の概要		
id属性	Google Merchant Center内で管理するために必要な値で、重複しない値を指定する。商品ごとの出席番号のようなもの。SKUの値をIDに利用すると、広告に利用するデータと実際の商品データベースとの突き合わせが行いやすい 最大：半角50文字		
title属性	商品名を記述する。「セール」「送料無料」「初回限定」といった宣伝文や特殊文字による装飾など、商品名と関係ない表現をすることはできない 最大：半角150文字		
description属性	商品に関する説明を記述する。ランディングページの説明と一致するような説明を記入する。title属性と同様「セール」「送料無料」「初回限定」といった宣伝文や特殊文字による装飾など、商品名と関係ない表現をすることはできない 最大：半角5,000文字		
link属性	商品のランディングページのURLを記入する。Google Merchant Centerで指定したWebサイトのドメインと商品のランディングページのドメインが一致している必要がある		
image_link属性	形式：	GIF（.gif）、JPEG（.jpg または .jpeg）、PNG（.png）、BMP（.bmp）、TIFF（.tif または .tiff）	
	画像サイズ	ファッション関連以外の商品の画像：100 x 100 ピクセル以上、ファッション関連の商品の画像: 250 x 250 ピクセル以上	
	解像度	64 メガピクセル以下	
	容量	16 MB 以下	
	最小要件（一部抜粋）	商品全体が正確に表示されていること／ 実際の商品画像ではない画像、図、イラストは使用できない※／ 全体が1つの色で塗りつぶされただけの画像は使用できない※／ 商品画像の代わりにロゴやアイコンを使用することはできない※／ 宣伝要素を含む画像や商品を覆うコンテンツは使用できない／枠付きの画像は使用できない ※商品の属するカテゴリによっては一部の例外がある	
availability属性	商品の在庫状況を「in stock」（在庫あり）、「out of stock」（在庫なし）、「preorder」（予約）の中から選択して記入する		
price属性	商品の価格を記入する。価格はランディングページの表記と一致させる必要がある。消費税込みで記入し、価格の後ろに半角スペースと「JPY」を付け加える。また、価格表記にカンマを使うことも可能だが、誤ってカンマ区切りのテキストファイルで保存すると、次回ファイルを開いたときに金額のカンマが項目区切りのカンマと認識されデータが正しく開けなくなる恐れがあるので要注意		
google_product_category 属性	Googleの商品分類に基づき、商品のカテゴリを割り当てる。Google商品カテゴリを割り当てる際には、商品アイテムを最もよく表すカテゴリかつできるだけ詳細なカテゴリを使用する。Googleの商品分類一覧は次のURL参照のこと ▶google_product_category [Google 商品カテゴリ] - Google Merchant Center ヘルプ https://support.google.com/merchants/answer/6324436		
brand属性	「DUNLOP」「キャロウェイ」「テーラーメイド」のように商品のブランドを表すブランド名を記入する。ブランドが明確に関連付けられていない商品（映画、書籍、音楽、ポスターなど）や、カスタムメイドの商品（美術品、ノベルティ商品、ハンドメイドの商品など）の場合は省略できる 最大：半角70文字		

ECサイトならショッピング広告に挑戦しよう

属性名	利用の概要
gtin属性	メーカーによって割り当てられている国際商取引番号（GTIN）を記入する。日本で流通している商品の場合はJANコード、書籍の場合はISBNコードを、海外で流通している商品の場合はUPCやEANといったコードを記入。販売者が他にいない商品や、そのショップオリジナルブランドの商品は、他の店やショップでの流通が発生しないため、一般的にはGTINが存在しないケースがある。その場合には記入せず省略する
mpn属性	メーカーが定めた製造番号や型番を記入する。gtin属性が割り当てていない場合は記入が必須だが、明確な製造番号がない商品やカスタムメイドの商品（美術品、ノベルティ商品、ハンドメイドの商品など）の場合は任意 最大：半角70文字
identifier_exists属性	「gtin属性」と「brand属性」または「mpn属性」と「brand属性」のいずれも持たない商品の場合、GTIN値を持たないカスタムメイドの商品（美術品、ノベルティ商品、ハンドメイドの商品など）やアンティーク商品の場合のみ「no」と記入します。通常は省略する
condition属性	商品の状態を「new」（新品）「used」（中古品）「refurbish」（再生品）のうちのいずれかから選択して記入する

> 項目が多いので複雑そうに見えますが、1つ1つに設定するべき内容はシンプルなので、少し大変ですが慣れていきましょう。

👍 ワンポイント　商品フィードの属性はまだまだ存在する

本書ではショッピング広告を掲載するために必要最低限な属性について紹介していますが、実際には他にも、アパレルなど商品のサイズやカラーのバリエーションがある商品向けの属性、複数個口売り、組み合わせ販売、セール価格表示などの属性が多岐に渡って用意されています。

また、「google_product_category」で割り当てたカテゴリによっては、本書で紹介した属性以外にも記入が必須となるので注意が必要です。本書で紹介した以外の属性については、Google Merchant Centerのページをご確認ください。

▶ **Google Merchant Center ヘルプ-** 商品詳細について

https://support.google.com/merchants/answer/7052112?hl=ja

［ショッピングキャンペーンの作成］
63 ショッピングキャンペーンの設定を行う

**このレッスンの
ポイント**

Google Merchant Centerへ商品フィードのアップロードの次は、ショッピング広告が掲載できるようにGoogle広告アカウントと連携し、初期設定を行っていきます。検索連動型広告と異なり、キーワードや広告の設定は不要です。

○ Google広告アカウントとの連携

Google広告アカウントとの連携は、Google広告とGoogle Merchant Centerのどちらからも行うことが可能です。ここで　はGoogle Merchant CenterからGoogle広告のアカウントを連携する方法を紹介します。

1 ： アカウントのリンク画面を表示する

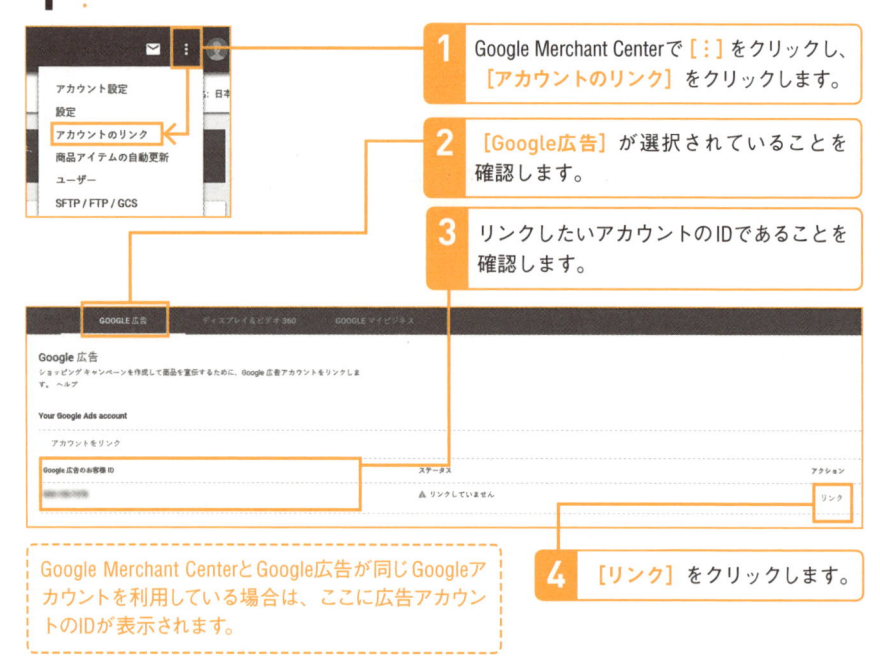

1 Google Merchant Centerで［⋮］をクリックし、［アカウントのリンク］をクリックします。

2 ［Google広告］が選択されていることを確認します。

3 リンクしたいアカウントのIDであることを確認します。

4 ［リンク］をクリックします。

Google Merchant CenterとGoogle広告が同じGoogleアカウントを利用している場合は、ここに広告アカウントのIDが表示されます。

2 別のGoogleアカウントで利用している Google広告アカウントを指定する

Google 広告

ショッピング キャンペーンを作成して商品を宣伝するために、Google 広告アカウントをリンクします。ヘルプ

Your Google Ads account

アカウントをリンク

Google 広告のお客様 ID	ステータス
×××-×××-××××	⚠ リンクしていません

その他の Google 広告アカウント

アカウントをリンク

Google 広告のお客様 ID	ステータス

1 Google広告アカウントが表示されていない場合は、[アカウントをリンク] をクリックします。

3 Google 広告の お客様IDを 入力する

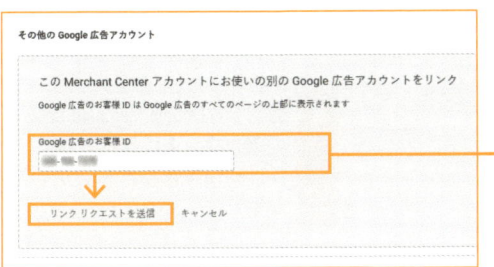

その他の Google 広告アカウント

この Merchant Center アカウントにお使いの別の Google 広告アカウントをリンク

Google 広告のお客様 ID は Google 広告のすべてのページの上部に表示されます

Google 広告のお客様 ID
×××-×××-××××

↓

リンク リクエストを送信　キャンセル

1 Google広告 管理画面の左上に表示されている、お客様IDを入力して [リンクリクエストを送信] をクリックします。

4 Google 広告の 管理画面を開く

| | Q 移動 | 📊 レポート | 🔧 ツール | C | ❓ | 🔔 |

以前の AdWords に戻す ⏏

📋 一括操作	📏 測定	⚙ 設定
すべての一括操作	コンバージョン	請求とお支払い
ルール	Google アナリティクス	ビジネスデータ
スクリプト	検索アトリビューション	アカウントのアクセス権
アップロード		リンク アカウント
		各種設定

1 Google 広告の管理画面上から、[ツール] (スパナアイコン) をクリックし、メニューで [リンク アカウント] をクリックします。

5 | リンクのリクエスト承認を行う

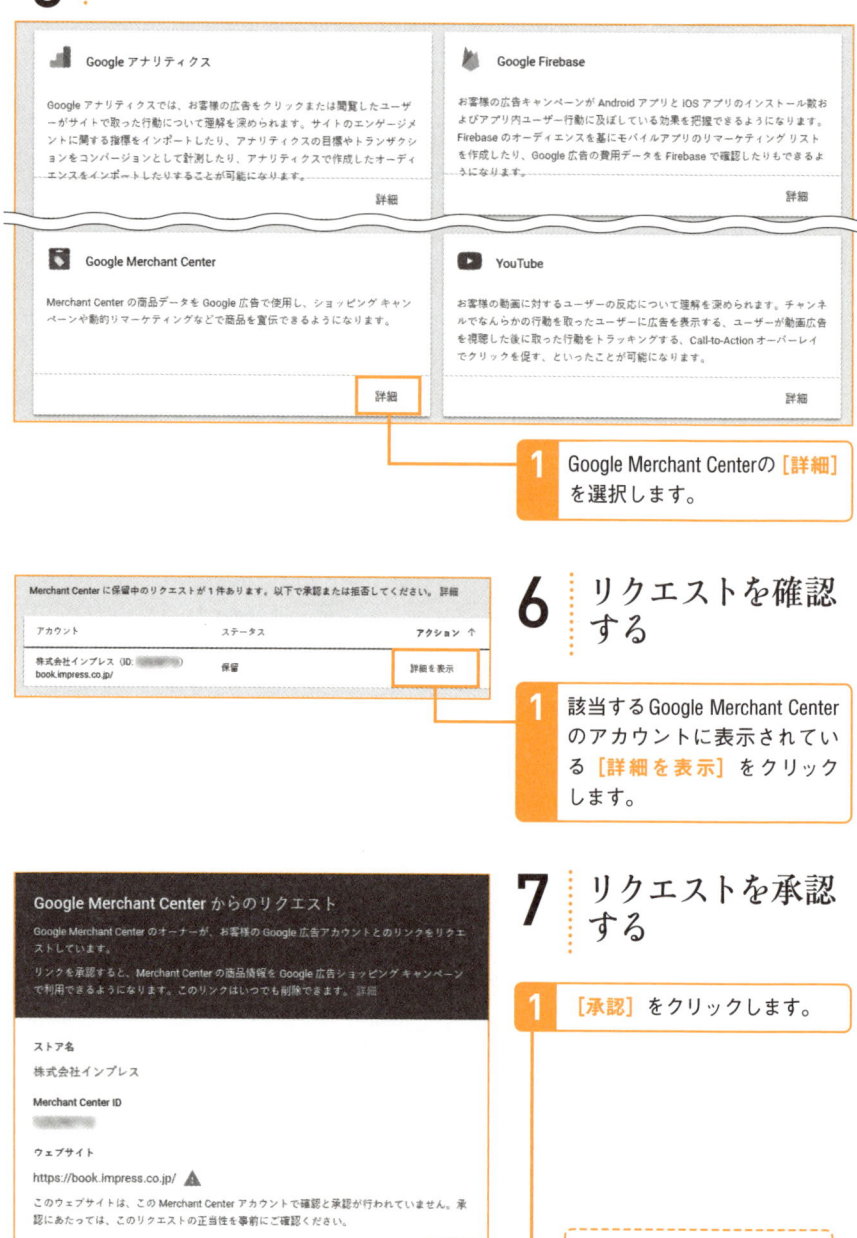

1 Google Merchant Centerの [詳細] を選択します。

6 | リクエストを確認する

1 該当する Google Merchant Center のアカウントに表示されている [詳細を表示] をクリックします。

7 | リクエストを承認する

1 [承認] をクリックします。

リンクの承認が完了します。

ショッピングキャンペーンを作成する

Google Merchant Centerアカウントとの連携が終わったら、いよいよショッピング広告を管理するためのキャンペーンである、ショッピングキャンペーンを作成していきます。

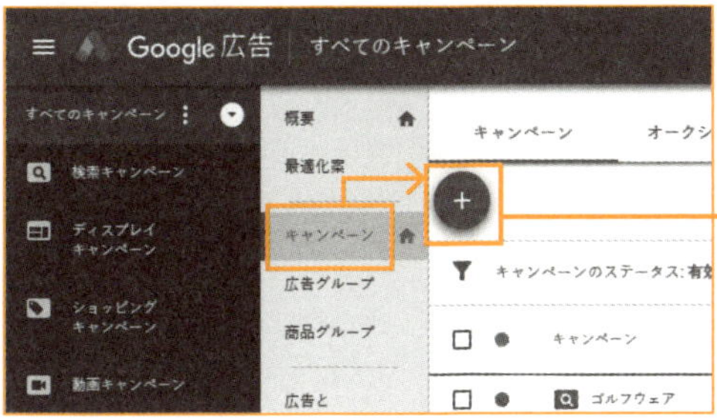

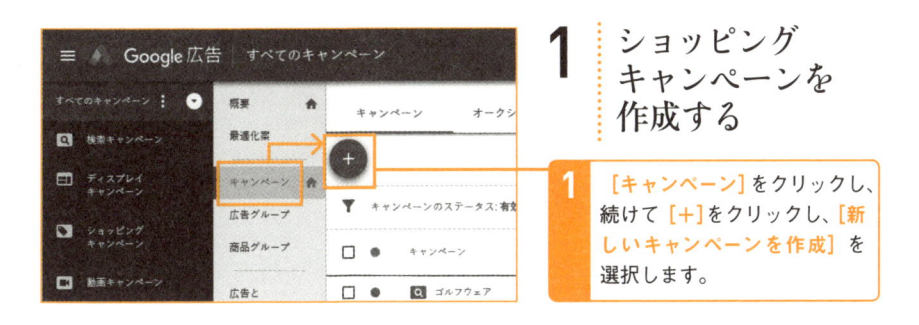

1 ショッピングキャンペーンを作成する

1 ［キャンペーン］をクリックし、続けて［+］をクリックし、［新しいキャンペーンを作成］を選択します。

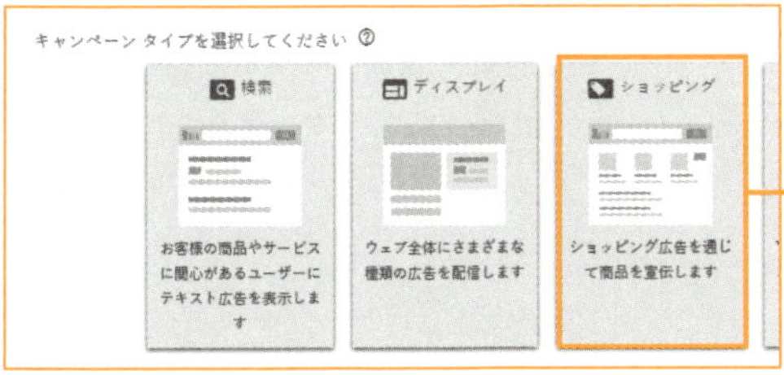

2 キャンペーンタイプを選択する

1 キャンペーンタイプに［ショッピング］を選択します。

3 目標の達成を選択する

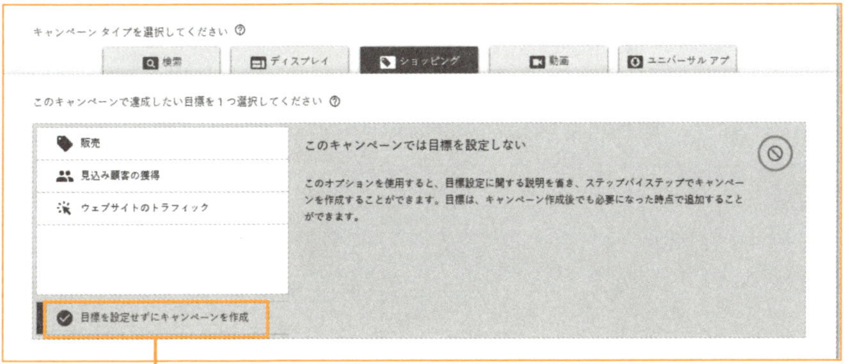

1 ［目標を設定せずにキャンペーンを作成］をクリックします。

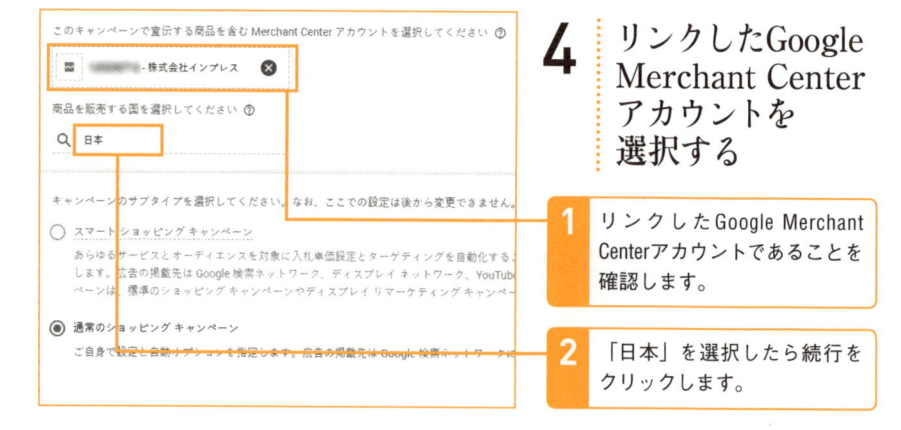

4 リンクしたGoogle Merchant Center アカウントを 選択する

1 リンクしたGoogle Merchant Centerアカウントであることを確認します。

2 「日本」を選択したら続行をクリックします。

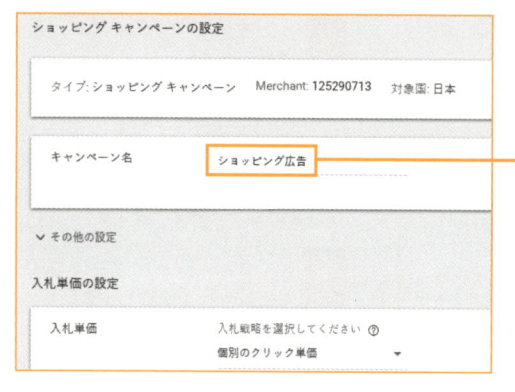

5 キャンペーン名 などの設定を行う

1 キャンペーン名やキャンペーン予算、その他必要事項を入力したら次へ進みます。

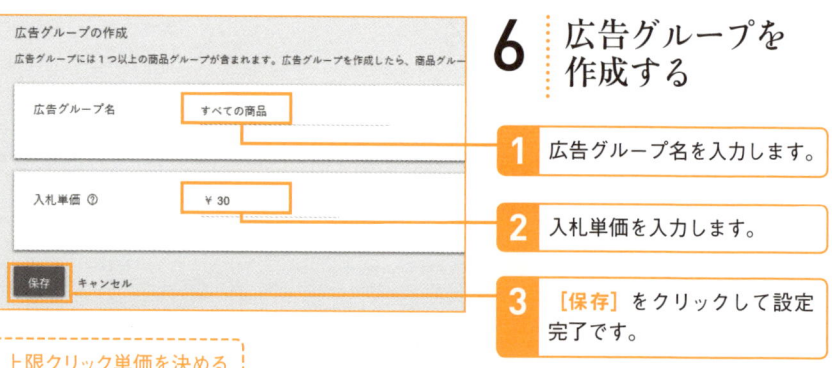

6 広告グループを 作成する

1 広告グループ名を入力します。

2 入札単価を入力します。

3 ［保存］をクリックして設定完了です。

上限クリック単価を決めるときは数十円程度で設定し、そのレポートを確認しながら少しずつ調整を行っていきましょう。

ここまで設定できればショッピング広告の基本的な設定はすべておしまいです。

64

ショッピングキャンペーンを管理する

ショッピングキャンペーンでは、**商品グループという単位で入札の単価を調整していきます。商品グループ**では、**商品フィードの属性**ごとに、自由に**商品をまとめて入札単価を調整する**ことができます。

🟠 管理は商品グループで行う

ショッピング広告では、初期設定のままキャンペーンを作成すると、広告グループの中に、Google Merchant Centerで設定した商品フィードの商品すべてが、「すべての商品」というひとつのまとまった形で登録されます。

このままショッピング広告を掲載することも可能ですが、このままの設定ではすべての商品が同じ入札単価で設定されてしまいます。

当然、商品価格や利益率の関係から、広告を積極的に出していきたいカテゴリやそうではないカテゴリがあるはずです。「すべての商品」に一律の入札設定のままでは、広告の投資対効果を高めることは難しくなります。そこで、商品グループという概念を使って、広告を積極的に出すカテゴリやそうでもないカテゴリを分類することで、広告予算を効率よく割り振ることができるようになります。

▶ 商品グループの一覧　図表64-1

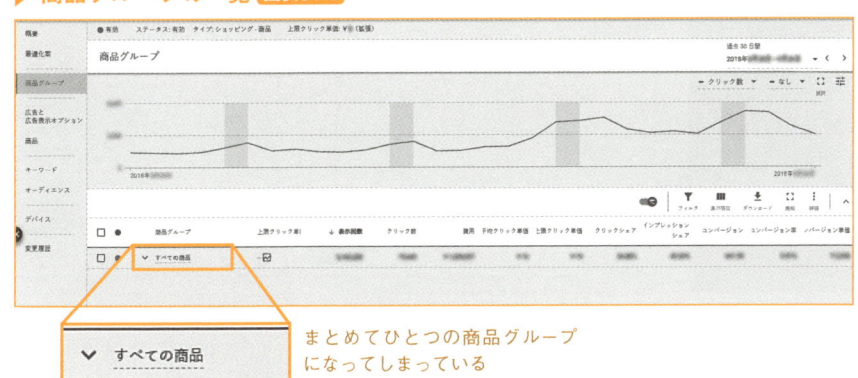

まとめてひとつの商品グループになってしまっている

NEXT PAGE ➡ | **205**

▶ **検索キャンペーンとショッピング広告の管理方法の違い** 図表64-2

検索キャンペーンと異なり、ショッピング広告では商品の分類しか指定できない

○ 商品グループの編成を行う

1 商品グループの区分を追加する

商品グループの定義は、ショピング広告キャンペーン内で行います。

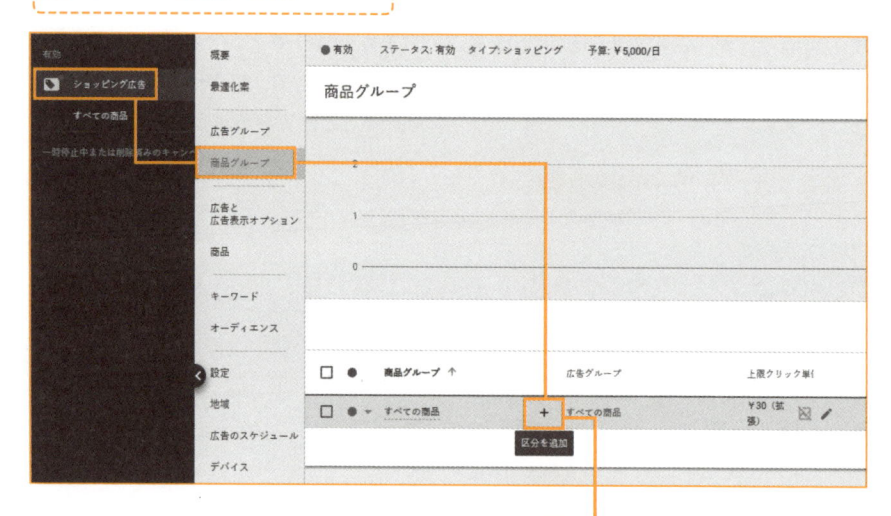

1 [＋](区分を追加) をクリックします。

2 | カテゴリを選択する

1 「カテゴリ」を選択します。

2 すべての項目にチェックマークをつけます。

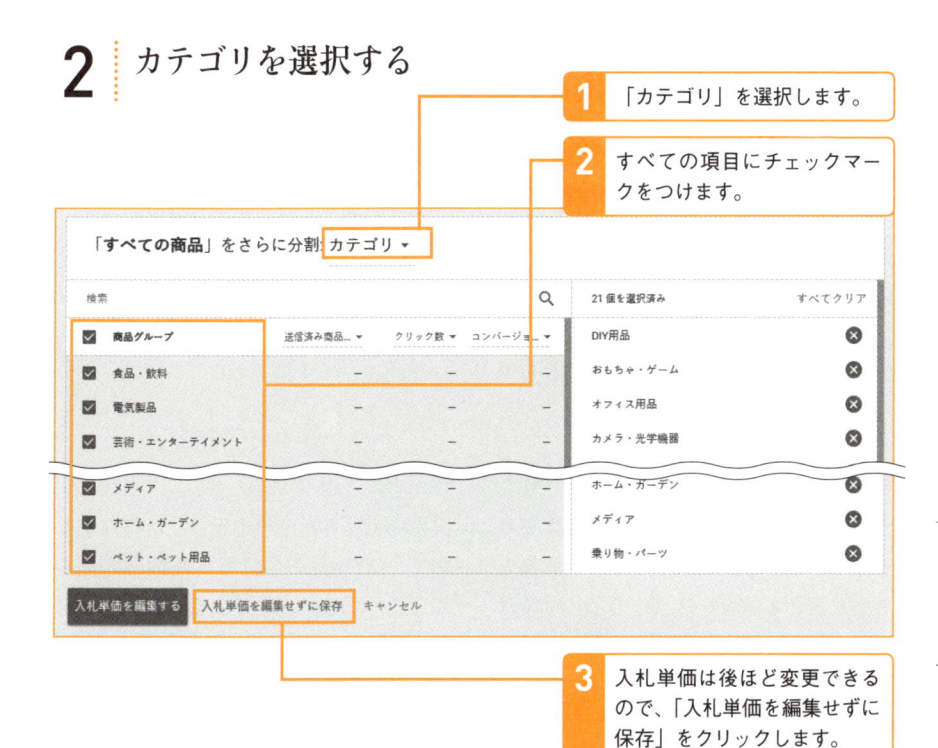

3 入札単価は後ほど変更できるので、「入札単価を編集せずに保存」をクリックします。

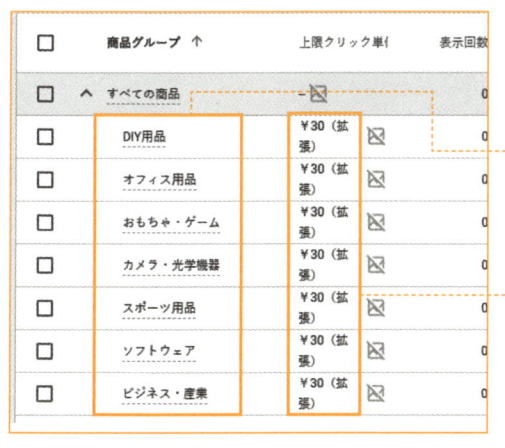

3 | 商品のカテゴリが細分化される

すべての商品が細分化されて、チェックマークを付けたカテゴリが表示されるようになりました。

カテゴリごとの入札が行えるようになりました。

⭕ 商品グループの情報は商品フィードの属性

商品グループで指定できる分割方法は、商品フィードで使われている属性の一部のものです。手順2で紹介した「カテゴリ」は商品フィードのgoogle_product_category属性を基準として商品グループが構成されます。その他、brand属性やcondition属性などから選択することも可能です。

入札は商品グループ単位で行う仕組みのため、商品グループをどう編成するかによって成果が変わってきます。どんなグループの作り方があるか、検討する際の参考にしてください。

⭕ 商品グループは細分化することができる

例えば、DIY用品の中でも、工具は売れるからもう少し入札額を高くして広告をもっと表示したい、とか、DIY小物類は利益率が低いので入札額を安くして広告の表示を抑えたいと言うように、DIY用品にもたくさんの小カテゴリが存在するので、DIY用品の中でも入札額の強弱をつけたい場合に、さらなる細分化を検討するといいでしょう。

▶ **細分化による階層化が可能** `図表64-3`

細分化をすればするほど細やかな管理をすることが可能ですが、管理が煩雑になってしまいがちです。細分化を行う場合は、特にコンバージョンが発生している商品グループや、注力して販売したい商品グループなどに絞りましょう。

[ショッピングキャンペーンの分析・最適化]

65 ショッピングキャンペーンの分析のポイントを押さえる

ショッピング広告では、検索キャンペーンとは異なる仕組みで広告が表示されるため、広告効果の分析方法も異なります。ここではショッピング広告の成果で見るべき指標と、さらなる最適化を行うためのポイントについて触れます。

● ショッピング広告の分析に使えるレポート指標

Google広告には、ショッピング広告向けに独自のレポート指標が用意されています。それぞれの指標で分析できる内容は次のとおりです。

ベンチマークの上限クリック単価

類似する商品の広告を掲載している広告主が入札しているおおよその金額です。現在の入札単価に比べてベンチマークの上限クリック単価が大幅に上回っているにもかかわらず、広告の表示がされにくいといった場合は、商品フィードや商品画像の見直しが必要です。

ベンチマークCTR

類似する商品の広告におけるおおよそのクリック率です。現在のクリック率に比べて、ベンチマークCTRが大幅に上回っている場合は、商品フィードや商品画像の見直しが必要です。

絶対上位のインプレッションシェア

広告が最も目立つ場所に表示された割合を示します。コンバージョン単価が安い、または、広告費用対効果が良い商品にもかかわらずこの割合が低い場合は、入札単価を上げることで、さらに目立つ位置に広告掲載することで、より多くのクリックを集めることができ、結果的にコンバージョン数の増加も見込めるでしょう。

ショッピング広告では「掲載順位」や「品質スコア」といった指標がありません。ショッピング広告用のレポート指標から広告の善し悪しを推測しましょう。

NEXT PAGE ➡

▶ ショッピング広告向けレポート指標の表示方法 図表65-1

ショッピング広告の分析に使えるレポート
指標を表示されるように設定します。

❶管理画面で［表示項目］をクリック

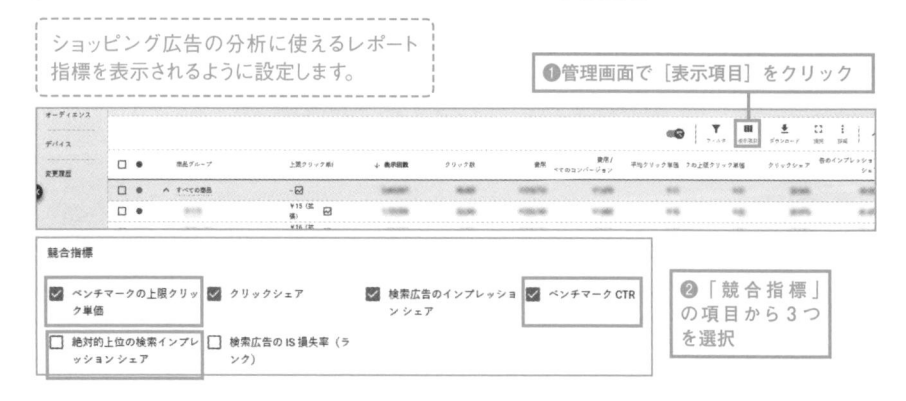

❷「競合指標」
の項目から3つ
を選択

ⓘ COLUMN

ASPカートを利用しているeコマースなら、ショッピング広告の利用が簡単に！

eコマースによって商品情報の持たせ方はまちまちですが、それをGoogle側で処理するためには、そのデータの持たせ方をどうしても統一する必要があります。ショッピング広告を導入するための最大の障壁は、この「まちまちなデータを統一されたフォーマットに作り変えること」です。

しかしeコマースサイトを構成する際に、ASPカート（ネットショップ構築や運営に必要なサービス）を導入している場合は、商品フィードを自動的に作成できる機能がついているかもしれません。例えば「futureshop」「ショップサーブ」「MakeShop」といったASPカートサービスでは、ショッピング広告との連携機能として、商品情報から自動的に商品フィードを生成する機能を提供しています。この連携機能を利用すれば、商品フィードの知識がなくても簡単にショッピング広告を始めることが可能です。

またこういった便利なASPカートを使っていない場合でも、商品情報から商品フィードを自動的に生成してくれるサービスをさまざまなツールベンダーが提供しています。ASPカートを持たず、社内で商品フィードを作成する仕組みを構築できない場合は、こうしたサービスを提供している株式会社フィードフォース、ビカム株式会社、コマースリンク株式会社といったツールベンダーと相談してみてはいかがでしょうか。株式会社フィードフォースからは、ショッピング広告の運用まで自動で行うサービス「EC Booster」も提供されています。対応するASPカートを契約していれば利用できるので、広告の運用をフルオートで行いたい場合はこういったツールの利用を視野に入れてみてはいかがでしょうか。

Lesson

66

[商品フィードの最適化]

属性と入力情報を工夫して
マッチングを最適化する

8章の最後に、ショッピング広告を効果的に配信するために必要な、商品フィード作成のコツを解説します。商品フィードに使う属性や入力情報を工夫することで、検索語句と商品のマッチングをもっと高められます。

○ 商品フィードの属性はできるだけ多く正確に埋める

Google広告上でのショッピング広告の最適化は、「入札単価」の設定しかできません。このため、入札単価を大幅に上げても自社の広告が表示されない、クリック率を高めたいといった場合は、商品フィードを修正するしか道はありません。ショッピング広告は検索語句に対して、商品フィードの情報から最も関連性が高い商品を広告として表示します。つまり、多くの属性に正確な情報を記入していけばしていくほど、検索語句と商品のマッチング度合いが高まり、広告の表示機会も増えます。例えば赤いゴルフシャツを販売する場合なら、商品名（title属性）が「ゴルフシャツ」と記入してある商品と「ゴルフシャツ（赤）」と記入してある商品では、後者のほうがより関連度が高くなります。Google側が適切な商品だと選定できるように、関連する属性にはできる限り情報を記入しておくというのが鉄則です。

ファッション関連商品では color 属性が用意されていたりもします。マッチングにつながる属性はもらさず記入しましょう。

Chapter 8

ECサイトならショッピング広告に挑戦しよう

NEXT PAGE →

○ 商品タイトルは全体が表示されない前提で考える

ショッピング広告は、同時に表示される商品数によって表示情報の分量が変わります。特にタイトル（title属性）は、最大で半角150文字まで設定できるものの、表示されるのは全角10〜30文字程度です。つまりほとんどの情報は表示されません。そこで、ブランド名や商品名といった重要な情報はできるだけ前方に配置し、サイズやカラーといった付加的な情報は後半に置くといった工夫が必要です。

また、表示されないからといって付加的な情報は入れなくてもいいというわけではありません。検索語句と商品のマッチングを行うためには、商品フィードに記入された情報が必要です。前項で説明したように、Google側に適切な判断材料となるよう、表示されにくい情報だとしても必ず入力しましょう。

▶ **商品情報はすべて表示されるわけではない** 図表66-1

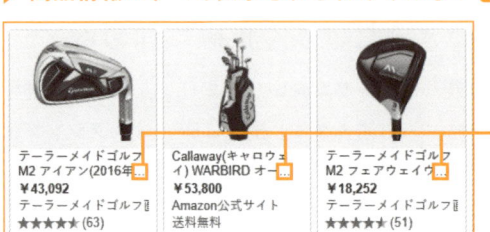

テーラーメイドゴルフ M2 アイアン(2016年…
¥43,092
テーラーメイドゴルフ
★★★★★ (63)

Callaway(キャロウェイ) WARBIRD オー…
¥53,800
Amazon公式サイト
送料無料

テーラーメイドゴルフ M2 フェアウェイ…
¥18,252
テーラーメイドゴルフ
★★★★★ (51)

省略されて「…」の表示になる

○ 独自設定できる属性を使う

Lesson 64では、商品グループを細分化することで、入札単価の調整が細やかになることを説明しました。商品グループの細分化の際に指定できるものは、商品フィードに使われている属性の一部です。図表66-2 は、ショッピング広告の商品グループを構成するときに利用できる主な属性です。 このうち、google_product_category属性（カテゴリ）、brand属性（ブランド）、id属性（商品ID）、condition属性

（状態）は商品によって記入できる値が決まっています。ゴルフのクラブをテニスのラケットというカテゴリには設定できませんし、AというブランドをBというブランドにまとめることはできませんよね。

一方で、product_type属性（商品カテゴリ）とcustom_label_0〜custom_label_4（カスタムラベル）は、広告主が自由に記載することができます。商品グループを構成しやすくなるので、ぜひ活用してみましょう。

> 商品グループの細分化のために選択した属性によっては、柔軟な入札が困難になるケースがあります。注意しましょう。

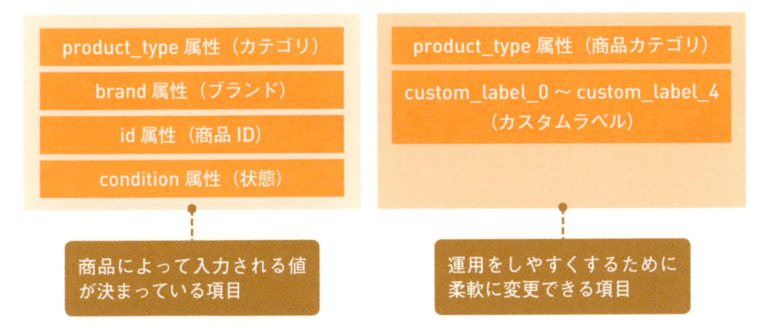

product_type 属性（カテゴリ）
brand 属性（ブランド）
id 属性（商品 ID）
condition 属性（状態）

商品によって入力される値が決まっている項目

product_type 属性（商品カテゴリ）
custom_label_0 ～ custom_label_4（カスタムラベル）

運用をしやすくするために柔軟に変更できる項目

○ product_type属性で独自の商品分類を行う

product_type属性（商品カテゴリ）は広告主が自由に商品を分類できる属性です。家電量販店で液晶テレビを販売する場合を考えてみましょう。32型は売れ筋で、100型クラスは滅多に売れないとします。そこで売れ筋の32型テレビの表示回数を増やすために入札単価を高くし、100型の入札単価は下げようと思った場合、どのような対応になるでしょうか。

google_product_category属性（カテゴリ）で細分化した場合、Googleの商品分類に従います 図表66-3 。最も階層の深いカテゴリは「電気製品 > 映像 > テレビ」となり、テレビのサイズに応じて入札単価を変えることはできません。

そこで活躍するのがproduct_type属性です 図表66-4 。この属性は広告主が自由に商品を分類できるので、「テレビ > 液晶 > 30～39型」と「テレビ > 液晶 > 100型以上」として商品フィードで分類しておけば、それぞれの商品グループごとに入札単価を変えることができるようになります。

Chapter 8

ECサイトならショッピング広告に挑戦しよう

▶ **google_product_category属性上のテレビの分類** 図表66-3

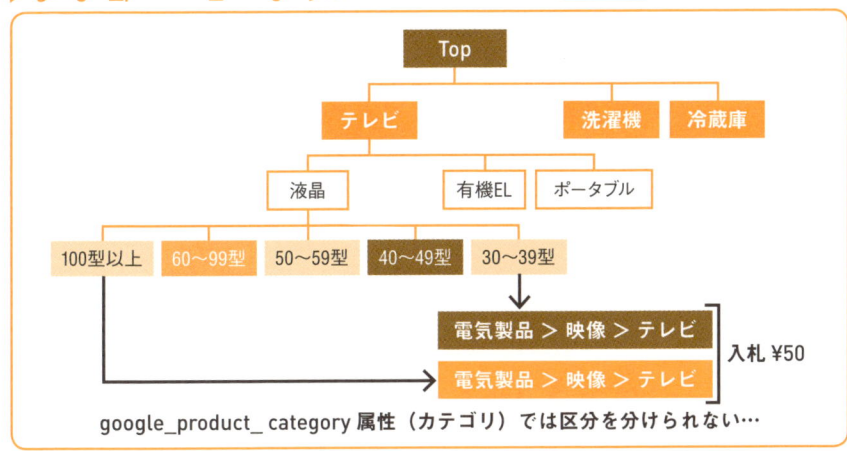

google_product_ category 属性（カテゴリ）では区分を分けられない…

▶ **product_type属性を使った分類** 図表66-4

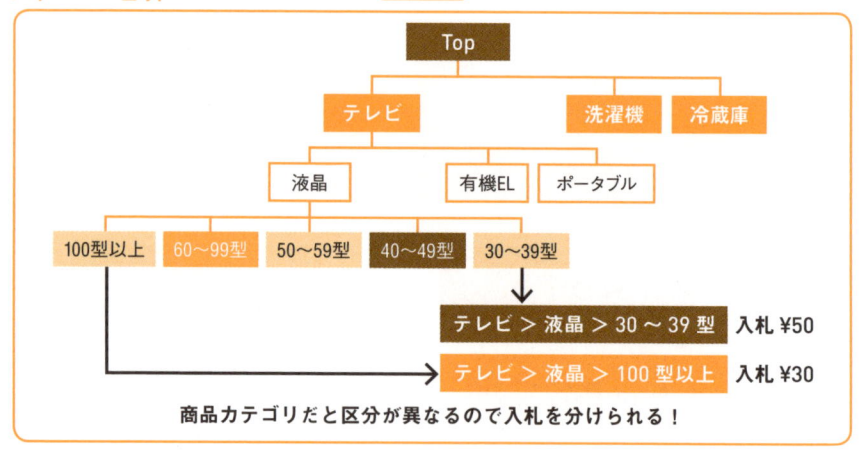

商品カテゴリだと区分が異なるので入札を分けられる！

○ カスタムラベルに独自の属性を盛り込む

カスタムラベルを使うと商品ごとに独自の属性を持たせることが可能になります。例えば、ファッションであれば「春」「夏」「秋」「冬」といった季節での分類や、「1000円未満」「1001〜1999円」「2000円以上」というような価格帯での分類、また「低利益率」「高利益率」といった利益率での分類を、属性として持たせること

ができます。
カスタムラベル属性は、custom_label_0からcustom_label_4までの5つまで使うことが可能です。最大で半角100文字、custom_label_0からcustom_label_4までそれぞれの属性で最大1,000個の固有値が設定できます。

▶ **カスタムラベルの適用例** 図表66-5

カスタムラベル属性	使用目的例	ゴルフウェア A	ゴルフウェア B	ゴルフウェア C
custom_label_0	季節の分類	春夏モデル	春夏モデル	秋冬モデル
custom_label_1	価格帯の分類	10000円未満	10000〜15000円	15000円超
custom_label_2	発売年の分類	2018	2018	2017
custom_label_3	サイズ		大きいサイズ	
custom_label_4	利益率	低い		高い

google_product_category属性やproduct_type属性とあわせて活用することで、商品の分類やレポートへ反映することができる

検索語句との関連性を高めるだけではなく、柔軟に広告運用が行える属性を積極的に活用することで、ショッピング広告の成果はさらに高まります！

Chapter

9

一歩先のリスティング 施策に取り組もう

自社サイトを訪問したお客さんのデータを連携して活用することで、リスティング施策の精度をもっと高める方法を解説します。またディスプレイ広告の概要にも触れます。

67

［自社データ活用の準備］

自社サイトのデータを連携して施策の精度を高めていく

**このレッスンの
ポイント**

広告アカウントのデータだけでなく自社サイトのデータを
上手に活用することで、リスティング広告はさらに強力に
なります。自社データをリスティング広告に活用していく
ためにはいくつかの準備が必要です。

◯ お客さんの気持ちや悩みは自社データの中にある

6章では、広告アカウントに集まったデー
タを見ながらお客さんの気持ちやニーズ
を探ってきましたが、広告経由を含む自
社サイトの訪問者データにも、お客さん
について知るたくさんのヒントがありま

す。リスティング広告のアカウントだけ
では初めて自社を知ったお客さんなのか、
以前からの愛用者かは分かりません。そ
れらを読み解いていくために自社データ
を広告分析にも活用しましょう。

▶ **お客さんの声が詰まっている自社データ** 図表67-1

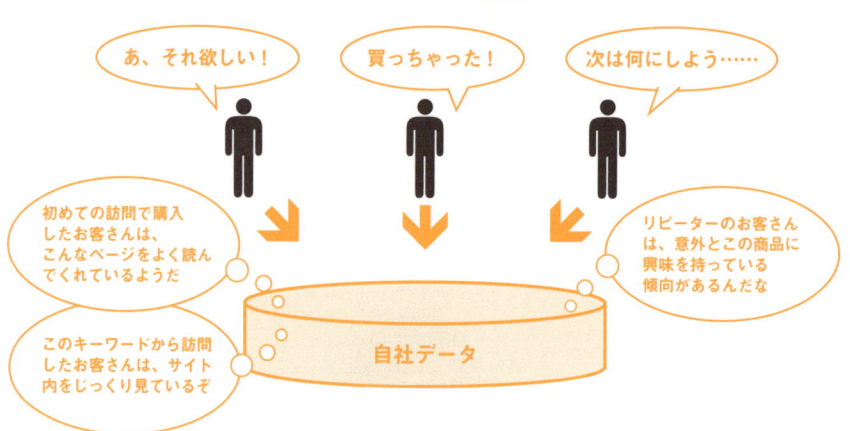

あ、それ欲しい！

買っちゃった！

次は何にしよう……

初めての訪問で購入
したお客さんは、
こんなページをよく読ん
でくれているようだ

リピーターのお客さん
は、意外とこの商品に
興味を持っている
傾向があるんだな

このキーワードから訪問
したお客さんは、サイト
内をじっくり見ているぞ

自社データ

広告管理画面からもお客さんのニーズや傾向
はわかりましたが、もう一歩踏み込んでより
詳しいデータを見ていくことで、今後の施策
や改善策につなげられるようになります。

○ Googleアナリティクスに登録し、Google広告と連携する

自社データを管理するプラットフォームとしては、Googleアナリティクスの導入をおすすめします。すでにGoogleアナリティクスを導入している企業も多いでしょう。Google広告とアナリティクスの間でデータを共有できるようにするためには、「Google広告のアカウントの管理者権限」と「Googleアナリティクスのプロパティレベルの編集権限」のあるGoogleアカウントにログインし、Googleアナリティクスの管理画面の「プロパティ設定」にある［Google広告とのリンク］からアカウントを連携します。

▶ Googleアナリティクスの管理画面 図表67-2

❶［プロパティ］レベルの設定にある［Google広告とのリンク］をクリック

▶ Google アナリティクス
https://analytics.google.com

❷あらかじめ表示されているリンク先アカウント名にチェックマークを付ける

❸［続行］をクリックする

この図の次に表示される画面では連携する［ビュー］を選択し、［アカウントをリンク］をクリックする。最長24時間程度で処理され自動的にGoogle広告でデータが共有される

▶ Googleアナリティクスとのリンクを確認する 図表67-3

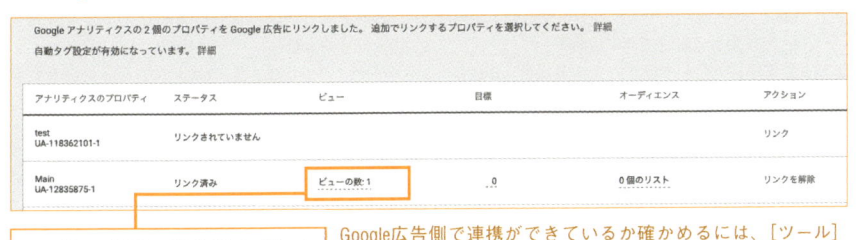

アナリティクスのプロパティ	ステータス	ビュー	目標	オーディエンス	アクション
test UA-118362101-1	リンクされていません				リンク
Main UA-12835875-1	リンク済み	ビューの数:1	0	0 個のリスト	リンクを解除

Google広告側で連携ができているか確かめるには、［ツール］→［リンクアカウント］を開き、Googleアナリティクスの［詳細］を開く。「ステータス」に「リンク済み」と表示されれば連携が完了している。また、レポートでGoogleアナリティクスの指標を使用するため、［ビューの数］の箇所をクリックし、［サイトに関する指標］がオンになっているか確認する。また、使用する指標の種類は、［表示項目］設定（165ページ参照）で変更できる

◯ Yahoo!広告の計測もできる

Yahoo!広告からの流入も、Googleアナリティクスを使って計測できます。ただしGoogle広告とは違い、簡単に連携できる機能はないため、何もしないままだとYahoo! JAPANの自然検索経由と区別がつかなくなります。計測するには、Yahoo!

広告で設定する広告のリンク先URLの末尾に、以下で紹介している「パラメータ」と呼ばれる文字列を足すことで、Googleアナリティクス上でもYahoo!広告を区別して計測できるようになります。

▶ パラメータの種類 図表67-4

パラメータ	パラメータの文字	意味	記入例	備考
キャンペーンのソース	utm_source	参照元	utm_source=yahoo	必須
キャンペーンのメディア	utm_medium	メディア	utm_medium=cpc	必須
キャンペーン名	utm_campaign	キャンペーン	utm_campaign=YproS01 utm_campaign=Golfwear	できれば入れる
キャンペーンのキーワード	utm_term	キーワード	utm_term=keyword	入れなくてもいい
キャンペーンのコンテンツ	utm_content	広告のコンテンツ	utm_content=summersale	入れなくてもいい

▶ パラメータの使い方 図表67-5

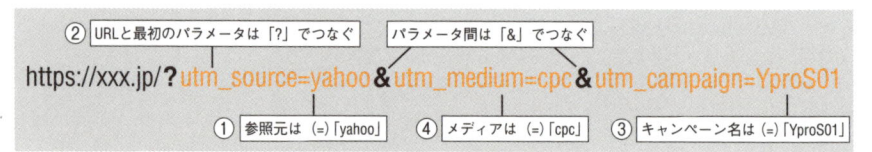

①ソースとメディアは必須。キャンペーン名まで入れておくとGoogleアナリティクスでもキャンペーンごとの成果まで確認できて便利
②URLにすでに「？」が含まれている場合、URLと最初のパラメータは「？」ではなく「&」でつなぐ
③パラメータは半角英数字で記述する。全角日本語で記述すると文字化けする可能性があるため、

例えば「YproS1」など管理上での記号を記述しGoogleアナリティクス上に表示されたとき分かるようにするといい
④メディアに記述する［cpc］はクリック課金型の有料広告の意味

> パラメータのルールを社内で定義しておき、広告だけでなくメールやバナー、SNSでのキャンペーンでもパラメータを付与しておくことで各施策の効果がどうだったかを確認できます。

68

［アクセス解析データによる判断］
広告の結果はお客さんの行動と属性を見て判断する

リスティング広告では、改善を行うためには基本的に広告の管理画面にある指標を見ますが、ここではGoogleアナリティクスの指標を使って、どんな経緯でどんな行動をとったかを知り、結果をより正確に判断する方法を解説します。

● 経緯やプロセスを確認して広告を正しく評価しよう

リスティング広告は結果がはっきりと数字で表れるため、評価がしやすい広告です。どれくらいコストをかけていくつコンバージョンを獲得して、獲得単価がいくらだったのかなどが細かくわかります。この結果が重要なのはいうまでもないのですが、お客さんのより具体的な姿や行動を知ることにより、広告の結果に対す

る評価が変わってくることもあります。結果を正しく評価するためには、リスティング広告の管理画面上で確認できる指標だけでなく、Googleアナリティクスで取得できるデータが役立ちます。連携によって見られるようになるGoogleアナリティクスのデータを見ていきましょう。

▶ **Googleアナリティクスのデータでより深い経緯やプロセスが分かる** 図表68-1

リスティング広告の結果

50万円のコストで1,000件集客してコンバージョン（CV）は50件。1件あたりの獲得単価（CPA）は10,000円です

お客さんの属性（経緯）

集客した1,000件のうち8割は初めてサイトに訪れたお客さんです。

サイト内行動

ページAに訪れた9割のお客さんは直帰してしまっています。

経緯やプロセスを知ると結果の意味合いが変わることもある

NEXT PAGE ➡

Chapter 9

一歩先のリスティング施策に取り組もう

⭕ 「新規訪問の割合」から経緯を判断する

Googleアナリティクスからインポートしたデータが経緯やプロセスの面でGoogle広告でもリスティング広告の評価、判断に役立つ例をご紹介します。

以下の表はビックキーワードなどの一般キーワードA（製品名やブランド名以外。例えば「ゴルフ」など）と製品名のキーワードBのキーワード別の成果です。通常の管理画面の指標だけ見たとき、Bのコンバージョン数、コンバージョン率、コンバージョン単価がAよりも良いため、成果が低く見えているキーワードAを止めるという判断をするのではないでしょうか。しかし、ここにGoogleアナリティ

クスからインポートした「新規訪問の割合」の指標を追加するとどうでしょうか。実はAの80%のお客さんが初めての訪問で、新規顧客からのコンバージョンであったことがわかります。

ここから、Aは新規のお客さんを呼びこむことができるという可能性が見えてきて、継続して新規のお客さんを呼びこむためにもAに広告を出し続けようという判断ができるかもしれません。新規訪問の割合を確認することで、各キーワードの役割が分かり、次の施策をどうすべきかが判断しやすくなります。

▶「新規訪問の割合」の指標が入ると評価が変わる 図表68-2

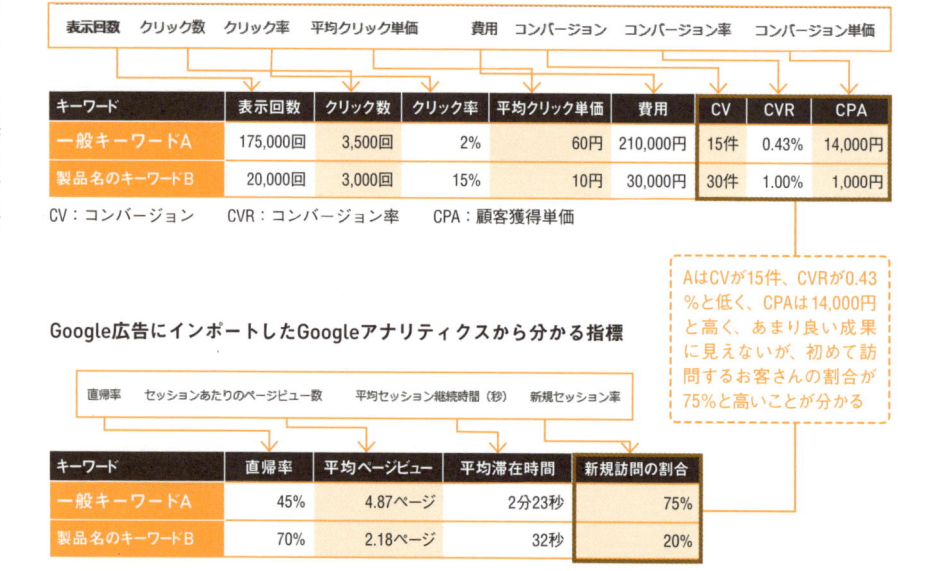

Google広告から分かる指標

キーワード	表示回数	クリック数	クリック率	平均クリック単価	費用	CV	CVR	CPA
一般キーワードA	175,000回	3,500回	2%	60円	210,000円	15件	0.43%	14,000円
製品名のキーワードB	20,000回	3,000回	15%	10円	30,000円	30件	1.00%	1,000円

CV：コンバージョン　　CVR：コンバージョン率　　CPA：顧客獲得単価

AはCVが15件、CVRが0.43％と低く、CPAは14,000円と高く、あまり良い成果に見えないが、初めて訪問するお客さんの割合が75%と高いことが分かる

Google広告にインポートしたGoogleアナリティクスから分かる指標

キーワード	直帰率	平均ページビュー	平均滞在時間	新規訪問の割合
一般キーワードA	45%	4.87ページ	2分23秒	75%
製品名のキーワードB	70%	2.18ページ	32秒	20%

● 「直帰率」から行動を判断する

もうひとつ、プロセスの判断例を見てみましょう。プロモーション用に新しい広告Bと1枚ページものの専用ランディングページを用意したとします。既存の広告Aの成果と比べたとき、クリック率はさほど変わらないもののCVRに大きな差が出ました。データを見慣れてくると、リスティング広告の通常の指標だけを見ても、新規プロモーション用の広告があま

り良くない原因はランディングページ側にあるのではないかと予想できるようになります。それを確認するため、Googleアナリティクスの「直帰率」の指標を加えてみましょう。新しい広告では既存の広告よりもページの直帰率が高いようなら、ランディングページに問題がある可能性が高いということが分かります。

▶「直帰率」の指標が入ると評価が変わる　図表68-3

Google広告から分かる指標

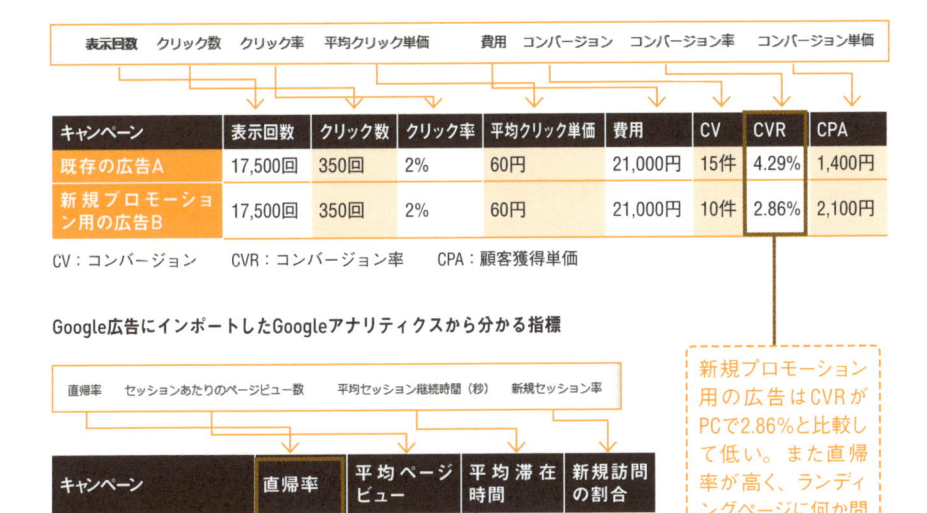

	表示回数	クリック数	クリック率	平均クリック単価	費用	CV	CVR	CPA
キャンペーン	表示回数	クリック数	クリック率	平均クリック単価	費用	CV	CVR	CPA
既存の広告A	17,500回	350回	2%	60円	21,000円	15件	4.29%	1,400円
新規プロモーション用の広告B	17,500回	350回	2%	60円	21,000円	10件	2.86%	2,100円

CV：コンバージョン　　CVR：コンバージョン率　　CPA：顧客獲得単価

Google広告にインポートしたGoogleアナリティクスから分かる指標

	直帰率	セッションあたりのページビュー数	平均セッション継続時間（秒）	新規セッション率
キャンペーン	直帰率	平均ページビュー	平均滞在時間	新規訪問の割合
既存の広告A	45%	4.87ページ	2分23秒	45%
新規プロモーション用の広告B	65%	2.07ページ	1分18秒	55%

新規プロモーション用の広告はCVRがPCで2.86%と比較して低い。また直帰率が高く、ランディングページに何か問題がある可能性が高いということが分かる

Googleアナリティクスの指標を追加することで、Google広告だけでは判断しきれなかった原因を特定しやすくなります。

69 ［流入経路の分析］
どこから来ているお客さんが有望かを見極める

**このレッスンの
ポイント**

リスティング広告以外にも自然検索やソーシャルメディア、ブログなど、サイトへのアクセスにはさまざまな経路があります。どこから来ているお客さんが有望なのかをGoogleアナリティクスのデータから探っていきましょう。

⭕ お客さんのアクセス状況を知る

Googleアナリティクスのレポート画面は、左メニューから切り替えて多様な指標が確認できますが、その中でも「集客」「行動」「コンバージョン」の3つの指標群のなかにある重要な指標と、その意味を以下の表にまとめました。実際のレポートを確認しながら、「指標から考えられること」をひとつずつ確認しましょう。

▶ **Googleアナリティクスで分かる指標** 図表69-1

指標		意味	指標から考えられること
集客	セッション	サイトへの訪問数、来店数	・先週の来店数は？ ・新規のお客さんは増えているか？
	新規セッション率（%）	上記セッションのうち、サイトに初めた訪問した割合	
	新規ユーザー	サイトに初めて訪問したユーザーの数	
行動	直帰率（%）	訪問した最初のページで（＝ほかのページを見ずに）離脱した割合	・なぜ、ここだけ直帰率が高いのか？ ・お客さんはじっくりページを見ているか？
	ページ／セッション	サイト内を訪問して見て回った平均ページ数	
	平均セッション時間	訪問したサイト内に滞在した平均時間	
コンバージョン	コンバージョン率（%）	全セッションのうち、目標を完了した割合（目標はあらかじめ設定する）	・いくつのコンバージョンや注文があったか？ ・いくら売り上げたか？ ・お客さんは確実に買っているか？
	目標の完了数	目標を完了した数。コンバージョン数	
	目標値	目標を完了した価値（目標はあらかじめ設定する）	
	トランザクション数	注文数※	
	収益	売り上げ※	
	eコマースのコンバージョン率（%）	全セッションのうち、注文につながった割合※	

※Googleアナリティクスのeコマース機能の利用者のみ（https://support.google.com/analytics/answer/1037249?hl=ja）

○ 自然検索とリスティング広告経由の行動を比較する

[集客]の「すべてのトラフィック」配下の「参照元/メディア」レポートでは、ユーザーがどこを経由して自社サイトにアクセスをしたのかが分かります。GoogleとYahoo! JAPANそれぞれのアクセスは、自然検索経由では「/organic」、リスティング広告経由は「/cpc」と表記されています。CPCはLesson 67の事前準備をしていなければ表示されません。

両者の指標を比較してみると「集客数は自然検索が良好だが、コンバージョンはリスティング広告の方が良い」といった違いが見えてくるはずです。

▶ **流入元（参照元/メディア）を比較できる** 図表69-2

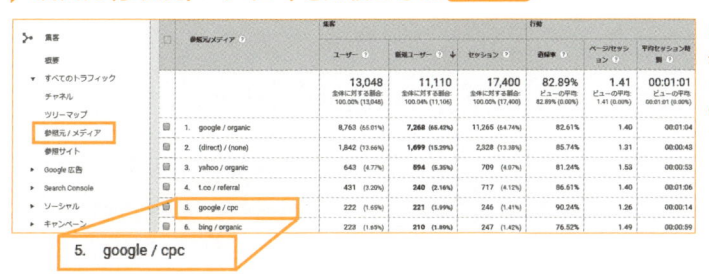

自然検索からの来本社とリスティング広告経由の来訪者を分けて確認できる

○ 有望なお客さんを見つけよう

「参照元/メディア」では、参照元のドメイン名からTwitterやFacebookなどのソーシャルメディアやブログ、まとめサイト、自社関連サイトやメルマガなど、さまざまな場所からの流入数と成果が確認でき

ます。どの流入元から自社サイトへ来たお客さんのコンバージョンが有望なのかを見つけ、どのようなターゲットに次の施策を行うか計画しましょう。

▶ **有望な流入元を見極める** 図表69-3

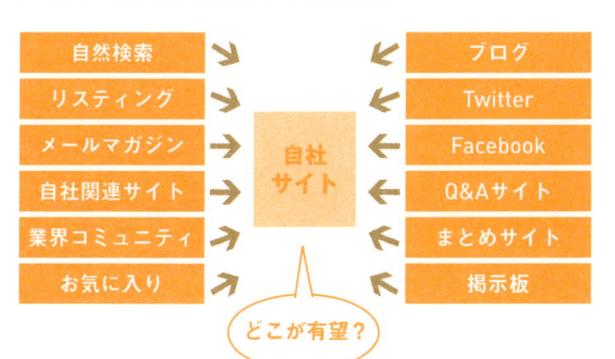

さらに良い集客ができるよう反応の良い流入元を見定めていきましょう。

70 サイトに来ているお客さんの年齢・性別・好みをつかむ

このレッスンの
ポイント

Googleアナリティクスのレポートからは、サイトに来ているお客さんの年齢や性別、好みなどもデータとして分かります。本来ターゲットとしているお客さん像の成果はどうなっているかをあわせて確認してみましょう。

○ サイトに来ているお客さんの年齢や性別を知る

Googleアナリティクスではアナリティクスが収集する匿名のビッグデータからサイトにアクセス訪問者の属性を見られます。[ユーザー] をクリックし、[ユーザー属性] の [年齢] を選択します。次に [セカンダリディメンション] で [性別] を選択します 図表00-1 。

すると、[18-24歳] から [65歳以上] までの6つの年齢区分と、男性（male）／女性（female）を別のユーザー別のレポートが作成できます。サイトに多く訪問する年代性別が狙っているターゲット通りか、またより多くコンバージョンに至っているのはどの層かを確認しましょう。

▶ サイトに来ているお客さんの年齢・性別を知る 図表70-1

❷クリックし、[性別] を選択

年齢	性別	
1. 35-44	male	
2. 25-34	male	
3. 45-54	male	
4. 25-34	female	
5. 35-44	female	
6. 55-64	male	
7. 65+	male	

❶ [年齢]をクリック

Chapter 9 一歩先のリスティング施策に取り組もう

○ サイトに来ているお客さんの好みや興味関心を知る

次は左メニューの［ユーザー］→［インタレスト］→［アフィニティカテゴリ］の順にクリックしてレポートを表示してみましょう。［アフィニティカテゴリ］レポートにはお客さんの趣味趣向やライフスタイルを分類したデータが表示されます。

また、［他のカテゴリ］レポートは［仕事・教育］［旅行］などアフィニティカテゴリをより具体的にしたものです。［購買意向の高いセグメント］レポートではコンバージョンを行う可能性の高いお客さんがどのようなコンテンツを利用しているのかを確認することができます。

▶ **サイトに来ているお客さんの関心事を調べる** 図表70-2

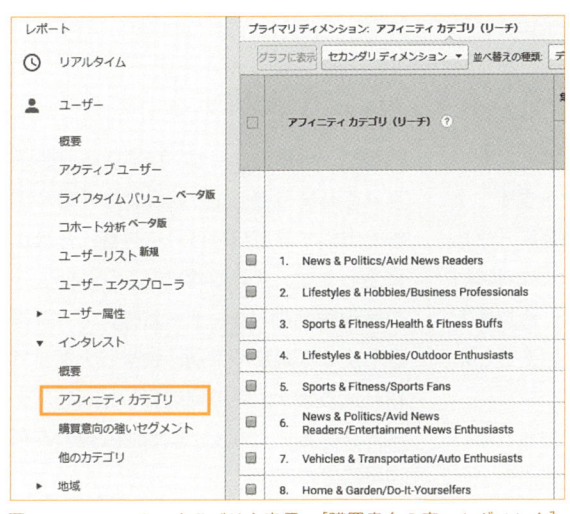

「-junkies」「-lovers」などは「〇〇好き」という意味合いです。自社の商品・サービスと親和性の高いカテゴリを発見して生かしましょう。

図は、アフィニティカテゴリを表示。［購買意向の高いセグメント］も同様に自社サイトの訪問者の興味関心が確認できる（共に英語）

○ 予想外のお客さんを発見する場合も

自社サイトに来ているお客さんの年齢や性別、興味関心を見たとき、想定していなかった層からの訪問や成果が見える場合もあります。新しいお客さんを取り込むチャンスと捉え、新しい施策や商品・サービスを企画するアイデアの要素としてみてください。

なお、ここで表示されるデータは、個人のアクセスデータではなく、訪問者がGoogleのパートナーサイトへアクセスした履歴をもとにした推定値のため、100％正しいわけではありません。また、自社サイトを訪問したお客さんすべてのデータではなく、推定できたものが表示されています。お客さん像をつかむためのヒントとして活用するようにしましょう。

71

［ユーザー属性を利用したターゲット設定］

有望なお客さんのデータを生かして広告を出す

**このレッスンの
ポイント**

Googleアナリティクスを使って有望なお客さんの年齢や性別、どんな好みがあるのか、サイトにはどこから来ているのかを見てきました。リスティング広告で有望なお客さんに狙いを定めて広告を出す方法を説明していきます。

○ 狙った属性のお客さんにのみ広告を表示する

前Lessonで確認した有望なお客さんが、「20〜30代」「女性」だったとします。そこで、ゴルフ初心者の女性向けに「ゴルフクラブセット」と「ゴルフレッスン体験」を提供するサービスを企画し、新規集客のためにリスティング広告を出すことにしました。

ですが、検索語句が年齢に左右されないものである場合、ターゲットではない年齢層や、男性のユーザーにも広告が表示されてしまうでしょう。今までどおり広告を出稿するだけでは、広告費に無駄が発生します。そんな場合は、Google広告の管理画面の［ユーザー属性］で、広告表示する年齢層や性別、世帯収入などで絞り込めます。この機能はYahoo!リスティング広告にはなく、Google広告のみ利用可能です。

▶ **Google広告の［ユーザー属性］で絞り込む** 図表71-1

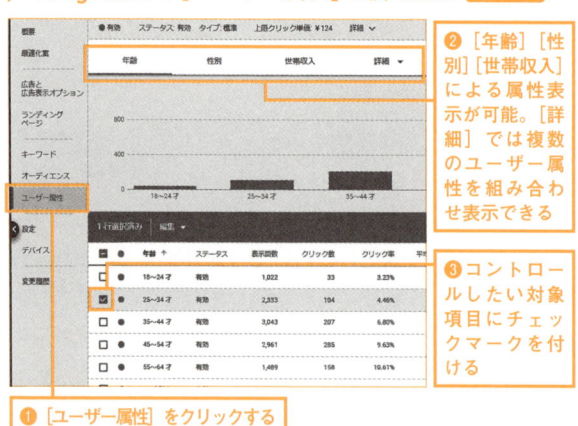

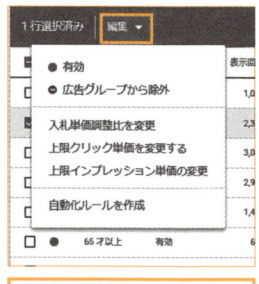

❷ ［年齢］［性別］［世帯収入］による属性表示が可能。［詳細］では複数のユーザー属性を組み合わせ表示できる

❸ コントロールしたい対象項目にチェックマークを付ける

❶ ［ユーザー属性］をクリックする

❹［編集］メニューから操作を実行。広告グループから除外して対象層に広告を表示させなくしたり、または入札単価を変更したりできる

◯ 年齢・性別ごとに広告の出稿を調整する

Google広告では、年齢や性別ごとのパフォーマンスを確認すると同時に、配信設定・入札単価を調整できます。

例えば、男性用品の広告については、女性への配信を除外とすることができます。また、属性軸で見たときに「広告が表示されているのにも関わらずまったくクリックされていない」「コンバージョンを獲得できているがCVRも低くCPAも高い」など明らかに悪影響を与えているものが

あれば、入札単価を下げるマイナス調整をすることでパフォーマンスの悪化を抑えましょう。成果が良く広告をもっと表示させたい、強めたい層については、入札単価をプラス調整することで、該当のターゲットのCPCが引き上げられます。年齢、性別以外にも、ユーザー属性には、子供の有無、世帯収入といったものもあります。

▶ **Google広告の[ユーザー属性]** 図表71-2

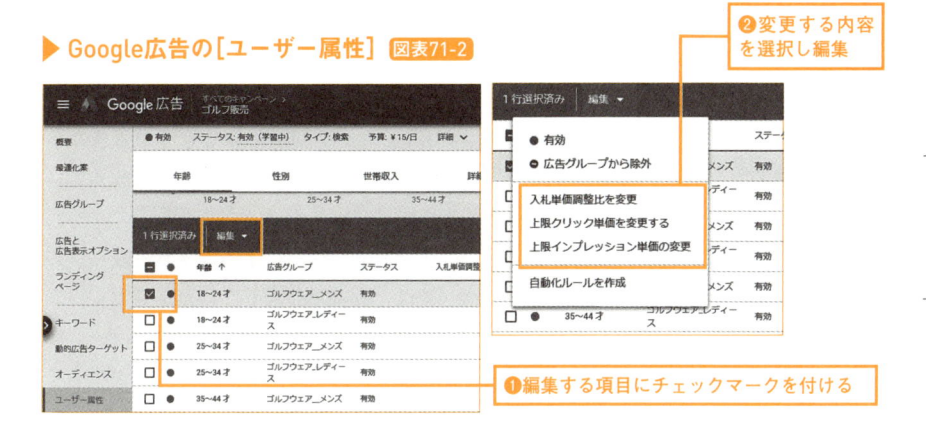

❷変更する内容を選択し編集

❶編集する項目にチェックマークを付ける

◯ 「不明」の扱い方を決める

どんなユーザーに広告が表示されるのかが分からないといって、ユーザー属性の「不明」をはじめから除外してしまうのは注意が必要です。広告を表示すべきユーザーに対しても、広告の表示がされな

くなる可能性があるためです。広告出稿後、パフォーマンスを確認して明らかに費用対効果が悪いなどの判断ができるようであれば、入札単価を弱めたり、除外するようにしましょう。

ユーザー属性データは Google で収集したデータからの推定値なので、実際のお客さんと 100% 一致するわけではありません。

[スマートリストによるマーケティング]

72 スマートリストで有望な ターゲットに絞って配信する

このレッスンの
ポイント

これまでは実際のお客さんをイメージしながら有望なターゲットを考えてきましたが、ここでは自社データをもとに作られたコンバージョンに至りやすい有望なお客さんのターゲットリストを作成・活用する方法をご紹介します。

◯ 自動に作成されたリマーケティングリスト

スマートリストとは、アナリティクスが生成するコンバージョンを最大限に増やすことを目的としたリマーケティングリストです。コンバージョンデータをもとにGoogleアナリティクスで機械学習が行われ、その後のセッションでコンバージョンの可能性の高いと思われるユーザーを想定し、動的にリストを蓄積していきます。この機械学習においてはユーザー

の利用環境やブラウザ、位置情報、参照URL、ページ閲覧深度などさまざまなデータから、適したユーザーを見極めています。

スマートリストによるユーザー絞り込みでは、Google広告では特定できない「コンバージョンの確度が高いユーザー」に対してだけ広告を表示することができるようになります。

スマートリストの条件設定は難しくないため、作成の手間をかけずとも、すぐに大きな成果を得られる可能性があります。

👍**ワンポイント　アクセスが少ないサイトではパフォーマンスが出ない**

スマートリストはeコマースのトランザクションが毎月500件以上、1日のページビュー数が10,000回を超えるサイトで作成されます。この要件に満たないサイトでは必ずしもコンバージョンに

基づくのではなく、類似するビジネスデータに基づいてリストが作成されるため、コンバージョンをもとに作成されたリストよりも質が低くなる場合もあるため注意が必要です。

Chapter 9

一歩先のリスティング施策に取り組もう

◯ 実際にスマートリストを作成してみる

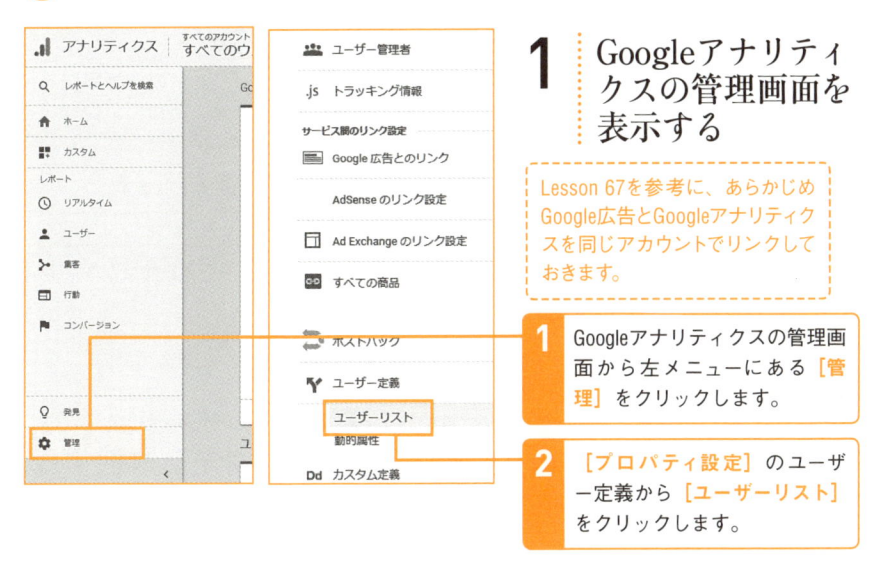

1 Googleアナリティクスの管理画面を表示する

Lesson 67を参考に、あらかじめGoogle広告とGoogleアナリティクスを同じアカウントでリンクしておきます。

1 Googleアナリティクスの管理画面から左メニューにある［管理］をクリックします。

2 ［プロパティ設定］のユーザー定義から［ユーザーリスト］をクリックします。

2 新しいユーザーリストを作成する

1 ［新しいユーザーリスト］をクリックします。

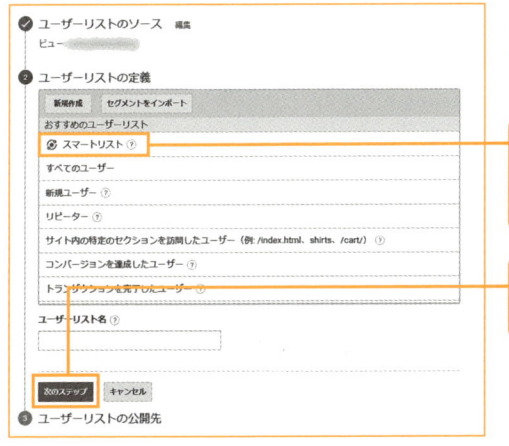

3 スマートリストを選択する

1 ［おすすめユーザーリスト］から［スマートリスト］を選択します。

2 ［次のステップ］をクリックします。

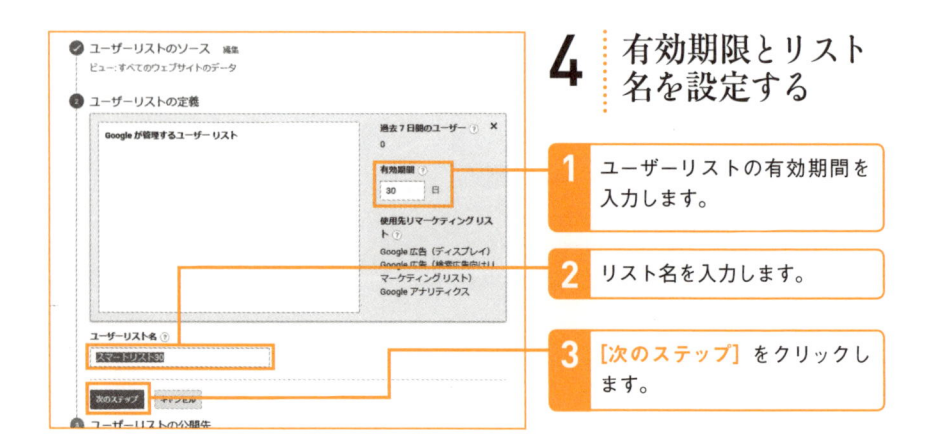

4 有効期限とリスト名を設定する

1 ユーザーリストの有効期間を入力します。

2 リスト名を入力します。

3 [次のステップ] をクリックします。

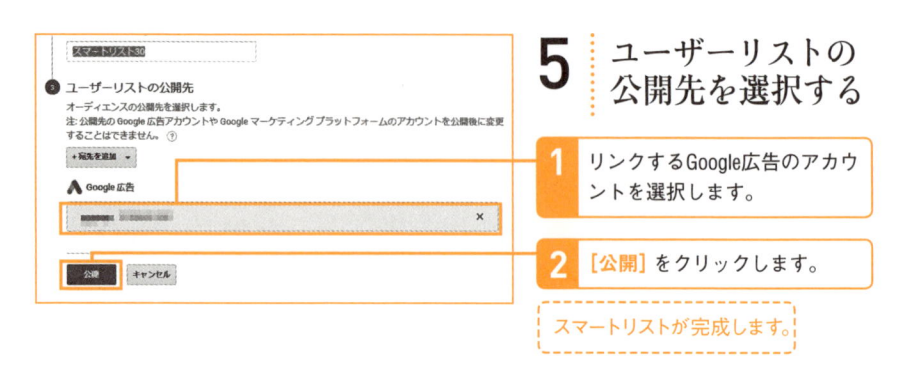

5 ユーザーリストの公開先を選択する

1 リンクするGoogle広告のアカウントを選択します。

2 [公開] をクリックします。

スマートリストが完成します。

▶ スマートリストをGoogle広告で使うには 図表72-1

公開したスマートリストは、Google広告のアカウントの [ツール]から [オーディエンスマネージャ] を開くと共有されたリストが一覧され、広告グループやキャンペーンへ追加できます。

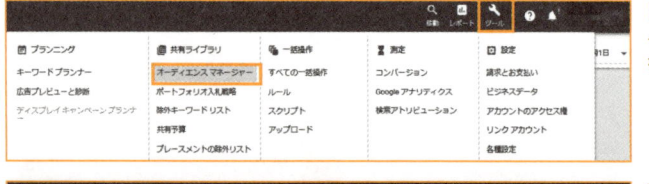

[ツール] から [オーディエンスマネージャ] を選択

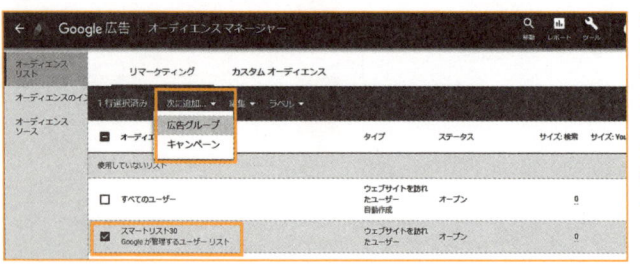

オーディエンスマネージャが開く。作成したスマートリストにチェックマークを入れて [次に追加] をクリックすると、追加先の広告グループやキャンペーンを選択できる

73

[リマーケティングリストの活用]

リマーケティングリストを作成してターゲットしよう

リマーケティングは、ユーザーの行動をもとにアプローチできるマーケティング手法です。Google広告とYahoo!広告では検索連動型広告でリマーケティングができます。このLessonでは、利用設定を解説します。

● リマーケティングで一度サイトを訪問した人に広告を出す

「RLSA」という名前を聞いたことがない人でも、あるサイトにアクセスした後に別のサイトで自分が見ていた商品・サービスの広告が表れるのに気づいたことがある人は多いでしょう。いわゆるリマーケティング（リターゲティング）という広告手法ですが、これは検索連動型広告でも利用可能です。

RLSA（Remarketing Lists for Search Ads）は、リマーケティングリストを活用した検索連動型広告で、自社サイトに訪れたことのあるお客さんに対して、入札したキーワードで検索されたときに広告を表示する仕組みです。

RLSAを利用するためには、自社サイトにリマーケティングタグが設置されていて、作成したリマーケティングリストのリーチ数が1,000件以上になっている必要があります。

▶ RLSAの仕組み 図表73-1

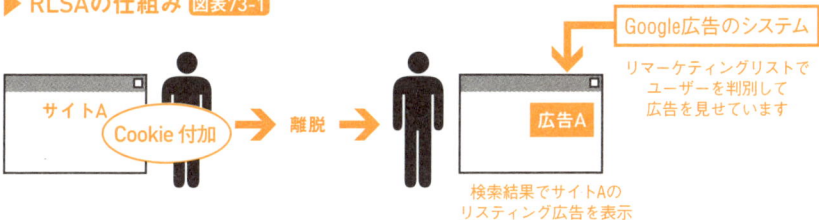

サイトA
Cookie 付加 → 離脱 →

Google広告のシステム
リマーケティングリストでユーザーを判別して広告を見せています

広告A

検索結果でサイトAのリスティング広告を表示

RLSA ではリストの入札単価調整が可能なため、通常よりも強めに入札単価を設定したり、広告の訴求の変更やランディングページを分けることもできます。

NEXT PAGE →

◯ Google広告でリマーケティングリストを作成する

まずはじめに、広告の管理画面上でリマーケティングリストを作成する方法を説明します。例として、コンバージョン（商品購入）をしたことのあるお客さんのリストを作っていきます。

1 Google広告の[ツール]から[オーディエンスマネージャー]を選択する

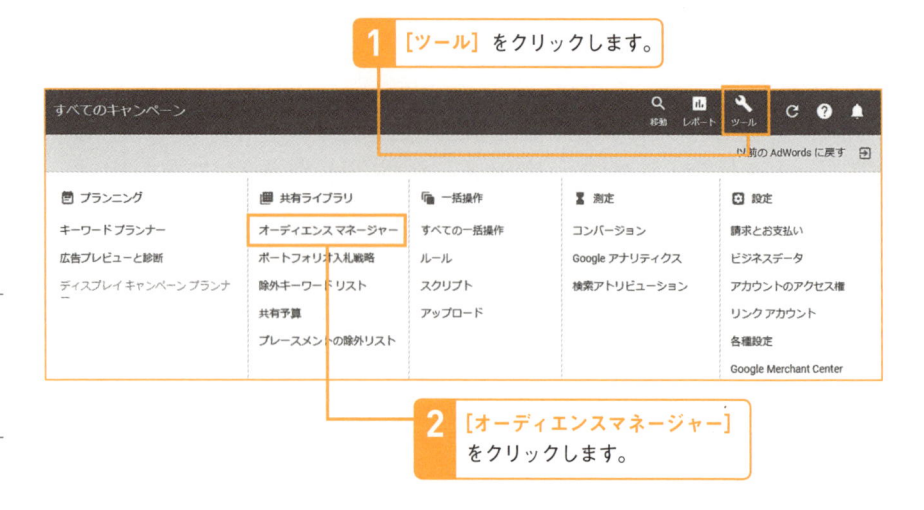

1 [ツール] をクリックします。

2 [オーディエンスマネージャー] をクリックします。

2 新規のオーディエンスリストを作成する

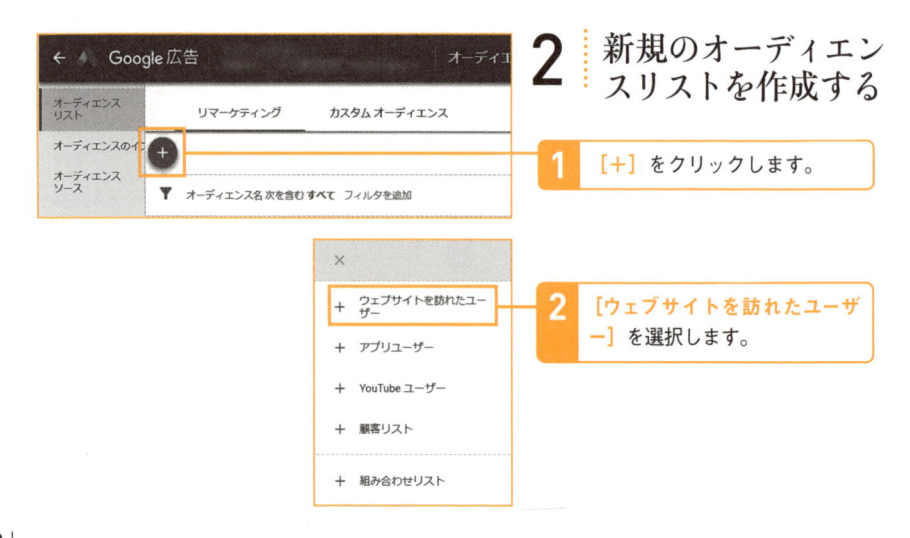

1 [+] をクリックします。

2 [ウェブサイトを訪れたユーザー] を選択します。

3 オーディエンスの内容を設定する

1 [オーディエンス名] を指定します。

2 リストの内容にする [リストのメンバー] を選択します。

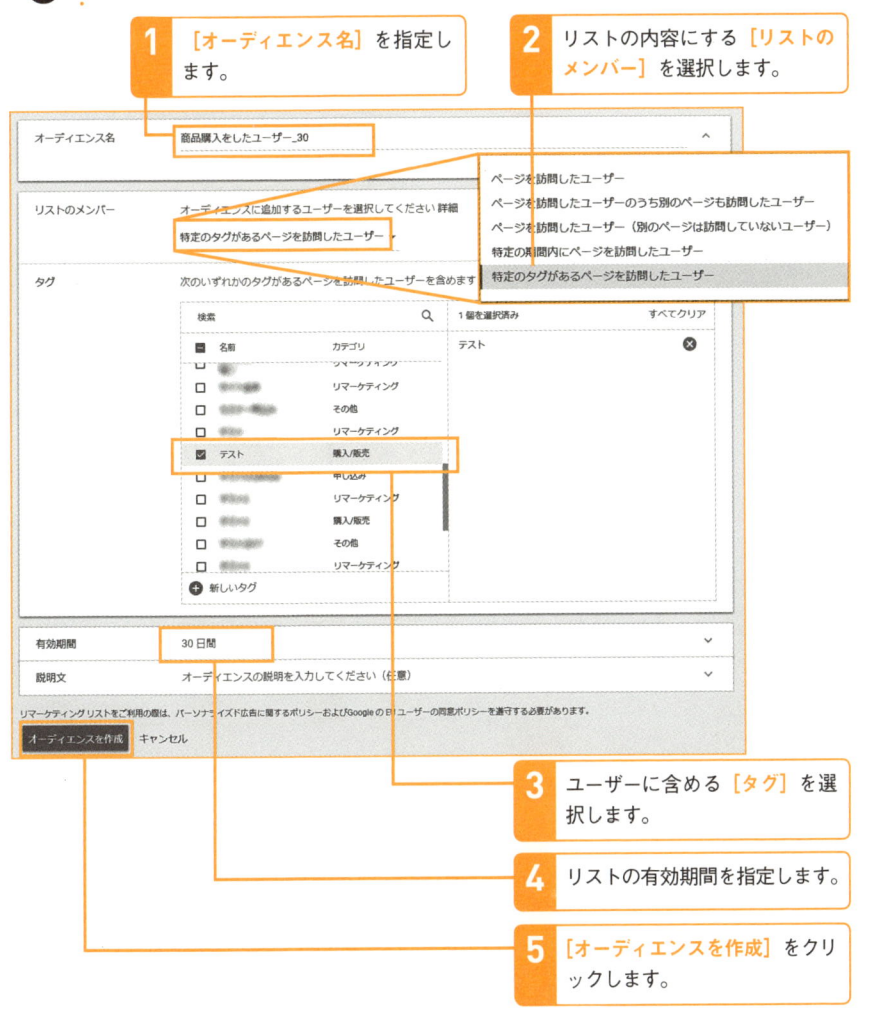

3 ユーザーに含める [タグ] を選択します。

4 リストの有効期間を指定します。

5 [オーディエンスを作成] をクリックします。

4 オーディエンスリストが作成される

作成が終わると、リスト一覧に表示されます。

○ Googleアナリティクスのリマーケティングリストを作る

次に、Google広告で使用できる、Google
アナリティクスのリマーケティングリス
ト作成します。

ECサイトであれば、どの商品を購入した
ユーザーなのかもリマーケティングリス
トの条件に加えることができます。ただし、
この機能を使うにはGoogleアナリティク
スのeコマース機能が使用可能になって
いることが前提です。未設定の場合はシ

ステム担当者、エンジニアと相談しなが
ら設定するといいでしょう。また、ショ
ッピングカートASPサービスを使用して
いる場合は、サポート窓口にeコマース機
能が使えるかを確認してください。

以下では、Google広告経由だけでなく、
すべてのお客さんのうちドライバー商品
を購入したことのある男性ユーザーとい
うリストを作ってみます。

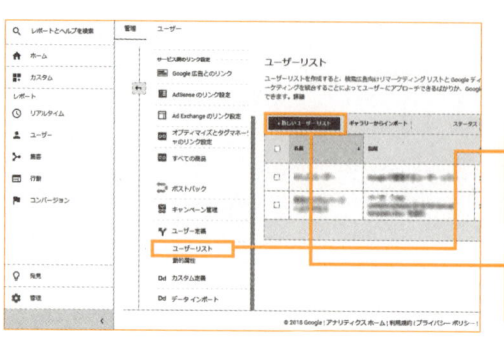

1 ユーザーリストを 開く

1 プロパティレベルの管理メニュ
ーから [ユーザー定義] の [ユ
ーザーリスト]をクリックします。

2 [新しいユーザーリスト] をク
リックします。

2 ユーザーリストを 新規作成する

1 [新規作成] をクリックします。

1 [eコマース] をクリックします。

3 商品カテゴリを 入力する

1 [eコマース] をクリックします。

2 商品カテゴリに「driver」と入
力します。

3 [適用] をクリックします。

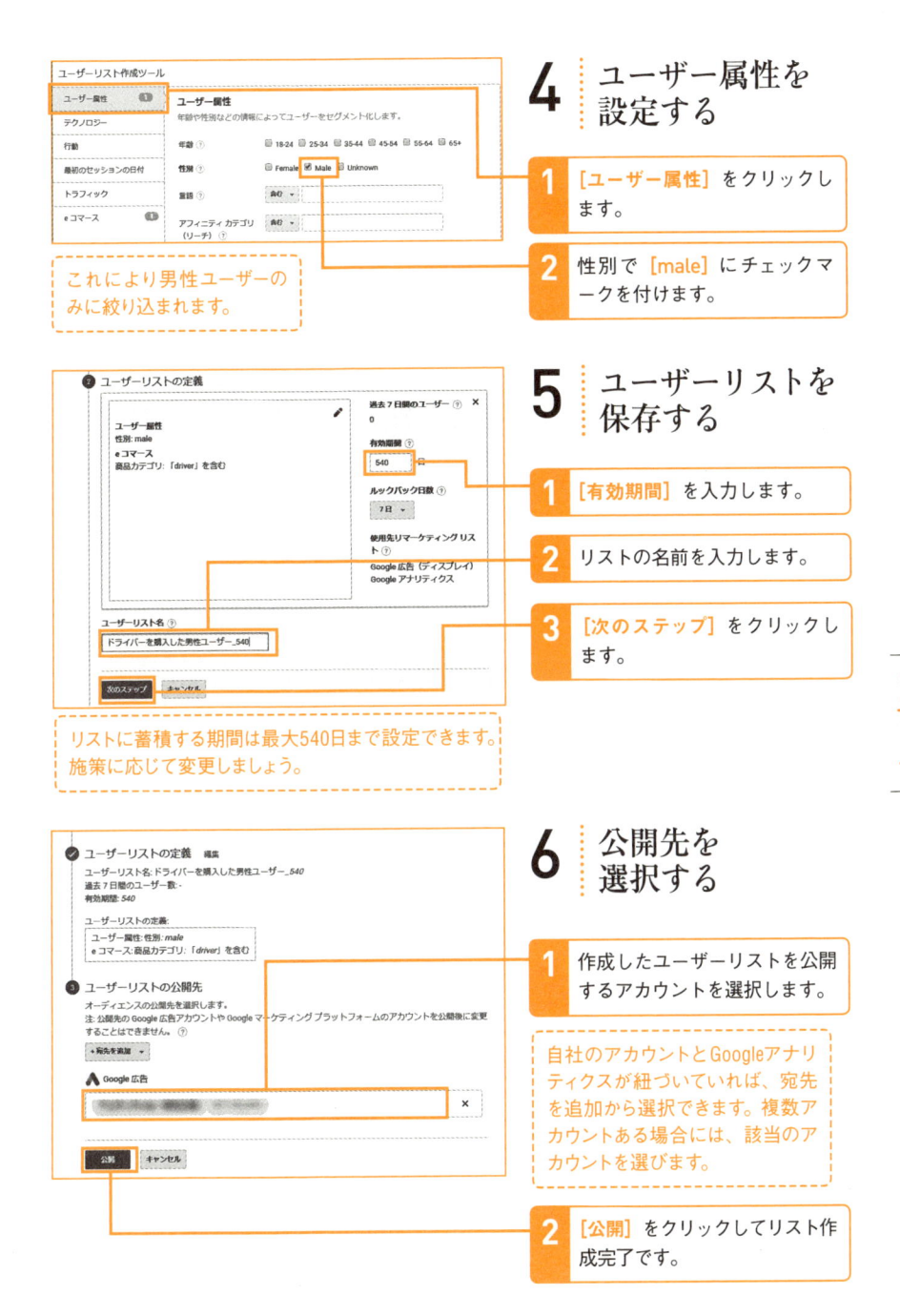

4 ユーザー属性を設定する

1 [ユーザー属性] をクリックします。

2 性別で [male] にチェックマークを付けます。

これにより男性ユーザーのみに絞り込まれます。

5 ユーザーリストを保存する

1 [有効期間] を入力します。

2 リストの名前を入力します。

3 [次のステップ] をクリックします。

リストに蓄積する期間は最大540日まで設定できます。施策に応じて変更しましょう。

6 公開先を選択する

1 作成したユーザーリストを公開するアカウントを選択します。

自社のアカウントとGoogleアナリティクスが紐づいていれば、宛先を追加から選択できます。複数アカウントある場合には、該当のアカウントを選びます。

2 [公開] をクリックしてリスト作成完了です。

● 実際に広告のターゲティングとして設定してみよう

キャンペーンに対してオーディエンスを追加すれば設定は完了です。

運用時には、最初は入札単価調整はせずリストの広告パフォーマンスを確認するようにしましょう。設定したターゲティ

ングリストのCVRやCTRなどが良いことが判断できれば入札単価を引き上げ露出を強めます。逆に悪ければ入札単価を弱めるか、リストへの配信除外も検討しましょう。

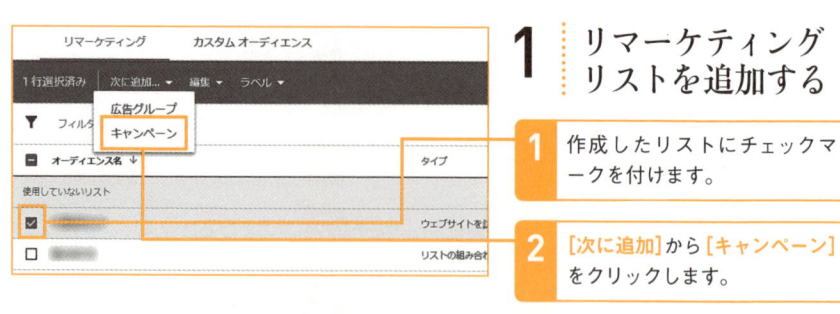

1 リマーケティングリストを追加する

1 作成したリストにチェックマークを付けます。

2 [次に追加]から[キャンペーン]をクリックします。

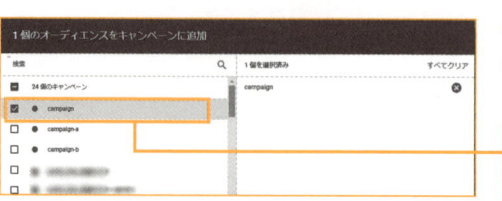

2 追加先キャンペーンを選択する

1 リストを追加するキャンペーンを選択します。

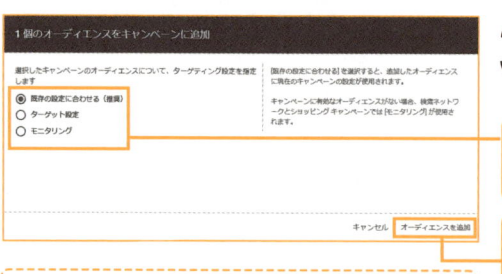

3 ターゲティング設定を選択する

1 ターゲティング設定を選択します。

2 [オーディエンスを追加]をクリックします。

> デフォルトは[モニタリング]になります。作成したリストのみ広告配信したい場合は[ターゲット設定]を選択します。

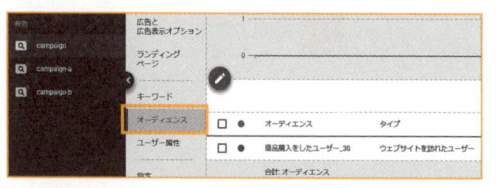

4 オーディエンスが追加された

> 管理画面の[オーディエンス]から設定を確認します。

◯ Yahoo!広告でリストを作成する

Yahoo!広告の検索広告（旧Yahoo!スポンサードサーチ）でも、同様の流れでリストの作成を行い、ターゲティングとして設定します。以下に手順を示します。

1 ターゲットリスト管理を開く

Yahoo!スポンサードサーチの**[ツール]**から**[ターゲットリスト管理]**を表示、サイトリターゲティング用のタグを発行し、Webページに設置しておきます。

注意　2020年1月現在は、Yahoo!広告の**[検索広告]**タブから操作します。**[YDN]**タブは**[ディスプレイ広告]**タブに変更されています。

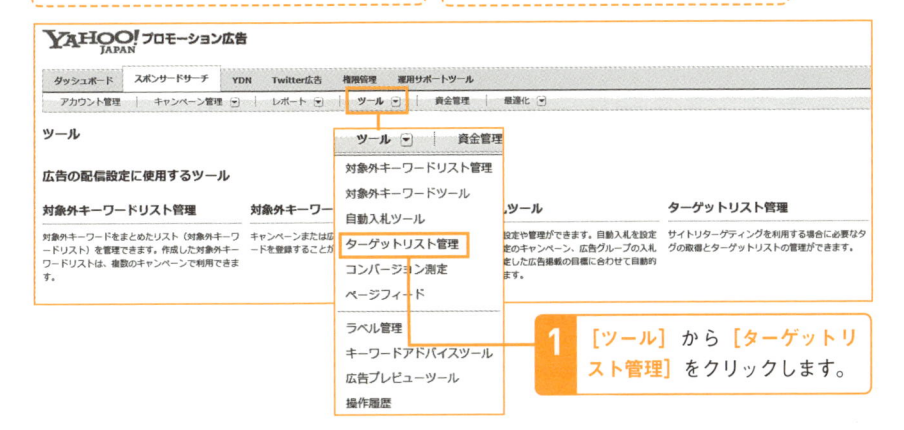

1 [ツール]から[ターゲットリスト管理]をクリックします。

2 ターゲットリストを新規作成する

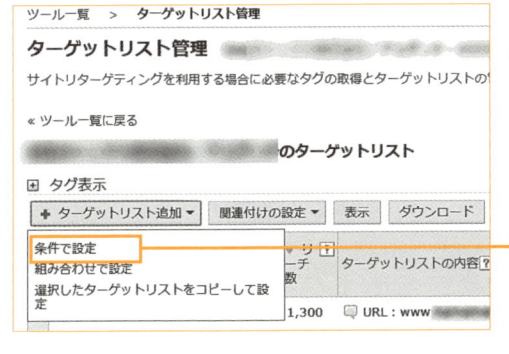

1 [ターゲットリスト追加]から[条件で設定]を選択します。

購入したユーザーだけでなく「特定の特集ページを見た」「フォーム画面まで到達した」などのさまざまなバリエーションを作成しておき、ユーザーリストの蓄積をしておくと便利です。

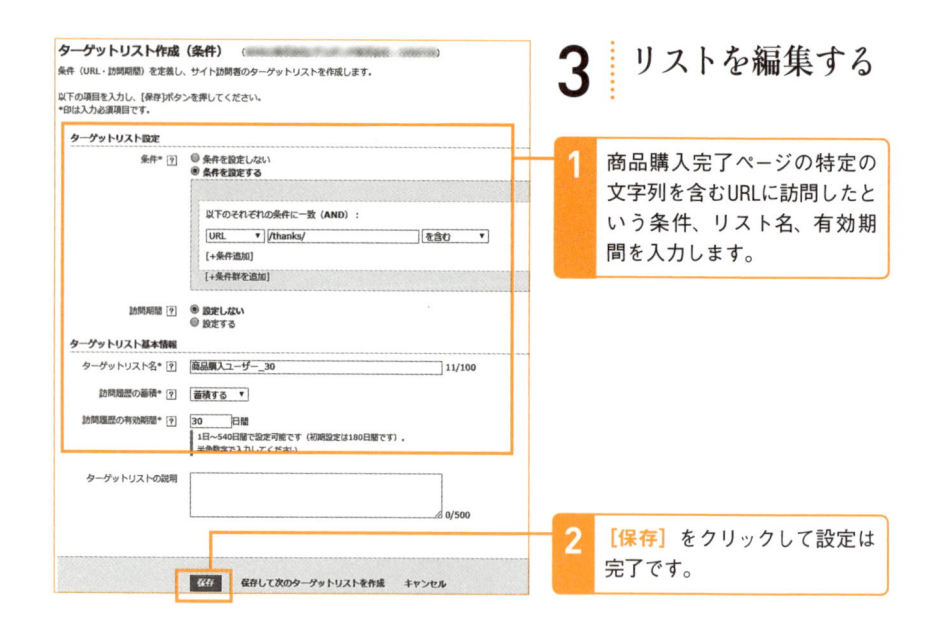

3 リストを編集する

1 商品購入完了ページの特定の文字列を含むURLに訪問したという条件、リスト名、有効期間を入力します。

2 [保存]をクリックして設定は完了です。

○ Yahoo!広告にターゲティングを設定

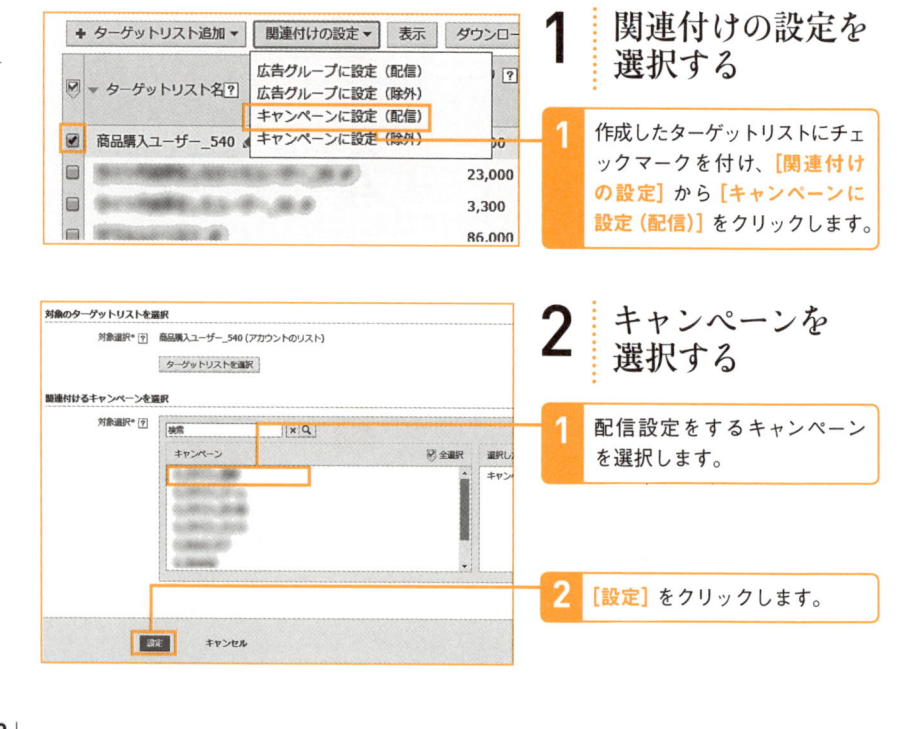

1 関連付けの設定を選択する

1 作成したターゲットリストにチェックマークを付け、[関連付けの設定]から[キャンペーンに設定（配信）]をクリックします。

2 キャンペーンを選択する

1 配信設定をするキャンペーンを選択します。

2 [設定]をクリックします。

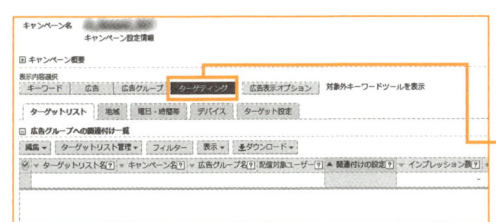

3 ターゲティングの設定を確認する

1 キャンペーン画面の［ターゲティング］から設定を確認します。

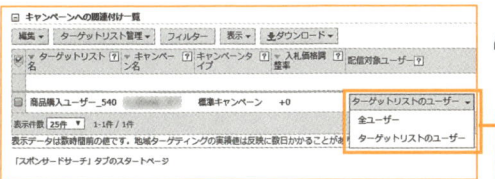

4 配信ユーザーの設定を確認する

1 配信対象ユーザーの設定を確認します。

> ［**全ユーザー**］であればモニタリングとして入札単価調整をうまく活用でき 「ターゲットリストのユーザー」は該当するターゲットリストのみ広告配信となるため注意

> ターゲットや見せる広告もカスタマイズすることで、狙い撃ちできるのが魅力です。
> それぞれのユーザーに響く訴求を見つけられれば、広告以外の施策にも展開できるかもしれません。

👍 ワンポイント　お客さんごとに見せる広告を変えてみる

ターゲティングリストはここぞ、というタイミングでターゲットした相手への配信に活用すると効果的です。

例えば、新規のお客さんに対してはブランド訴求やセール、他社との比較検討ができるような広告を出し、既存のお客さんは定期購入や会員限定などの購入や登録を促す広告訴求を取り入れてそれぞれの広告に合ったランディングページを設定することもできます。この場合には、キャンペーンもしくは広告グループを分けて、リマーケティングリストのみに広告が配信されるようにします。

一度購買してくれたお客さんには、そこでお終いではなく、繰り返し利用してもらいたいですよね。

例えば、ブランド商品を購入したお客さんに同じブランドの新商品の広告を見せる、季節物を購入したお客さんに季節の変わり目に広告を見せるといったことをすれば、自社の商品・サービスを利用してもらうきっかけ作りになるかもしれません。どちらの切り口も、Googleアナリティクスでデータを蓄積していれば、そのデータをもとにしたリマーケティングができます。まず、いつでも使えるようにデータを蓄積しておくことが大切です。

そのほかにも、お客さんにリピーターになってもらうための取り組みを積極的に提案していくことも重要です。例えば期間限定で「Web会員はポイント3倍」や、購入回数に応じて特典をもらえるサービスでロイヤリティ化を後押しするなどさまざまな取り組みが考えられます。

繰り返し自社サイトへ来て利用して欲しいと思うお客さんへのリマーケティングでは、お客さんに喜んでもらえるような訴求をアピールしてみましょう。そうすれば、ファンになってもらえる第一歩になるはずです。

▶ 購入後の体験が新たな行動を呼ぶ

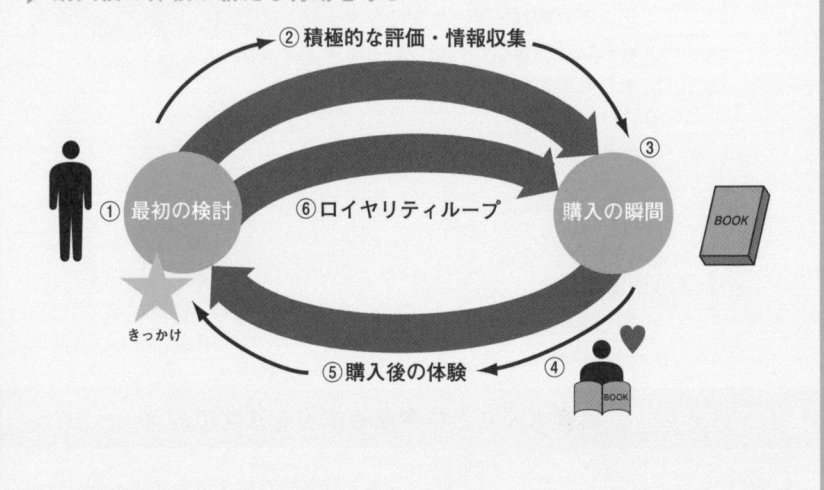

- ② 積極的な評価・情報収集
- ① 最初の検討
- ③ 購入の瞬間
- ⑥ ロイヤリティループ
- きっかけ
- ⑤ 購入後の体験
- ④

顧客目線になって自社の商品やサービスがどんな風に提供されていれば嬉しいのかを想像し、それを叶えるためにはどんな施策を行えばいいのか、またどのようにアピールをするべきなのかを常に考えていきましょう。

[ディスプレイ広告の基本]

検索連動型広告の限界を ディスプレイ広告でカバーする

検索連動型広告は、検索という行動をした人にしかアピールできないという限界があります。さまざまなパートナーサイトに広告を出せるディスプレイ広告を使うと、ニーズが顕在化していないお客さんにもアプローチできます。

⭕ ニーズが顕在化していないユーザーにリーチできる

検索連動型広告は「検索」という形でユーザーのニーズが顕在化しているため、あらかじめ広告主の商品やサービスを知っていたり、それに類する商品を探しているユーザーには抜群の効果を発揮しますが、ニーズが顕在化していないユーザーにアピールするには適していません。このような検索連動型広告の限界をカバーするのがディスプレイ広告です。さまざまなパートナーサイトに自社の広告を配信できるので、検索をする手前のユーザーに接触することができます。

▶ リスティング広告とユーザーの接触時間 図表74-1

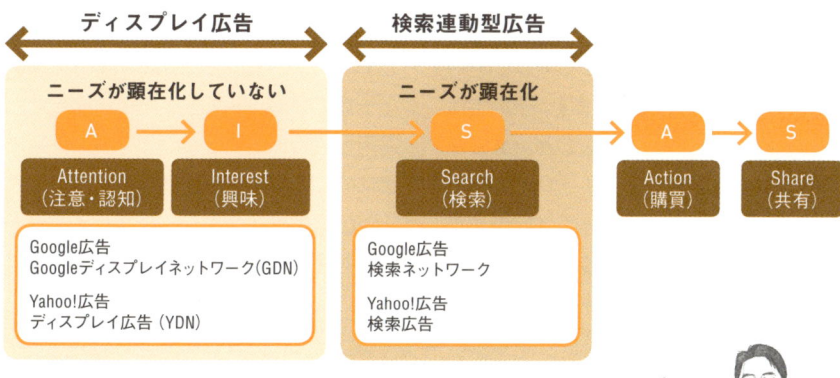

検索連動型広告が配信できたらディスプレイ広告にもチャレンジしてみましょう。検索連動型広告への相乗効果も期待できます。

● さまざまなサイトにテキストやバナーを表示できる

ディスプレイ広告には、Googleが提供する「Googleディスプレイネットワーク」（GDN）と、Yahoo! JAPANが提供するYahoo!広告の「ディスプレイ広告」（YDN）があります。例えばGoogleディスプレイネットワークを使えば、GmailやYouTubeをはじめ、価格.comなどさまざまなジャンルのサイトに自社の広告を配信できま

す。アプリの画面にも広告の配信が可能です。もちろん、ただやみくもに広告を露出するわけではありません。Googleが提供するサービスであることからもわかるように、「適したコンテンツ（ページの内容）」「適したユーザー」に広告を露出する仕組みを備えています。

▶ ディスプレイ広告の表示位置 図表74-2

テキスト広告

テキスト広告は検索連動型広告と同じように、テキストで表示される。複数のテキスト広告が並んだときに注目してもらえる広告文でアピールする

バナー広告

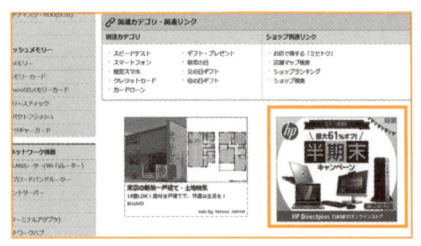

テキスト広告の枠を複数分利用して表示されるのがバナー広告。画面の占有率が高くなり、画像を使ったアピールもできるので、テキスト広告よりクリック率が高い傾向がある

● 予約型ディスプレイ広告と運用型ディスプレイ広告

ディスプレイ広告には大きく分けて予約型と運用型の2種類があります。予約型は、掲載金額、期間、掲載面などが、あらかじめ定められているディスプレイ広告のことで、主に広告代理店経由で広告を出稿することができます。運用型は、検索連動型広告と同様の、オークション課金

のディスプレイ広告で、好きな時に好きな予算で少額から広告を出稿できます。運用型広告において、パフォーマンスで定常的に効果の高い配信先を見つけたら、その配信先の予約型ディスプレイ広告の出稿を検討してもいいでしょう。

> Google ディスプレイネットワークはインターネットユーザーの 90% 以上にリーチすることが可能。まだディスプレイ広告を出稿したことのないあなたもきっと目にしたことがあるはずです。

75

ディスプレイ広告のターゲティングの仕組みを理解する

条件を指定して広告の表示対象を絞り込むことを「ターゲティング」と呼びます。ディスプレイ広告ではさまざまなターゲティングがありますが、おおまかな分類と、それぞれの仕組みを理解しておけば、検討がしやすいでしょう。

○ ターゲティングの種類は「枠」か「人」かで分けられる

ディスプレイ広告のターゲティングの種類は、大きく2種類に分けられます。広告枠を指定する「コンテンツ連動型」か、ユーザーの性年代や興味・関心を指定する「オーディエンスターゲティング」です。

プラットフォームによって名称は違うものの、運用型ディスプレイ広告のターゲティングは、基本的にはこの「枠」か「人」かのどちらか、または組み合わせによって設計されています。

▶ **各ネットワークでターゲティングできるオーディエンス** 図表75-1

	広告枠（枠のターゲティング）	オーディエンス（人のターゲティング）
Yahoo!広告 ディスプレイ 広告（運用型）	・サイトカテゴリ ・プレイスメントターゲティング	・デモグラフィック（性別・年齢） ・インタレストカテゴリ ・サーチターゲティング ・サイトリターゲティング
Googleディスプレイネットワーク	・コンテンツターゲット ・トピックターゲット ・プレースメントターゲット	・デモグラフィック（年齢・性別・子供の有無・世帯年収） ・アフィニティカテゴリ ・カスタムアフィニティ ・ライフイベント ・購入意向の強いユーザー層 ・オーディエンスキーワード ・カスタムインテント ・類似ユーザー ・カスタマーマッチ ・リマーケティングント

⚫ 「枠」に向けて出すコンテンツ連動型広告

「枠」をターゲティングするコンテンツ連動型広告は、コンテンツを見るユーザーがいまこの瞬間に興味があることに関連して広告を配信できることが大きな強みです。ディスプレイネットワークでは、広告を掲載するWebページでの単語の出現頻度や文字の大きさ、位置などによって、そのページのメインテーマを解析して割り出しています。広告主はキーワードを使ってWebページのメインテーマを指定するか、あらかじめ分類されたトピック・カテゴリなどを指定することで広告を出稿できます。

▶ **Webサイトの広告枠に向けたターゲティング** 図表75-2

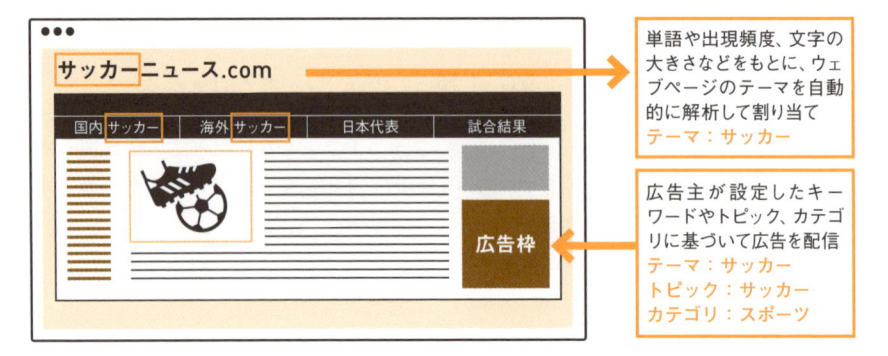

単語や出現頻度、文字の大きさなどをもとに、ウェブページのテーマを自動的に解析して割り当て
テーマ：サッカー

広告主が設定したキーワードやトピック、カテゴリに基づいて広告を配信
テーマ：サッカー
トピック：サッカー
カテゴリ：スポーツ

▶ **コンテンツターゲティングによる効果** 図表75-3

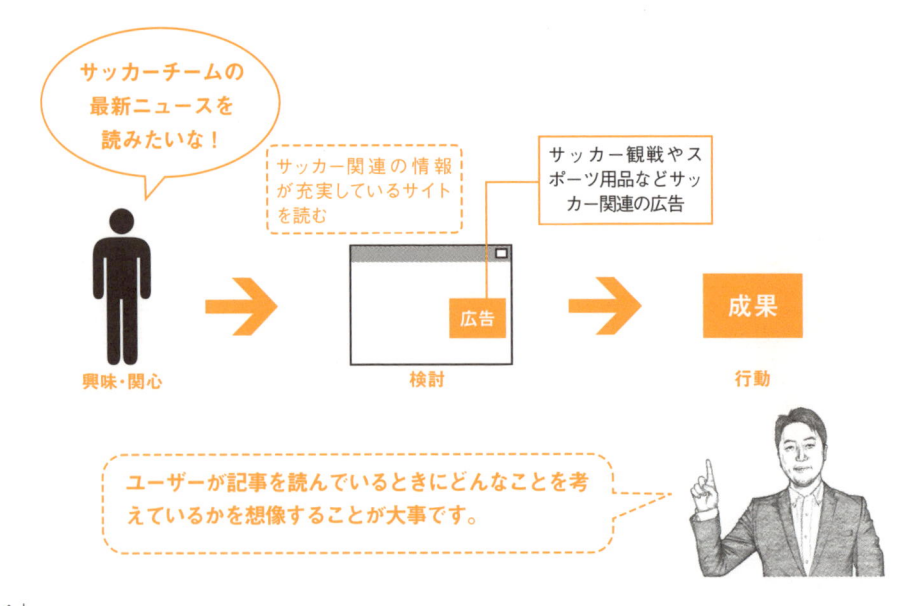

サッカーチームの最新ニュースを読みたいな！

サッカー関連の情報が充実しているサイトを読む

サッカー観戦やスポーツ用品などサッカー関連の広告

興味・関心 → 検討 → 成果 行動

ユーザーが記事を読んでいるときにどんなことを考えているかを想像することが大事です。

◯ 「人」に向けて出すオーディエンス広告

「人」を指定して広告を配信するオーディエンスターゲティングでは、cookieという仕組みが使われています。ユーザーがWebサイトを初めて訪問したときに、Webサーバーは「cookieファイル」と呼ばれる小さなファイルをブラウザに生成します。この「cookieファイル」をもとにユーザーの（正しくはブラウザの）Webサイト閲覧情報がサーバーに蓄積され、ユーザーの興味・関心に基づいた広告を配信することができます。広告主の保有するWebサイトの閲覧履歴に基づいて広告を配信する「リターゲティング広告」も、オーディエンスターゲティングの種類のひとつです。

▶ **Webサイトの広告枠に向けたターゲティング** 図表75-4

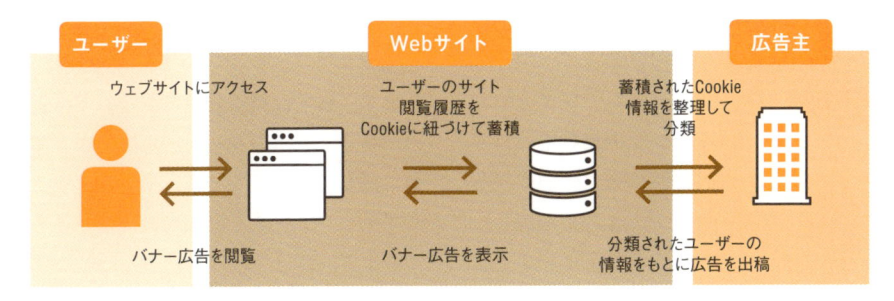

👍 **ワンポイント　なぜGoogleは性別や年齢がわかるのか？**

Googleはこれらの性別や年齢、興味・関心などをどのように判別しているのでしょうか？ Googleは検索やGoogle MapなどGoogleが提供しているサービスの利用状況をもとにして、ユーザーが関心のあるカテゴリやおおよその年齢、性別を推測しています。ちなみに自分の推測情報は、右記のURLにアクセスすることで確認できます。また、希望する人は追跡のオプションを外すこともできます。

▶ **Google広告設定**
https://adssettings.google.com/authenticated

76

[ディスプレイ広告のバリエーション]

ディスプレイ広告の種類を正しく選んで成果を上げよう

**このレッスンの
ポイント**

ディスプレイ広告に関して、最後にターゲティングの種類を選ぶ基本的な考え方を解説してLessonを終わりましょう。またディスプレイ広告にもオートマ化の波があります。多様な広告表示ができることを理解しておきましょう。

◯ 獲得効率の高い「リマーケティング」から選ぶ

図表76-1 は、Googleディスプレイネットワークのターゲティングの種類を「リーチ」と「ROI（投資利益率）」の観点からまとめたものです。Lesson 75で解説したように、それぞれのターゲティング手法は突き詰めると「枠」か「人」で分けら

れます。まずは獲得効率を重視して、表の一番下にあるリマーケティングから順番に試していきましょう。それぞれのターゲティング手法を掛け合わせることもできます。

▶ **ターゲティングの手法とリーチ、ROIの関係** 図表77-1

上のものほどリーチが高く

	ターゲティング名	種類	内容
認知	デモグラフィック	オーディエンス	年齢・性別・子供の有無・世帯年収
	アフィニティカテゴリ	オーディエンス	長期的な関心に基づくユーザーのカテゴリ
	カスタムアフィニティ	オーディエンス	広告主が独自にアフィニティカテゴリを作成
	トピックターゲティング	広告枠	特定のトピックごとに広告枠を分類したカテゴリ
比較検討	ライフイベント	オーディエンス	大学卒業、引越し、結婚
	購入意向の強いユーザー層	オーディエンス	購入に至る可能性が高いユーザーをジャンルごとに分類
	プレースメント	広告枠	特定の広告枠を指定
獲得行動	コンテンツキーワード	広告枠	Webサイトの内容をキーワードで指定
	カスタムインテント	オーディエンス	購買意向の強いユーザー層を広告主が独自に作成
	類似ユーザー	オーディエンス	自社を訪問したユーザーに似た属性を持つ新規ユーザー
	カスタマーマッチ	オーディエンス	自社サービスに登録したメールアドレスを持つユーザー
	リマーケティング	オーディエンス	自社の持つWebサイトに訪問したことのあるユーザー

下のものほどROIが高く

○ レスポンシブ広告で多様な広告枠に対応する

スマートフォンやタブレットなどのデバイスの多様化にともない、広告枠のサイズの多様化が進んでいます。もはや、すべての広告枠のサイズに対応したクリエイティブを用意することはきわめて困難になっています。そんな時はレスポンシブ広告を使用しましょう。レスポンシブ

広告は、広告文、画像、ロゴなどを入稿することで、すべての広告枠に合わせて広告のサイズ、表示形式、フォーマットを自動調整してくれるとても便利な機能です。Googleディスプレイネットワークではデフォルトの広告タイプになっています。

▶ 属性を指定・掛け合わせて広告を配信できる　図表76-2

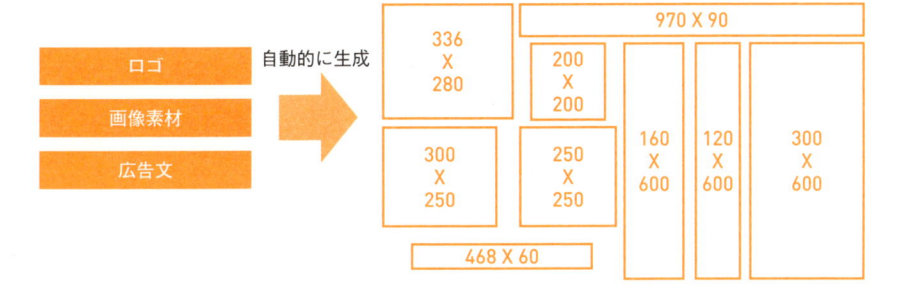

○ オートマ化が進むディスプレイ広告

ディスプレイ広告のターゲティングの種類の多さを見てとまどった方も多いのではないでしょうか？ そんなあなたに朗報です。検索連動型広告と同様、Googleはますます複雑化するディスプレイ広告をよりシンプルにするため、「スマートディスプレイキャンペーン」と言われるよう

な機械学習を使ったディスプレイ広告のオートマ化が進んでいます。ターゲティングや広告文まではなんとか手が回っても画像広告のクリエイティブまでは手が回らない……ということも過去の話になっていくかもしれません。

> ディスプレイ広告も機械が最適なものを選んでくれる時代がやってきます。より手軽に試すことができるようになるので、ディスプレイ広告にもぜひチャレンジしてみましょう！

用語集

アルファベット

A/Bテスト
異なる2つのパターンの広告文やバナー広告、リンク先URL（ランディングページ）などを用意して、実際にユーザーの反応を確認し、効果を比較するテストのこと。

AISAS理論
マーケティングにおける消費行動のプロセスを簡易化したもの。消費者の購買にまつわる行動は、「注意」(Attention)、「興味」(Interest)、「検索」(Search)、「購買」(Action)、「共有」(Share) から成り立つとする理論。株式会社電通の登録商標。

CPA(Cost Per Action)
「顧客獲得単価」を参照。

CPC(Cost Per Click)
「クリック単価」を参照。

CTR(Click Through Rate)
「クリック率」を参照。

CV(Conversion)
「コンバージョン」を参照。

CVR(Conversion Rate)
「コンバージョン率」を参照。

DSA(Dynamic Search Ads)
「動的検索広告」を参照。

eCPC
「拡張クリック単価」を参照。

Google Merchant Center
商品データをGoogleにアップロードして、GoogleショッピングやGoogle 広告で利用できるようにするツール。

Googleアドワーズ
Google 広告の旧サービス名。「Google 広告」を参照。

Googleアナリティクス
Googleが提供する無料のアクセス解析ツール。提供されるタグを計測したいページに記述することで、訪問者数から滞在時間、閲覧したページ、訪問者のPCの環境などを知ることができる。Googleアナリティクス360といった有料版も提供している。

Google広告
Googleが提供するインターネット（リスティング）広告の配信プラットフォーム。Googleの検索エンジンを利用した検索結果画面などに広告を表示することができる。広告がクリックされたときに広告費が発生するクリック課金が特徴。

Googleディスプレイネットワーク
Googleのディスプレイ広告。Googleと連携したブログやニュースサイトをユーザーが閲覧しているときに、広告を表示することができる。

LPO
Landing Page Optimization（ランディングページ最適化）の略。訪問者がサイト内で最初にアクセスするページを工夫することで、訪問者が会員登録や商品購入など、サイト運営者の収益につながるなんらかのアクションを行う割合（コンバージョン率）を高めること。

PPC(Pay Per Click)
「クリック課金」を参照。

ROI(Return On Investment)
「投資収益率」を参照。

SEM
Search Engine Marketingの略で、SEOやリスティング広告などを駆使したマーケティング活動を指す。

SEO
Search Engine Optimization（検索エンジン最適化）の略で、検索結果画面に表示される自然検索結果からの訪問者を増やすために工夫すること。そのための技術やサービス。

Yahoo!広告

Yahoo! JAPANが提供する、検索連動型とコンテンツ向けを含めたリスティング広告サービス。Yahoo! JAPANの検索結果画面や、提携する主要サイトにテキストや画像の広告を配信できる。Google広告と同じく広告費はクリック課金を採用している。

Yahoo!広告 検索広告

Yahoo!広告の検索連動型広告のこと。

Yahoo!広告 ディスプレイ広告（YDN）

Yahoo! JAPANと、All Aboutや毎日新聞などの主要な提携サイトのコンテンツページに広告を配信するサービス。広告の内容と、ページで取り上げられている内容（コンテンツ）がマッチするものに配信されるので、広告の効果も高いとされている。

ア

アカウント

キャンペーン、広告グループなどリスティング広告を管理する階層のいちばん上、最大の単位を指す。管理者情報や支払い方法などを設定できる。

アトリビューション

広告の効果を、ラストクリック以外に、コンバージョンに至る経路の各クリックも含めて貢献度を評価する手法。

インプレッション数

出稿したリスティング広告が実際に表示された回数。

オーガニック

「自然検索」を参照。

カ

拡張クリック単価

拡張CPC、eCPCとも呼ばれる。オークションごとにコンバージョンにつながる可能性に応じて、上限クリック単価を上限なし〜ー100％の範囲で自動調整する機能。

完全一致

キーワードのマッチタイプの一種。指定したキーワードと完全に一致する語句や、その類似パターンに該当する語句、検索意図が同じキーワードの場合に限定して広告が表示される。

キャンペーン

アカウントの下に位置する構成要素で、広告グループをまとめる階層を指す。予算配分、商品の種類、スケジュールや地域限定配信など、特定の目的によって分割して運用する。

クリック課金

PPC（Pay Per Click）とも呼ばれ、広告がユーザーによってクリックされたとき初めて広告料金が発生する仕組み。Google広告もYahoo!広告も、このクリック課金を採用している。

クリック数

表示された広告のタイトルや画像などが、ユーザーによってクリックされた回数のこと。

クリック単価

CPC（Cost Per Click）とも呼ばれ、1件のクリックに対し発生する、広告主が支払う料金のこと。「平均クリック単価」もしくは「上限クリック単価」を指すことが多い。

クリック率

CTR（Click Through Ratio）とも呼ばれ、広告がクリックされた回数を、広告が表示された回数で割ったもの。表示された広告が、どれくらいの割合で実際にクリックされるのかを表す。

検索クエリ

「検索語句」を参照。

検索語句

検索クエリとも呼ばれ、ユーザーが検索エンジンに入力して検索する言葉のこと。リスティング広告でキーワードは広告主が選んだ言葉であり、検索語句とは意味が異なる。検索語句とキーワードの関連性が高いときに広告が表示される。

検索連動型広告

ユーザーが検索した検索語句に関連した広告を、検索結果画面に表示する広告の仕組み。Google広告と、Yahoo!広告の検索広告が有名。

広告カスタマイザ

検索語句・デバイス・場所・日付・時間帯・曜日などに合わせてリアルタイムにテキスト広告の文面を変更できる機能。

広告グループ

キャンペーンの下に位置する構成要素で、キーワード、広告、入札単価をまとめて設定できる階層を指す。リスティング広告を成功させるには、適切な広告グループの分け方が重要。

広告表示オプション

リスティング広告で、テキスト広告の直下に商品やサービスの価格が表示される機能。

広告文

一般的にはタイトル、説明文、表示URLで構成されるテキスト広告のこと。リスティング広告では検索連動型広告とディスプレイ広告の両方で使用できる。

広告ランク

検索結果画面などに広告が表示される際の掲載順位や、掲載可否を決める指標となる値のこと。上限クリック単価と品質スコアに基づいて算出される。

顧客獲得単価

CPA（Cost Per Action）とも呼ばれ、広告を経由してサイトへ訪問したユーザーが、商品購入や会員登録など、あらかじめ広告主が定めた「成果」にまで至った際に、その成果1件に対してかかった費用を表す。

コンテンツターゲット

Google広告のGoogleディスプレイネットワークの仕組み。広告主が設定したキーワードや広告の内容と、Googleディスプレイネットワークの広告枠を採用しているすべてのWebページの内容を分析し、その内容に適した広告を表示する。

コンバージョン

CV（Conversion）とも呼ばれ、その広告で目的とする成果のこと。サイトに訪れたユーザーが商品購入や会員登録など、あらかじめ広告主が定めた「成果」が上がった場合に表示される指標。

コンバージョン率

CVR（Conversion Rate）とも呼ばれ、広告がクリックされた回数のうち、何件コンバージョンまで至っているのか、その割合を表す。

サ

サンキューページ

サンクスページ、コンバージョンページとも呼ばれ、サイトに訪れたユーザーが商品購入や会員登録などのコンバージョンまで至った際に表示されるページのこと。「お買い上げありがとうございました！」などと表示されることが多いためこのように呼ばれる。

自然検索

Organic（オーガニック）とも呼ばれ、検索エンジンの検索結果のうち、リスティング広告の結果を含まない部分のこと。

自動入札機能

設定した掲載結果の目標（クリック数最大化、拡張クリック単価、目標コンバージョン単価、目標広告費用対効果など）に向けて自動で入札が行われる機能。

絞り込み部分一致

類義語や関連語句には広告が掲載されない部分一致のこと。部分一致のキーワードの前に＋（プラス）を付けることで指定できる。部分一致より表示回数が少なくなる可能性があるが、キーワードとの関連性を高めたい場合に使用する。2021年7月に、新しい「フレーズ一致」の登場に伴い統合され、新規の設定はできなくなった。

上限クリック単価

上限CPC（Cost Per Click）、上限入札価格とも呼ばれ、広告が1回クリックされる際に支払うこ

とのできる上限金額を設定する、入札単価のこと。広告ランクを導き出す要素のひとつ。実際に課金されるクリック単価は、設定した上限クリック単価を下回ることがほとんど。

除外キーワード

キーワードのマッチタイプの一種で、設定した除外キーワードを含む検索語句に対しては、広告が表示されなくなる。

ショッピングキャンペーン

Google 広告で提供される、ショッピング広告を運用するための機能。

ショッピング広告

Google Marchant Centerに登録された商品情報に基づいてリスティング広告を配信する機能。

スモールワード

ビッグワードに比べて検索数が少ないが、商品やサービスにとって関連性が高いと考えられるキーワードのこと。ロングテールキーワードなどとも呼ばれる。

タ

地域ターゲット

ターゲット手法のひとつ。指定した地域で検索を行ったユーザー、指定した地域を検索語句に含む検索を行ったユーザーに広告を表示できる。

データフィード

商品情報などのデータを媒体のフォーマットに合わせて変換し、送信する仕組み。広告配信などに活用できる。

テキスト広告

リスティング広告のもっとも基本的な広告のフォーマット。広告見出し、説明文、URLで構成される。

投資収益率

ROI（Return On Investment）とも呼ばれ、投資した費用に対して得られた利益の割合。利益を費用で割り、パーセントで表している。

トピックターゲット

Googleディスプレイネットワークで、Googleが定めるトピック（カテゴリー、ジャンル）を選択すると、それに関連した内容のサイトやページに広告を表示できる。

動的検索広告

DSA（Dynamic Search Ads）とも呼ばれる。Googleのオーガニック用インデックス内容に基づいて動的に広告を配信する機能。

トラッキング

追跡のこと。広告をクリックして訪問したユーザーが、広告主が定めた成果に至るかどうかを測定できる仕組みをコンバージョントラッキングと呼ぶ。トラッキングコードをページに記述することで測定できる。

ナ

入札価格

広告主が設定した、ユーザーが広告を1回クリックするごとに支払う金額。広告グループ単位、もしくはキーワード単位で決めることができる。

ハ

バナー広告

イメージ広告とも呼ばれ、画像を利用した広告の配信形態を指す。

ビッグワード

検索数が非常に多いキーワードのこと。数が多い分、スモールワードに比べてユーザーの検索意図を明確に把握しにくいので、どのように活用するかをよく検討する必要がある。

ビュースルーコンバージョン

Googleディスプレイネットワークで、クリック数ではなく、広告が表示されたことに対して、一定期間内にどれだけのユーザーがコンバージョンに至ったかを表した値。

品質スコア

広告の品質を示す値。クリック率を中心に、キーワードと広告、リンク先のページの関連性も加味されて、キーワード単位で割り当てられる。

部分一致

キーワードのマッチタイプの一種で、設定した言葉を含むキーワードや類義語、誤字、表記揺れ、キーワードの語順違い、関連語句などでも広告が表示される。関連性の高い広告を表示するために、ユーザーの最近の検索内容も考慮に入れられる場合がある。

フリークエンシーキャップ

同じユーザーに対して広告を表示させる回数を制限する機能。キャンペーン単位で、月、週、日ごとに表示回数を設定できる。

フレーズ一致

キーワードのマッチタイプの一種で、設定した語の並び順で検索されたときに広告が表示される。設定した語を含むキーワード、類義語、表記揺れも表示の対象となる。

プレースメント

Googleディスプレイネットワークで表示されるサイトやページのこと。キーワードや関連するトピック（カテゴリー、ジャンル）を選んだり、直接ドメインやURLを指定して広告を表示させることができる。

平均クリック単価

平均CPC（Cost Per Click）とも呼ばれ、広告を1回クリックするごとに発生する費用の平均額。上限クリック単価とは異なり、実際のクリックに基づいた値となる。

マ

マッチタイプ

入札したキーワードと検索語句がどのような条件で広告表示されるかを調整する機能。完全一致、部分一致、フレーズ一致、絞り込み部分一致で指定できる。2021年7月より、「絞り込み部分一致」は新しい「フレーズ一致」に統合された。

目標広告費用対効果

指定した目標広告費用対効果に応じて、コンバージョン値や収益を最大限に獲得できるように入札単価が自動的に調整される機能。

目標コンバージョン単価

指定した単価でコンバージョンを最大限に獲得できるように入札単価が調整される機能。

ラ

ランディングページ

検索結果や広告をユーザーがクリックした際、最初に表示されるページのこと。着地ページ。ランディングページを徹底的に改善して成果を高める取り組みをランディングページ最適化（LPO）と呼ぶ。

リスティング広告

検索結果に表示されるクリック課金型の広告。本書では「検索連動型広告」のほか、ブログやニュースなどに配信できる「コンテンツ向け広告」も合わせた総称をリスティング広告としている。

リマーケティング

ターゲット手法のひとつ。サイトに訪問したことのあるユーザーをターゲットにして、コンテンツ向け広告内で広告を表示できる。リターゲティングとも呼ばれる。　厳密にはGoogleのサービス名。

レスポンシブ広告

デバイスやサイトによってサイズの異なる掲載面に対して、自動でサイズやレイアウトを調整してくれる広告フォーマット。

索引

◯ スタッフリスト

カバー・本文デザイン	米倉英弘（細山田デザイン事務所）
カバー・本文イラスト	東海林巨樹
写真撮影	蔭山一広（panorama house）
編集・DTP	宮崎綾子
デザイン制作室	今津幸弘
	鈴木　薫
編集	瀧坂　亮
編集長	柳沼俊宏

■商品に関する問い合わせ先

このたびは弊社商品をご購入いただきありがとうございます。本書の内容などに関するお問い
合わせは、下記のURLまたはQRコードにある問い合わせフォームからお送りください。

https://book.impress.co.jp/info/

上記フォームがご利用頂けない場合のメールでの問い合わせ先
info@impress.co.jp

※お問い合わせの際は、書名、ISBN、お名前、お電話番号、メールアドレス に加えて、「該当する
ページ」と「具体的なご質問内容」「お使いの動作環境」を必ずご明記ください。なお、本書の範囲
を超えるご質問にはお答えできないのでご了承ください。

● 電話やFAXでのご質問には対応しておりません。また、封書でのお問い合わせは回答までに日数をいた
だく場合があります。あらかじめご了承ください。
● インプレスブックスの本書情報ページ https://book.impress.co.jp/books/1118101045 では、本書
のサポート情報や正誤表・訂正情報などを提供しています。あわせてご確認ください。
● 本書の奥付に記載されている初版発行日から 3 年が経過した場合、もしくは本書で紹介している製品や
サービスについて提供会社によるサポートが終了した場合はご質問にお答えできない場合があります。

■落丁・乱丁本などの問い合わせ先
FAX 03-6837-5023
service@impress.co.jp
※古書店で購入された商品はお取り替えできません。

いちばんやさしい[新版]リスティング広告の教本
人気講師が教える自動化で利益を生むネット広告

2018 年 10 月 21 日　初版発行
2022 年 6 月 11 日　第 1 版第 6 刷発行

著　者　　杓谷 匠、田中広樹、宮里茉莉奈

発行人　　小川 亨

編集人　　高橋隆志

発行所　　株式会社インプレス
　　　　　〒 101-0051　東京都千代田区神田神保町一丁目 105 番地
　　　　　ホームページ　https://book.impress.co.jp/

印刷所　　音羽印刷株式会社